U0087922

鸚鵡螺
數學叢書

數學故事
讀說寫

ead, Tell, and
/rite Math Stories

洪
萬
生

著

敘事・閱讀・寫作

Narration

Reading

Writing

三民書局

鸚鵡螺數學叢書

總　序

本叢書是在三民書局董事長劉振強先生的授意下，由我主編，負責策劃、邀稿與審訂。誠摯邀請關心臺灣數學教育的寫作高手，加入行列，共襄盛舉。希望把它發展成為具有公信力、有魅力並且有口碑的數學叢書，叫做「鸚鵡螺數學叢書」。願為臺灣的數學教育略盡棉薄之力。

I 論題與題材

舉凡中小學的數學專題論述、教材與教法、數學科普、數學史、漢譯國外暢銷的數學普及書、數學小說，還有大學的數學論題：數學通識課的教材、微積分、線性代數、初等機率論、初等統計學、數學在物理學與生物學上的應用等等，皆在歡迎之列。在劉先生全力支持下，相信工作必然愉快並且富有意義。

我們深切體認到，數學知識累積了數千年，內容多樣且豐富，浩瀚如汪洋大海，數學通人已難尋覓，一般人更難以親近數學。因此每一代的人都必須從中選擇優秀的題材，重新書寫：注入新觀點、新意義、新連結。從舊典籍中發現新思潮，讓知識和智慧與時俱進，給數學賦予新生命。本叢書希望聚焦於當今臺灣的數學教育所產生的問題與困局，以幫助年輕學子的學習與教師的教學。

從中小學到大學的數學課程，被選擇來當教育的題材，幾乎都是很古老的數學。但是數學萬古常新，沒有新或舊的問題，只有寫得好或壞的問題。兩千多年前，古希臘所證得的畢氏定理，在今日多元的光照下只會更加輝煌、更寬廣與精深。自從古希臘的成功商人、第一位哲學家兼數學家泰利斯 (Thales) 首度提出兩個石破天驚的宣言：數

學要有證明，以及要用自然的原因來解釋自然現象（拋棄神話觀與超自然的原因）。從此，開啟了西方理性文明的發展，因而產生數學、科學、哲學與民主，幫忙人類從農業時代走到工業時代，以至今日的電腦資訊文明。這是人類從野蠻蒙昧走向文明開化的歷史。

古希臘的數學結晶於歐幾里德 13 冊的《原本》(*The Elements*)，包括平面幾何、數論與立體幾何，加上阿波羅紐斯 (Apollonius) 8 冊的《圓錐曲線論》，再加上阿基米德求面積、體積的偉大想法與巧妙計算，使得它幾乎悄悄地來到微積分的大門口。這些內容仍然是今日中學的數學題材。我們希望能夠學到大師的數學，也學到他們的高明觀點與思考方法。

目前中學的數學內容，除了上述題材之外，還有代數、解析幾何、向量幾何、排列與組合、最初步的機率與統計。對於這些題材，我們希望在本叢書都會有人寫專書來論述。

‖ 讀者對象

本叢書要提供豐富的、有趣的且有見解的數學好書，給小學生、中學生到大學生以及中學數學教師研讀。我們會把每一本書適用的讀者群，定位清楚。一般社會大眾也可以衡量自己的程度，選擇合適的書來閱讀。我們深信，閱讀好書是提升與改變自己的絕佳方法。

教科書有其客觀條件的侷限，不易寫得好，所以要有其它的數學讀物來補足。本叢書希望在寫作的自由度幾乎沒有限制之下，寫出各種層次的好書，讓想要進入數學的學子有好的道路可走。看看歐美日各國，無不有豐富的普通數學讀物可供選擇。這也是本叢書構想的發端之一。

　　學習的精華要義就是，儘早學會自己獨立學習與思考的能力。當這個能力建立後，學習才算是上軌道，步入坦途。可以隨時學習、終身學習，達到「真積力久則入」的境界。

　　我們要指出：學習數學沒有捷徑，必須要花時間與精力，用大腦思考才會有所斬獲。不勞而獲的事情，在數學中不曾發生。找一本好書，靜下心來研讀與思考，才是學習數學最平實的方法。

III 鸚鵡螺的意象

本叢書採用鸚鵡螺 (Nautilus) 貝殼的剖面所呈現出來的奇妙螺線 (spiral) 為標誌 (logo)，這是基於數學史上我喜愛的一個數學典故，也是我對本叢書的期許。

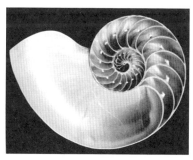 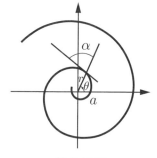

鸚鵡螺貝殼的剖面　　　　　　　　　等角螺線

　　鸚鵡螺貝殼的螺線相當迷人，它是等角的，即向徑與螺線的交角 α 恆為不變的常數 ($\alpha \neq 0°,\ 90°$)，從而可以求出它的極坐標方程式為 $r = ae^{\theta\cot\alpha}$，所以它叫做指數螺線或等角螺線，也叫做對數螺線，因為取對數之後就變成阿基米德螺線。這條曲線具有許多美妙的數學性質，例如自我形似 (self-similar)、生物成長的模式、飛蛾撲火的路徑、黃

金分割以及費氏數列 (Fibonacci sequence) 等等都具有密切的關係，結合著數與形、代數與幾何、藝術與美學、建築與音樂，讓瑞士數學家柏努利 (Bernoulli) 著迷，要求把它刻在他的墓碑上，並且刻上一句拉丁文：

Eadem Mutata Resurgo

此句的英譯為：

Though changed, I arise again the same.

意指「雖然變化多端，但是我仍舊照樣升起」。這蘊含有「變化中的不變」之意，象徵規律、真與美。

　　鸚鵡螺來自海洋，海浪永不止息地拍打著海岸，啟示著恆心與毅力之重要。最後，期盼本叢書如鸚鵡螺之「歷劫不變」，在變化中照樣升起，帶給你啟發的時光。

蔡聰明

2012 歲末

緒 言

在現代的教育文化脈絡中，數學故事的讀、說、寫，無論其活動順序如何調整，都離不開數學普及敘事 (narrative)，因此，本書當然是意在數學普及的一本文集。

儘管相對於「正經八百」的制式著述，本書是比較「隨興之所至」的書寫類型，但是，它與目前實施的 108 課綱之連結，既是偶然也是必然。數學課綱對於數學史的教育價值之「大方」認可，本來就不在數學史家或 HPM 實踐者的「建制」前景之中，因此，這種美麗的邂逅堪稱「偶然」。不過，這種援引數學史或 HPM 的訴求，卻也同時呼應了國際數學教育改革的普世價值，而這，無疑是一種歷史的「必然」。時勢所趨，不謀而合，此之謂也。

所謂 HPM，是指關連數學史與數學教學 （History and Pedagogy of Mathematics，簡稱 HPM）的研究／教育活動。我們在 2019 年創立的臺灣數學史教育學會 (Taiwanese Society for the History and Pedagogy of Mathematics)，就是「劍指」此一使命。有鑑於此，我身為資深帶頭者，理應「奉獻」一些「文化修辭」，與 HPM 實踐者共享。這或許解釋了本書第三輯中的幾篇涉及 HPM 的論述，比如〈108 數學課綱中的數學語言之隨想〉、〈108 數學課綱的隨想：以數學史為切入點〉，以及〈從圭竇形到拋物線：閒話數學名詞的翻譯語境〉，都有一點算是「應景」之作，但直接與「課綱（制訂者）」對話，也是我們的「初體驗」，值得珍惜。另外，舊文〈高觀點、HPM 與拱心石課程〉(2012) 及其附錄增補 (2020)，則是對於數學師資培育與在職進修課程的數學史關懷之一再強調，其中我們尤其鄭重指出：數學史反思與課程單元知識「連結」(connection) 的重大意義。我始終認為唯有如

此，數學教育的任何興革，才不致由於教師的難以或無從呼應，而付出巨大的社會成本。無論眾聲如何喧嘩，我們可以在此非常驕傲地指出：蘇惠玉老師為我們建立了一個專業發展的範例，她的《追本數源》（三民書局，2019）見證了臺灣 HPM 的構建與發展歷程，請徵之於我為該書撰寫的推薦文字，期待讀者的迴響與對話。

根據我們的經驗，任何人（尤其是教師）一旦介入 HPM，必定（被）引向數學史的更深刻反思。事實上，數學史的反思可以說是我們的核心訴求。我們總是企圖「邀請」數學故事的「主角」（譬如數學家、數學概念或定理及其證明等等），來為襯托其間的人、事、地、物，提供一個歷史脈絡的參照。這一個參照對於「如何說數學故事」至關緊要。而這正是本書第二輯的主題。在本輯的〈說算談天話論證：說算者的故事怎麼說？〉中，我企圖為中國秦漢時期進行直觀論證的「說算者」，安頓一個棲身之所（或歷史定位）。此一安頓涉及數學知識的演化 (evolution)，是我們說故事時無法迴避的課題。此外，數學故事的另類 (alternative) 版本也相當重要，因為這也涉及根據傳記「改編」的小說之閱讀理解。因此，在本輯中，我們也介紹《窺探天機》（三民書局，2019），藉以指出數學知識多元面向的價值與意義。

說故事之所依據當然有比較「輕鬆的」版本，本書第一輯所呈現／重述的（至少）五則「遺聞軼事」，讀者多半耳熟能詳。我們在此稍作彙整，希望點出其中所蘊含的認知旨趣，讓敘說故事不致成為課堂零碎時間可有可無的補白。至於本輯有關阿基米德故事使用篇幅較多，儘管並非刻意安排，但這或許解釋了這位偉大數學家的數學實作 (mathematical practice) 既「情節迷人」、又有「知性啟發」意義之特色。

　　不過，故事的「多元」版本之掌握，大都來自我們的廣泛閱讀經驗。閱讀所以重要，不僅僅在於它是國際教育評比 PISA 的主考項目，同時，在美國教育界，它也與「書寫」及「口語溝通」能力並列，而成為二十一世紀的科學素養訴求。2019 年 1 月 19 日，我應邀為臺灣數學史教育學會創立祝賀演講中，特別以「數學閱讀與寫作：新世紀的 HPM 使命」為題，就是企圖說明數學史與閱讀、寫作之連結意義。

　　由於數學小說文類在普及書寫中的異軍突起，因此，在本書中，我們刻意在本書第四輯中，打算分享這個文類的閱讀心得，其中有三篇大致延續拙著《數學的浪漫》(2017) 之風格。首先，〈數學家的角色：從傳記到小說〉主要以數學小說《太多幸福》、《蘇菲的日記》及《算法少女》為例，說明其各自主角索菲亞、蘇菲及小章的角色原型之特性，「她們顯然都出自真實人物『複製』，不過，在青少年時期，她們『勇敢地』（同時）扮演著追尋者與愛人者的角色，運用數學的知識活動，『給愛人真正負責的承諾與對待』。」　其次，〈數學女孩：FLT(4) 與 1986 年風景〉則指出：「作者（結城浩）安排故事中的角色述說數學故事，從而企圖在脈絡中理解 FLT (Fermat Last Theorem) 證明的意義。至於其敘事手法，則是盡可能『還原』費馬和歐拉分別證明的 FLT(4) 和 FLT(3)，以佐證費馬在丟番圖《數論》書頁空白處的備註之意義。」

　　還有，在〈數學經驗的敘事美學：以歐拉算式 $e^{i\pi} + 1 = 0$ 為例〉一文中，我進一步說明：毛爾 (Eli Maor) 如何以他的《毛起來說 e》(2000) 一整章　（該書第 13 章）　的篇幅，不僅對歐拉算式及公式 ($e^{i\varphi} = \cos\varphi + i\sin\varphi$) 進行了水平層次的跨界連結，同時，也讓這兩個式子站上數學普及舞臺的中心位置，從而成為大眾閱讀的矚目焦點。

現在，「這個『定性』效果在小川洋子《博士熱愛的算式》及其同名電影版的推波助瀾之下，更是展現了新的風貌。現在，跟著小川溫暖的筆調，一般讀者總算敢於親炙『外表冰冷』的歐拉算式。這是小說家從容分享的數學美學經驗，而其最佳媒介正是歐拉算式。」

本書第四輯的最後兩篇文章之主題，不外乎是數學普及脈絡中的數學小說之閱讀活動。從 1990 年代開始，在數學普及風潮席捲底下，數學小說異軍突起，為它自己爭取到一個獨立的文類 (genre)。這不僅在一方面，豐富了數學普及敘事的底蘊，另一方面，這也讓一般讀者藉由分享傑出職業作家的文學（敘事）創意，而有助於理解數學及其知識活動的多元意義。「美即是真，真即是美」，數學也可以很文學，或許我們可以借用英國詩人濟慈 (John Keats, 1795–1821) 的〈希臘古甕頌〉詩句，來刻畫這一個色彩繽紛的數學普及文化現象吧。

總之，在多元閱讀需求的新世紀中，數學普及書籍（尤其是數學小說）提供了可觀的「工具」，足以讓一般讀者優雅演示 (demonstration)，分享他們的閱讀心得。正如面對一般史學著述時，讀者都被期許能「像史家一般閱讀」，我們當然也希望讀者閱讀擁有歷史關懷的數學普及讀物時，能夠激發數學與歷史的雙重洞察力 (double insights)。事實上，在本書的多篇文章中，我都企圖說明究竟「如何」呈現閱讀心得，或者說是「重述」(recount) 我的故事版本。無論我們所面對的，是一般的普及作品還是數學小說，如有涉及數學史或者 HPM 的情節或插曲，那麼，從歷史或教學／學習的維度切入，的確就是可行的一條進路。至於寫作呢，那無疑是深入理解數學的最佳測試策略之一，尤其是一邊閱讀一邊寫作，如此雙軌活動同時進行，收效一定更為可觀。本書所談論的多位作者（譬如結城浩與小川洋子等）之現身說法，都是極佳見證，值得我們參考與借鏡。

　　最後，我還要強調：本書二十一篇文章無論題銜／標題為何，全都關乎數學故事的「讀」與「寫」，尤其刻意分享故事的多元版本之價值與意義。至於有關「說」的部分，則無從分殊說明，不無遺憾，儘管我對於「如何說」以及值得「說什麼」，或許已經分享些許的閱讀與寫作經驗。無論如何，現在，正是以口語練習說故事的時候了。說書人（或說故事的人）Mike Lockett 曾以鑄鐵提煉為比喻，強調「提煉」的故事要靠不斷的講述，譬如一則新故事至少經過五次重述，不斷地去蕪存菁，才可能趨於完美。他在《大師教你說故事》(2008) 中的現身說法，為我們示範了說書人之「口語溝通」素養，值得我們仿效。至於如何結合數學知識活動的特性，那就有待我們 HPM 伙伴未來的共同探討了。

數學故事讀說寫——
敘事‧閱讀‧寫作

第二輯　如何說數學故事？

第三輯　數學課綱與 HPM

CONTENTS

第一輯
遺聞軼事的趣味

1 清水變雞湯：
遺聞軼事的歷史趣味

一、前言

多年來，我在臺灣師範大學數學系開授「數學史」課程（一學期三學分）時，學生的選課動機大都與聽故事有關。他們常期待我講（數學）故事，我則故意吊他們胃口，「刻意」地強調數學史不等於說故事，尤其是說一些「老生常談」的故事。當然，我整個學期其實都在說各色各樣的數學或數學家的故事，只是主題大都圍繞在數學史及其在數學教學上的連結及應用。後一主題，亦即「在數學教室中如何應用數學史」，從 1972 年開始浮上國際數學教育委員會 (ICMI) 的研究課題檯面，經過近半世紀相關學者的努力，目前已經發展成為一門新興的學問，簡稱為 HPM，代表數學史與數學教學之關連的一種研究與實踐 (Relations between History and Pedagogy of Mathematics)。

因此，在以數學專業為主的教學脈絡中，如何在數學教室中應用數學史，顯然是我們從事數學史教學的主要關懷所在。那麼，我們究竟如何進行 HPM 實作呢？第一個最容易想到的好方法，正如《溫柔數學史》的兩位作者（柏林霍夫與辜維亞）所指出，就是說故事——歷史軼事，或更一般的傳記資料。譬如說吧，讀者應該都熟知的數學故事，非高斯 (Gauss, 1777–1855) 的神童插曲莫屬。這兩位作者還進一步強調：

說這樣的故事的確有一些用處。畢竟，這是一個有趣的故事，其中有一位學生成了英雄人物，機智更勝於他的老師。這個故事本身將讓學生深感興趣，而且他們或許會記住。由於牢記在他們的記憶中，這個故事有如一個掛鉤，可以在上面掛一個數學概念——在本例中，這是指算術數列的求和方法。

還有，如果回歸到比較嚴肅的數學史或 HPM 議題上，這類故事具有下列相當特殊的「歷史」趣味及認知意義：

就像大部分的傳記的評論一樣，這個故事也提醒學生，有真實的人物在他們學習的數學背後，同時某人也必須發現這一公式，並掌握這一概念。特別是當故事照上述方式來說時，這個故事可以引導班級學生自己發現公式。（畢竟，如果一個十歲小孩可以做得到……）

然而，既然我們所使用的是所謂的遺聞軼事，那麼，這些故事往往有好幾個版本，譬如，上述高斯的故事一說發生在 7 歲，一說是 10 歲，哪一個才是真實的？或者，根本都是編造的！不過，即使是編造的，編造者的手法顯然相當高明，因為他們捕捉到數學神童的天賦才氣特質，而且也運用適當的歷史脈絡來烘托，讓讀者彷彿閱讀「歷史小說」一般，對於其中的人物行動或故事情節「信以為真」，而達到「怡情養性」與「知性啟蒙」的效果。

因此，針對這些遺聞軼事，我們如何閱讀？如何重述 (recount)？如何編造？在課堂上的引用時機？強調哪些面向（歷史還是認知)？這對於我們希望實踐 HPM 時，是一些必須從容面對的課題。

在本文中，我將介紹一則數學與數學家的遺聞軼事，並進一步說明如何將它們「清水變雞湯」，至於寫作「初心」則是希望讀者可以參酌借鏡，或引述或改寫或再編造，引進教學現場，成為滋潤學生學習的「心靈雞湯」。

二、畢達哥拉斯「殺百牛」的傳說

傳說古希臘數學家畢達哥拉斯（Pythagoras, 約西元前 569–前 475）在完成畢氏定理的證明之後，宰殺一百頭牛以資慶祝，這個故事在早期數學史著述或數學普及書籍中相當常見，譬如，毛爾 (Eli Maor) 就引述英國數學家／科普名家道格森（Charles Lutwidge Dodgson，筆名 Lewis Carroll）曾轉述畢氏學派大舉屠牛以慶祝畢氏定理誕生的傳說。針對同一插曲，毛爾也引述稍早德國作家波恩 (Karl Ludwig Borne, 1786–1837) 的評論：「在畢達哥拉斯發現了他的基本定理之後，他犧牲了百牛。從那時以後，所有的牛只要聽到新的真理被發現，就會顫抖起來。」還有，德國詩人／植物學家查密索 (Adelbert von Chamisso, 1781–1838) 的詩句，也呼應這種恐嚇：「現在，自從那一天起，當所有的牛發覺，新的真理即將問世，驚恐的吼叫顯示了內心的沮喪。」

不過，偶而我們也可以看到史家對於此一傳說故事的「註記」(remark)。沒錯！是註記而非評論，因為畢達哥拉斯的傳記大都是傳說。我們如果連這位畢氏學派的祖師爺的生平事蹟都無從確認，那麼，如此重要定理之插曲，恐怕也難以聞問了。

有一個「事實」是這個傳說故事無法迴避的「質疑」，那就是，畢氏本人及其學派門徒都是素食主義者，不可能忍心屠牛殺生，更何況

他們還都相信靈魂轉世之說。❶當然，也有人反駁說，唯其如此，才更能彰顯此一證明之偉大。

　　不過，數學證明究竟如何偉大，也要參考它的知識文化脈絡，譬如說吧，如果畢達哥拉斯「完成」的證明是數論版本，亦即，他證明（以現代符號形式表示）：$a^2 + b^2 = c^2$ 有無窮多組畢氏三數組存在，那麼，這就比較合理地呼應他的數學哲學主張：萬物皆數 (Everything is number)。

圖一：普林頓 322 楔形泥板

　　然而，數論版本畢竟只有現代版本（如高中數學課程所示），如將巴比倫的普林頓 322 楔形泥板 (Plimpton 322 cuneiform) 考慮在內，那也不過是 15 組的特殊解而已，如何將這些特殊解轉化為一般解，其論證工程看起來「規模」不小，我們著實不易相信畢達哥拉斯或其門徒完成此一證明。

---

❶相傳畢達哥拉斯曾經警告一位在路邊虐狗人士說，它是你前世的兄弟。

三、畢氏定理第一個證明是什麼？

我年輕時翻譯 《偉大數學家的想法》 (*Ways of Thought of Great Mathematicians*) 時，有機會欣賞作者梅西高斯基 (Herbert Meschkowski) 針對畢達哥拉斯及其學派研究所謂畢氏三數組的可能進路。他（可能 也是其他數學史家的共同看法） 認為畢氏學派可能是經由擬形數 (figurative number)，而「找到」畢氏三數組的無窮多組解：如以小圓 點代表數目， 那麼， 在一個由 n^2 個圓點所拼成的正方形的一組鄰邊 上，添加小圓點而成為一個由 $(n+1)^2$ 個小圓點所拼成的正方形，如 以現代的算式表示，則有如下式：

$$n^2 + (2n+1) = (n+1)^2$$

現在 ， 令 $(2n+1) = m^2$ ， m 為正整數 ， 則畢氏學派的畢氏三數組 $a^2 + b^2 = c^2$ 如下所示：

$$a = n = \frac{1}{2}(m^2 - 1),\ b = m,\ c = \frac{1}{2}(m^2 + 1)$$

如此一來，吾人可以立即找到 (3, 4, 5)、(5, 12, 13) 等等三數組，不過， (8, 15, 17) 等卻不在其中。由此可見，畢氏學派即使根據此一進路而推 知一般情況，也無從掌握所有的三數組才是。

圖二：畢達哥拉斯畫像，取自 Boethius 著作

　　另一方面，如果你相信歐幾里得（Euclid, 約西元前 325–前 265）《幾何原本》（西元前 300）第 I 冊命題 47 就是畢達哥拉斯及其學派的貢獻，那麼，基於（畢達哥拉斯的師傅）泰利斯（Thales, 約西元前 624–前 547）主張「數學命題必須經由演繹證明才能接受為真」，這個幾何版證明的「規模」絕對不下於前述數論版。事實上，它是《幾何原本》第 I 冊的倒數第二個命題（命題 47），在演繹結構上，它需要依賴二十幾個先前已經證明的命題。❷更何況，「萬物皆數」的主張儘管有其重大的希臘科學史意義，但對幾何學的發展之「先天」限制，卻也是不爭的事實。❸

---

❷參考洪萬生，〈尺規作圖——正 3、4、5、6、15 邊形〉。
❸古希臘數學家因為無法將「不可公度量比」(incommensurable) 視為數目，而使得數論與幾何被迫分家，造成數學進一步發展的根本障礙。

　　因此，這個可與畢氏三數組連結的畢達哥拉斯殺百牛的故事，究竟怎麼說比較好呢？我認為還是可以「重述」，但不妨請學生自行搜尋網路資訊，看看畢達哥拉斯的其他生平傳說故事如何與此相左。不過，更有意義的，還是利用此一機會，引導學生研讀《幾何原本》第 VII–IX 冊的數論內容，從而思考希臘數論的歷史意義。另一方面，有鑑於畢氏定理在國中階段的證明強調直觀而難免瑣碎，要是高中教師有心強調數學知識（演繹）結構的重要性，那麼，引導學生研讀《幾何原本》第 I 冊，絕對是值得大力投資的教學時間。在這個教學關聯中，Elisha Scott Loomis 的 *The Pythagorean Proposition* 是值得收藏的畢氏定理資料庫，至於毛爾的 《畢氏定理四千年》 則是數學文化史 (cultural history of mathematics) 的科普經典，當然是教師必備的參考文獻。還有，圖三是南韓於 2014 年為了慶祝該國主辦國際數學家會議 (ICM)，而發行的畢氏定理及其證明的紀念郵票，使用版本是《幾何原本》命題 I.47（第 I 冊命題 47）的複製，其中直角三角形斜邊上的高，是此一經典命題 VI.31 （圖四） 的證明補助線，被認為是歐幾里得在本經典中的唯一原創定理。

圖三：畢氏定理及其證明，南韓 2014 年發行

　　此一命題可視為畢氏定理的延拓，是考慮相似形的案例。中譯版及其英文版如下：

　　在直角三角形的斜邊上張拓出的圖形，等於含直角的兩邊所張出來的相似圖形之和。(In right-angled triangles the figure on the side opposite the right angle equals the sum of the similar and similarly described figures on the sides containing the right angle.)

至於其英文版插圖，請看圖四。請注意這個插圖中的「圖形」(figures) 例子是長方形，如果考慮其他形狀，當然也行，不過，要是不使用如下命題：

　　相似形之（面積）比等於其各自某線段張拓出之正方形的比

那麼，其證明的挑戰趣味就會油然而生。譬如說吧，如果這些圖形是正三角形，如何證明最大的那個等於較小的兩個呢？

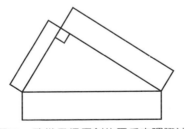

圖四：歐幾里得原創的畢氏定理證法

四、結語

在課堂上使用數學史時，如何讓「清水變雞湯」呢？這當然涉及 HPM 的教學策略。很多吹毛求疵的史家相當「在意」史學敘事爭議，諸如誇張或渲染某些故事傳奇是否得當？而不敢「放手」說故事。這種專業的訴求當然值得尊重，不過，或許我們也不妨參考史家格拉頓—吉尼斯 (Ivor Grattan-Guinness) 的提議。他認為我們（包括專業史家）大部分時間談論數學史時，都是將它視為「世界文化遺產」(world cultural heritage)。一旦採取這種「文化想像」，那麼，我們教師說故事時，就會比較放得開來，而開始思考如何扮演普及數學文化界的一個稱職的（數學風景）導覽人。

從 HPM 的訴求來說，說故事只是「初階的」應用形式，我們身為導覽人的教師當然還可以、而且應該深入第二層及第三層，分享 HPM 的認知及文化意義：

- 說故事，對學生的人格成長會有啟發作用；
- 在歷史的脈絡中比較數學家所提供的不同方法，拓寬學生的視野，培養全方位的認知能力與思考彈性；
- 從歷史的角度注入數學知識活動的文化意義，在數學教育過程中實踐多元文化關懷的理想。[4]

至於運用之妙，當然存乎教師個人的慧心與巧思了。

---

[4]參考洪萬生，〈HPM 隨筆（一）〉，《HPM 通訊》1 (2): 1–3。

　　最後，我想補充說明敘事之於學習理解的重要性。根據凱瑟琳・尼爾森 （Katherine Nelson， 發展心理學權威學者） 及敏達・泰斯勒 (Minda Tessler) 的田野實驗，3 歲半的小孩由母親帶領參觀紐約自然史博物館 (Natural History Museum)，其中一半的媽媽被請求不要和孩子討論，除非孩子提出問題；另外一半的媽媽則可和孩子說話，就像他們平常那樣。結果，一週之後的記憶測試顯示後者的孩子記得較多的參觀細節。這兩位心理學家還進一步發現：「母親若是採用敘述式說話風格，也就是變成有人物、有情感起伏的故事，並增添事件戲劇張力，小孩會記得最清楚。」

　　可見，說故事的確是促進學習理解的最佳進路之一。如果我們將這個結論應用到數學教育現場，那麼，說數學與數學家的故事也就成了一種具有「認知意義」的教學策略。因此，（數學）敘事大有裨益於數學教學，是毋庸置疑的。至於怎麼說（或重述）可以讓清水變雞湯，當然就考驗教師的教學功力了。

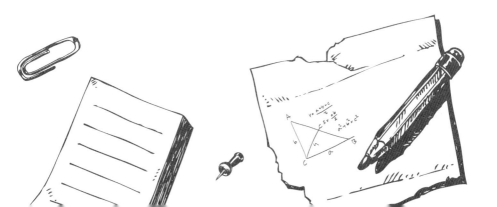

附錄　《畢氏定理四千年》中譯序❺

　　相對於羅密士 (Elisha Scott Loomis) 的《畢氏命題》(*The Pythagorean Proposition*，初版於 1927 年) 的 371 個證明，❻80 年後問世的這本《畢氏定理四千年》(2007) 究竟有什麼賣點呢？當作者毛爾自以為發現一個巧妙的新證法，最終還是難逃羅密士所布下的 371 天羅地網，尤其不無「狗尾續貂」之嫌。因此，從激發閱讀者的好奇心來考量，這種「炒冷飯」的無聊之舉，看來根本不值得我們推薦，更何況在網路上，我們還可以輕易地搜尋並儲存《畢氏命題》的免費電子版。

---

❺本文主要根據本書〈譯者序〉稍加改寫。

❻羅密士將這 371 種證法分類為四種主要方法：代數證法 (algebraic proof)、幾何證法 (geometric proof)、向量證法 (quaternion proofs)，以及動態證法 (dynamic proofs)。

　　不過，這本《畢氏定理四千年》還是值得大力推薦。我的理由主要有兩個部分。首先，毛爾這位數學家兼科普作家對於數學知識活動的體會，相當通情達理，❼因此，讓他來「重述」這個主題的故事，調性婉約體貼，足以打動人心。其次，毛爾在本書中，將這個主題的敘事放在數學史的脈絡中，讀者因而得以認識畢氏定理與數學發展的密切關係，從而在數學知識活動上，凸顯「舊詞新說」與數學真理歷久彌新的特殊意義。

　　現在，讓我們回到上引毛爾那個非常巧妙的證法。在本書「補充欄 4」中，作者以「折疊的袋子」證法名之。其中，我們看到毛爾的現身說法，透露（參考圖五）他「再發現」此一證法的無上「法喜」，儘管它仍逃不過羅密士鉅細靡遺的蒐集彙編。根據《畢氏命題》的紀錄（編號 230），那是早在 1934 年，就已經由一位 19 歲的年輕人所發現。事實上，這個證法充滿了數學洞識，它不僅連結了「面積證法」與「比例證法」，是「圖說一體，不證自明」(proof without words) 的最佳例證之一，另一方面，此一方法正如毛爾所指出：「只要證明畢氏定理在這個特別的多邊形 （按：本例為三角形） 上能夠成立就可以了。」

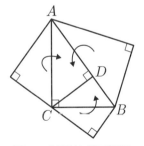

圖五：折疊的袋子證法

❼二十幾年前，為了爭取臺灣學術的國際曝光度，我們幾位伙伴在遠流出版公司的贊助下，一起編輯出版英文期刊 *Philosophy and the History of Science: A Taiwanese Journal*，其中，少數的海外訂戶就包括毛爾所任教的羅耀拉大學（位於芝加哥）。

　　面積證法與比例證法是《幾何原本》中,歐幾里得為畢氏定理所提供的兩種證法。所謂的面積證法,是指《幾何原本》第 I 冊第 47 命題的證法,它主要依賴三角形（面積）全等 (SAS) 的概念,來證明:在一個直角三角形中,直角的對邊上的正方形（面積）,等於包含直角的兩邊上的正方形（面積）之和。另一方面,比例證法是指《幾何原本》第 VI 冊第 31 命題:直角對邊上的圖形 (figure),等於包含直角的兩邊上之相似及相似地被描述的圖形 (similar and similarly described figures)。根據毛爾的說明,「這幾乎是命題 I.47 的逐字重複,除了『正方形』被『（相似）圖形』所取代。」此處,「被描述的圖形」可以是任意彼此相似的圖形,它們甚至不必是多邊形。因此,命題 VI.31 顯然是命題 I.47 的延拓,歐幾里得之所以將前者安排在第 VI 冊,是因為《幾何原本》直到該冊才討論相似形。而這當然,更是由於比例式理論 (theory of proportion) 安排在第 V 冊的緣故──相似概念來自圖形比例放大或縮小。事實上,《幾何原本》前四冊主題是平面幾何學,也是我們目前國中幾何教材的最原始出處。

　　除了這兩種方法之外,畢氏定理的主要證法還有所謂的「弦圖證法」。這個方法源自中國與印度。無論是哪一個版本,應該都是利用圖形的切、割、移、補──在中國第三世紀被魏晉數學家劉徽稱之為「出入相補」,出自他對漢代數學經典《九章算術》的「勾股術」之註解。不過,現代人（尤其是數學教科書的編輯）都喜歡將它「翻譯」成代數式子的操弄（二項式展開）,從而減損了它固有樸拙的「美術勞作」風格,實在有一點可惜,因為如果國中學生無法嫻熟操作二項展開式,那麼,此一證法的理解就備受考驗。無論如何,「出入相補」這個方法訴諸直觀的「動手做」,在不必講求邏輯嚴密論證的文化脈絡（譬如中國與印度）中,顯然相當受到歡迎。事實上,在初等教育階段,它也

是非常值得引進課堂的一個經典案例，可以操練所謂的「探究」(investigation) 教學是怎麼回事。另一方面，如果我們願意「勻出」一點寶貴時間，試著比較這三個證法在方法論 (methodology) 層面的異同，乃至於認識論 (epistemology) 層面的意義，那麼，關注數學知識活動的多元價值，或許可以多少成為國民素養的一部分了。

上述這個比較的案例，不必侷限在初等教育層次，高中或大學教師其實也可據以探討數學發現與證明的意義。還有，對一般讀者來說，利用這個案例重溫學習數學的經驗（不管「甜美」或「苦澀」，或甚至「不知從何說起」），在一個科技主導世界、而數學又大大主導科技的世代中，或許可以變得比較舒適自在。這種從數學史取材融入數學教學，而企圖讓數學知識活動變得更有意義的進路，是 HPM 的主要關懷之一。

所謂 HPM，是指數學史融入數學教學的一種教育研究與實踐。它原來代表國際數學教育委員會 (ICMI) 的一個最早成立的研究群：International Study Group on the Relations between History and Pedagogy of Mathematics，後來也指涉此一研究群針對數學教育的共同關懷。毛爾的數學普及書寫雖然並未刻意呼應這種關懷，然而，就如同許多其他科普著作一樣，《畢氏定理四千年》在歷史文化脈絡中，說明相關的數學知識活動之意義，因此，本書當然也可以算是 HPM 方面的參考著作。

如此歸類當然需要一個先決條件，那就是：本書是採取數學史進路，論述以畢氏定理為專題的一部（科普）著作。事實上，作者在本書中，的確大致按照數學的發展歷程，來敘述與畢氏定理有關的數學與數學家的故事。譬如說吧，從畢氏到歐幾里得與阿基米德（Archimedes, 西元前 287–前 212），是有關希臘數學史的部分。在西

元後 500–1500 年間，作者則是以中世紀歐洲，以及印度與阿拉伯數
學史為主題。至於進入微積分主導的近代數學時期，作者先引進創立
代數符號法則的韋達 (François Viète, 1540–1603)，因為他將「三角學
從原本侷限在解三角形的一門學問，轉變成為與分析學有關的學門」。
至於作者何以獨厚韋達？那是由於畢氏定理在三角學中扮演了核心角
色。❽在微積分的相關敘事中，作者主要指出微分版的畢氏定理如何
應用以求曲線之弧長，「畢達哥拉斯一定很難想像，他的定理被用於求
幾乎所有曲線之長度」，其中必須藉助於無限的概念，而這卻曾經深深
困擾著古希臘人。

　　在簡短敘述的微積分發明故事之後，作者開始採取「專題」的方
式，來說明畢氏定理在各相關領域現身之意義：畢氏定理與射影幾何
學中的線坐標、畢氏定理與內積空間乃至於希爾伯特空間 (Hilbert
Space)、畢氏定理與黎曼幾何、畢氏定理與相對論，等等。在這些敘
事中，有一些很少被一般的科普作品所引述，譬如愛因斯坦的 12 歲回
憶：

> 在我拿到這本神聖的幾何學小冊之前，伯父就告訴過我畢氏
> 定理。經過一番努力後，我在相似三角形的基礎上成功地「證
> 明」了這個定理。對我來說，像直角三角形邊長的比例關係，
> 由其中一個銳角完全決定是「顯然」的，在類似的情況下，
> 只有我認為不那麼「顯然」的才需要證明。

---

❽有關韋達傳記，可參考洪萬生，〈符號法則之外，你所不知道的韋達〉，《窺探天機——
你所不知道的數學家》，頁 111–125。

顯然，愛因斯坦「再發現」了比例證法，這清楚說明畢氏定理以及包括它的《幾何原本》，一直在數學學習上扮演了重要的啟蒙角色。

《畢氏定理四千年》目錄

緒言

序曲 一九九三年英國劍橋

第 1 章 米索不達米亞

第 2 章 畢達哥拉斯

第 3 章 歐幾里得《幾何原本》

第 4 章 阿基米德

第 5 章 翻譯者與注釋者，西元 500–1500 年

第 6 章 韋達創造歷史

第 7 章 從無窮大到無窮小

第 8 章 371 個證明和其他

第 9 章 主題與變奏

第 10 章 奇特的坐標系

第 11 章 符號！符號？符號！

第 12 章 從平直空間到彎曲時空

第 13 章 相對論的序奏

第 14 章 從伯恩到柏林，1905–1915

第 15 章 但這是通天的道理嗎？

第 16 章 事後反思

終曲 沙摩斯，2005

　　因此，本書不僅適合中小學師生閱讀，對於一般讀者來說，它也是可用以充實國民素養的數學普及讀物。事實上，筆者所以主譯本書並高度推薦，不僅是毛爾的普及數學著作在臺灣頗受歡迎，❾更值得注意的，是他的一貫寫作風格，都是企圖在文化史的脈絡中，讓數學知識活動變得更加立體起來，換句話說，他對歷史上的數學現象之「快照」，因為有了文化脈絡的襯托，譬如本書「補充欄2：藝術、詩歌及散文中的畢氏定理」，而發揮了 3-D 再現的效果。

　　另一方面，作者也「不惜粉墨登場」，將自己推入歷史敘事現場，讓本書洋溢著毛爾式的「（獨特）個人風格」，譬如他不僅自評他自己「再發明」的證法，還在本書最後一章〈終曲〉中，簡述他們夫婦在 2005 年 2 月地中海暴風季節，前往畢達哥拉斯家鄉沙摩斯島旅遊的經歷。最後，當他的回程飛機繞過島上最高峰克基斯山時，他想起漁夫沿著陡峭的山壁航行時，都仰賴了畢達哥拉斯的靈魂所點燃的一道光，在「暴風裡，它就如同燈塔般地指引了安全的方向。」這是本書的結語，也是最佳的自我推薦！

---

❾除了本書之外，毛爾的《毛起來說 e》、《毛起來說三角》、《毛起來說無限》都有中譯本在臺發行。

2 阿基米德 *vs.* 阿波羅尼斯：

球體積公式如何發現？

一、前言：阿基米德應邀演講

在古希臘數學史上，西元前的偉大數學家歐幾里得、阿基米德及阿波羅尼斯（Apollonius, 約西元前 262–前 190）各領風騷，將幾何學研究推向前所未有的高峰。

圖一：阿基米德紀念郵票，希臘 1983 年發行

不過，傳說阿基米德與阿波羅尼斯之間頗有瑜亮情結。[1]這個故事似乎是人情之常，不足為訓。然而，在一方面，它以球體積公式的

---

[1] 這是否關係到他們兩人對於圓錐曲線的來源之看法互異，我們不得而知。事實上，在這個主題的研究上，阿波羅尼斯系統化了阿基米德的研究成果，他運用單一個圓錐體之截痕 (conic sections)，來為圓錐曲線下定義，而不像阿基米德必須運用三種圓錐體：直角圓錐、鈍角圓錐及銳角圓錐。

發現情節，來佐證阿基米德在其中應用（靜）力學的原理之神來之筆，另一方面，也呼喚柏拉圖（Plato, 西元前 427–前 347）的數學哲學主張，說明古希臘數學與哲學的無日不可須臾分離。

首先轉述這個故事。傳說有一次，住在敘拉古 (Syracuse) 的阿基米德應邀到亞歷山卓 (Alexandria) 大學（或博物館 museum）講學，主題是：球體積是怎麼發現的？至於是誰邀請他的？我們無從得知，應該不會是與他鬧得不歡而散的阿波羅尼斯吧。不過，當時亞歷山卓是希臘帝國文化中心——原是亞歷山大大帝 (Alexander the Great) 所建立，後來由托勒密一世 (Ptolemy I) 繼承之，❷偉大如阿基米德「安適於」敘拉古這個邊陲地帶，放在今天的學術脈絡中來看，很多人大概都會覺得很不可思議吧！

二、演講上半場的暖身

回到演講會場。阿基米德一開始演講，就拿出他預備好的道具，那是一個天平，以及三個木頭模型：圓柱體、圓錐體及球體各一。其中，圓柱體的底圓直徑 d 及高 h 都等於球體 S 的直徑 d；圓錐體的底圓直徑及高也都分別等於 d 及 h，亦即，圓錐體＝同底等高圓柱體的 $\frac{1}{3}$。請注意：$h = d$。

於是，阿基米德就將天平擺放在桌上，然後，將圓柱體放置在其中一邊，再將球體及圓錐體放置在另一邊，結果：天平兩邊赫然平衡！這也就是說，天平兩邊的質量相等，由於這三塊木頭出自同一棵樹木，

---

❷托勒密一世原是亞歷山大手下一員大將，在亞歷山大去世後，統治原希臘帝國的北非地區。在《亞歷山大帝》(*Alexander*) 的電影 (2004) 中，其中的說書人 (narrator) 就是托勒密一世。

它們的密度想必一致，因此，天平兩邊木頭的體積相等，從而可以推得這三個模型的體積關係：

球體積 S + 圓錐體積 = 圓柱體體積

但是圓錐體 = $(\frac{1}{3})$ 圓柱體，所以，

球體積 $S = (\frac{2}{3})$ 圓柱體 $= (\frac{2}{3})\pi(\frac{d}{2})^2 h = (\frac{2}{3})\pi(\frac{d}{2})^2 d = (\frac{4}{3})\pi(\frac{d}{2})^3$

由於 $\frac{d}{2}$ 等於球體的半徑，令為 r，則阿基米德所發現的，也就是我們所熟悉的公式。圖二則是日本科普名家岡部恆治與藤岡文世的改編版，值得我們欣賞與引用。[3]阿基米德的原版可以參考圖三，轉引自奔特等人的《數學起源》。據說阿基米德要求自己的墓碑要刻上這個立體圖形，但是，史料不足徵也。還有，也曾有謠傳說他的墳墓被發現，可惜，也一樣無法證實。不過，這種刻墓碑的文化倒是頗有「跟風」，譬如高斯墓碑上的正十七邊形，就常引人「說嘴」，其八卦也涉及石匠的「畫虎不成」，因為他「一不小心」就把正十七邊形雕成粗陋的圓形了。

---

[3] 參考岡部恆治著、藤岡文世繪，《漫畫微積分入門》，頁 103。

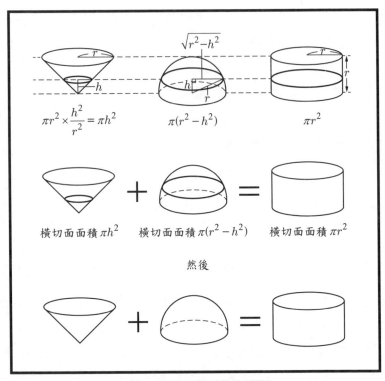

圖二：岡部與藤岡的改編版

　　當我們試著想像此一「歷史場景」時，想必會大聲喝采阿基米德所精心策劃的這一場「發現秀」，因為根據我們現代對數學知識本質的刻畫，我們會認為阿基米德的數學進路 (approach) 實在非常簡單 (simple)、深刻 (in depth) 而且優雅 (elegant)！

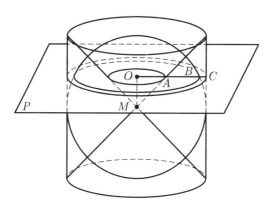

圖三：阿基米德使用的立體圖形

　　不過，當時也在座的阿波羅尼斯卻大大不以為然。想想看，希臘數學是多麼神聖的學問啊，這位老先生竟然紆尊降貴，像「木匠」一般做數學，真是太不成「體統」！於是，年少氣盛的阿波羅尼斯竟然拂袖而去，出門前還撂下一句話說：你用手操弄天平與木頭，這樣會玷污了聖潔的數學！

　　根據柏拉圖的數學哲學，所謂的數學知識活動，是吾人心靈提升到他的理想世界 (ideal world)，去掌握那裡的理念 (idea) 或形式 (form)。至於玩弄木頭這種現實世界 (physical world) 的 「實作」(practice)，只會干擾吾人心靈所執行的 （純粹） 數學論證。因此，（愛）智者 (philosopher) 不為也！

　　可惜，「心浮氣躁的」阿波羅尼斯錯過了下半場。阿基米德緊接著一定使出他嚴密證明的渾身功力，說服聽講者他這個利用「非數學方法」（其實是「物理方法」）所發現的公式，完全可以站得住腳！這個進路，亦即先用力學方法發現面積或體積公式，緊接著，再運用嚴密的數學方法（通常是結合歸謬法及窮竭法 method of exhaustion），證明

他所發現的公式確為所求。

上述最後這一段，是我據以轉述或重述的文本內容之「狗尾續貂」。原來我所讀到的文本，並沒有這個插曲。那一本書的著述志不在此，[4]我們不須苛求。然而，對於說數學故事的人（尤其是老師）而言，要是時間許可，那麼，阿基米德如何完成下半場的證明工作，想必是值得好好發揮的一個（教學或普及）任務吧。

三、下半場精銳盡出

現在，讓我們進一步反思，那上半場故事是否「敘說」得恰到好處？究竟有沒有脫離「歷史」現實，而完全缺乏「脈絡」意義？根據希臘史家普魯塔克 (Plutarch) 的說法，阿基米德儘管由於力學原理的應用，而導致聲名大噪，然而，他還是認為純粹數學是唯一值得追求的學問之道。這或許可以解釋他何以千方百計地使用幾何方法，嚴密地證明他所發現的面積與體積公式。如此說來，他在演講上半場遭受阿波羅尼斯的嚴厲批評，究竟是早就預期到的，還是完全在意料之外呢。

數學史家將他這兩種不同的（可能）回應，連結到他的《方法》(The Method) 的著作時間點上。如果這本有關方法論的經典，[5]是他早期的著作，那麼，這表示他終其一生對於力學方法的態度始終一致。如果這是他晚期的著作，那麼，在所有這些相關定理都已經被嚴密證明過了之後，他可能認為交代其發現過程，對後代數學家來說，是頗有裨益的。譬如，在《方法》這一本書的引文中，他在寫給好友埃拉托森尼斯（Eratosthenes, 西元前 276–前 194）的信函就提到：[6]

---

[4]非常抱歉！我已經忘記該書的書名了。

[5]本書於 1906 年被丹麥考古學家海伯格 (Heiberg) 在伊斯坦堡發現，隨即遺失，直到 1998 年才重見天日，參考內茲、諾爾合著，《阿基米德寶典：失落的羊皮書》。

如我所說，你是一位極認真的學者，因而，我認為在同一本書中給你寫出並詳細說明一種方法的獨特之處是合適的，用這種方法你可能會藉助於力學方法開始來研究某些數學問題。我相信這一方法的相應過程甚至對定理本身的證明同樣有用，因為按照上述方法對這些定理所做的研究，雖然不能提供定理的實際證明，以後它們必須用幾何學進行論證，但通過力學方法，我對一些問題首先變得清晰了。

正因為如此，他大力推崇這種可以發現新定理的方法之意義：

當我們用這種方法（按即力學方法）預先獲得有關這些問題的訊息時，完成它們的證明當然要比沒有任何訊息的情況下，去發現其證明容易得多。正是由於這一原因，對於圓錐是同底等高的圓柱體積的三分之一及稜錐是同底等高稜柱的三分之一這兩個定理來說，歐多克索斯 (Eudoxus) 首先給出它們的證明，但我們不能就此輕視德謨克利特 (Democritus) 的功績，是他最先就上述圖形做出這種斷言，雖然他沒有予以證明。

---

❻埃拉托森尼斯是托勒密三世 (Ptolemy III) 所任命的亞歷山卓圖書館館長，他是阿基米德的好友，曾測量地球圓周長。按：托勒密三世是托勒密王朝的第三代，這個王朝繼承亞歷山大的遺志，讓亞歷山卓成為世界大都會的夢想，得以延續下去。可惜，傳到第十三代的所謂「埃及豔后」時，被羅馬人所滅。

回到他自己身上，他說：

> 現在，我本人就處於先發現要公布的定理的情形，這使我認
> 為有必要闡述一下這種方法。這樣做部分是因為我曾談到過
> 此事，我不希望被視作講空話的人，另外也因為我相信這種
> 方法對數學很有用。我認為，這種方法一旦被建立起來，我
> 的同代人或後繼者中的某些人將會利用它發現另外一些我尚
> 未想到的定理。❼

在本書中，阿基米德以幾個命題為例，來說明他的方法。譬如，在命題 1 中，他就是利用槓桿原理，而得以發現拋物線與其弦所圍成的面積公式。❽「這裡所陳述的事實，不能以上面所用的觀點作為實際證明，但這種觀點暗示了結論的正確性。鑑於該定理並未得到證明，同時，它的真實性又值得懷疑，因此，我們將求助於幾何學上的證明，我本人已經發現並公布了這一證明。」至於此一公式（參見圖四）：

> 由拋物線與弦 Qq 所圍成的弓形面積等於同底等高三角形面
> 積的 $\frac{4}{3}$。

之嚴格證明，則可參考阿基米德的《拋物線圖形求積法》，在其中所引致多西修斯的信函中，他再次強調：這個定理他「首先用力學方法推導，然後用幾何方法嚴格證明。」

---

❼引李文林主編，《數學珍寶：歷史文獻精選》，頁 159–161。

❽同註❼，頁 162。

由於此一發現過程之說明頗為複雜，[9]因此，如果讀者打算「比較直觀地」欣賞阿基米德如何使用槓桿原理，來發現一些幾何事實，那麼，圖五就非常值得推薦，儘管這個引自日本小學數學普及讀物的插圖，應該不是阿基米德原創，但創作者卻完全掌握了他的方法之神髓，真是令人讚嘆不已。[10]

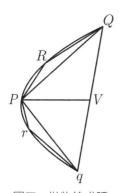

圖四：拋物線求積

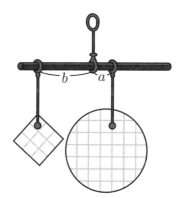

圖五：槓桿原理求圓周率近似值

---

❾事實上，阿基米德還假定若干命題成立，俾便說明其發現過程。參考李文林主編，《數學珍寶：歷史文獻精選》，頁 161。

❿附帶一提。我應邀就數學普及主題演講時，經常以此圖為例，說明日本科普作家的傑出創意，值得我們效法與學習。

四、結語

從本文「轉述」或「重述」有關阿基米德 vs. 阿波羅尼斯的插曲，我們可以相信「編造者」的確掌握了古希臘數學的多重面向，尤其是阿基米德致函埃拉托森尼斯中的歷史見證，因此，說故事的人 (story-teller) 如果據以「加油添醋」，必定足以讓閱聽者 (audiences) 渾然不覺其為虛構，真是高明極了。

不過，根據我們的數學史想像，如果真有「下半場」，那麼，我們就應該讓阿基米德盡情演出，至少讓他充分向我們展現數學知識活動中最重要的兩個面向——發現及證明！因此，這個遺聞軼事的可貴，顯然完全在於它的場景 (scenario) 讓我們見識到：「發現」如何與「證明」同等重要。

或謂歷史真實十分緊要！身為數學史家，我完全同意！不過，在教學場域或普及書寫中，如果掌握了這麼具有啟發性的遺聞軼事，那麼，如何轉述或重述，就悉聽尊便了。

最後，有關球表面積公式如何發現，岡部恆治與藤岡文世貢獻了一個版本（參見圖六），值得參考借鏡，希望我們一起來敘說一個故事。

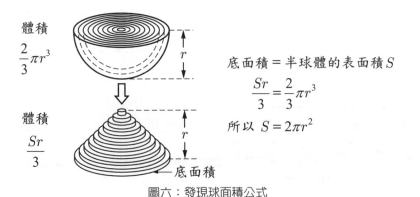

體積
$$\frac{2}{3}\pi r^3$$

體積
$$\frac{Sr}{3}$$

底面積 = 半球體的表面積 S

$$\frac{Sr}{3} = \frac{2}{3}\pi r^3$$

所以 $S = 2\pi r^2$

圖六：發現球面積公式

3　哪一個圓面積公式「討喜」?

一、到底有幾個圓面積公式？

　　從國民小學高年級開始，我們就「背誦」圓面積 = 3.14 乘半徑，再乘半徑（亦即，乘半徑兩次），或 $3.14 \cdot r^2$，其中 r 為給定圓之半徑。至於 3.14 只是圓周率的一個「近似值」之事實，老師很有可能未曾聲明或強調。當然，另一個相關的事實也涉及圓周率，那就是圓周長公式：$C = 3.14 \cdot 2r$。

　　國中、國小學生多半得背誦這兩個公式，以便應付一些相關的計算題。不過，說他們只是「背誦」實在有一點冤枉，因為有某一版國一數學教科書，就曾經「用力地」證明上述圓面積公式（參見圖一）。只不過，在其論證過程中，教科書編輯先證明圓面積公式 $(\frac{C}{2}) \cdot r$（半周半徑相乘），然後，再將圓周長 $C = 3.14 \cdot 2r$ 代入，而推得：

$$圓面積 = 3.14 \cdot r^2$$

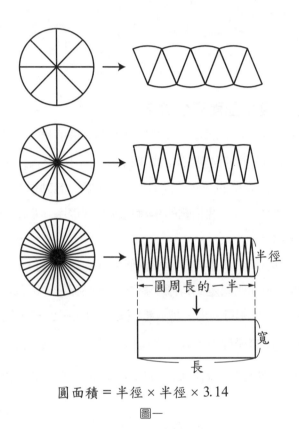

圓面積 = 半徑 × 半徑 × 3.14

圖一

完全達標！因為（不要忘了！）教學目的就是圓面積為 $3.14 \cdot r^2$。

不過，說不定圓面積公式背誦成「半周半徑相乘」也可以，因為它允許我們（暫時）「繞過」圓周率的概念！或許有人認為圓周率（概念）很重要，不應該讓它不見了。我百分百贊同！然而，要是緊接著有學生（或路人甲）提問：3.14 是怎麼回事的？特別是，當我們參看圖二時，我們如何根據圖形，來說明「圓形的面積 = 正方形面積的3.14 倍」？身為「解惑者」的數學老師該如何回應？

　　當然，我們可以想像一種「場景」。有人「另闢戰場」，提問：三角形面積公式除了「底與高相乘」之外，也還是要「除以二」，或「乘上 $\frac{1}{2}$」（參見圖三），所以，圓面積是兩個長度（都是半徑）相乘，再乘上一個數（圓周率 3.14），那又為何「不夠討喜」？

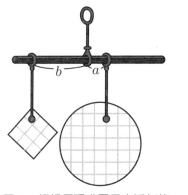

圖二：槓桿原理求圓周率近似值

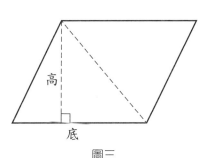

圖三

　　這是很有趣的對話，我們求之不得！因為對話內容豐富了，我們就可以編述另外的故事版本了。

不過，這個三角形 vs. 圓形面積公式之類比，還是點出相當深刻的差異，因為三角形面積中的那個「無名數」$\frac{1}{2}$（= 0.5），[1]遠比圓面積公式中的 3.14，要容易解說得多了。

二、古典的智慧結晶

或許我們可以先訴諸古代數學經典的智慧。古希臘歐幾里得在他的《幾何原本》中，曾經提供了一個有關圓的命題（第 XII 冊命題 2）（參見圖四）：

兩圓之比等於其各自直徑所張拓出來的正方形之比。

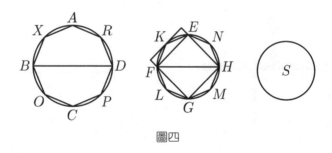

圖四

運用現代符號翻譯，上述定理可以改寫成：

$$S_1 : S_2 = D_1^2 : D_2^2$$

---

[1]「無名數」表示不帶有單位的數，比如兩個長度相除之後，就變成為它們之間的倍數或因數，後兩者就稱之為無名數。這是我幼年時所學到的概念，今天似乎已不再使用。

其中，D_1、D_2 分別是圓 S_1、S_2 的直徑。由此，我們當然可以推得 $\dfrac{S}{D^2}$ 或 $\dfrac{S}{r^2}$ $(D = 2r)$ 是個常數（或定值），如令它為 A，則圓面積 $S = Ar^2$，其中 A 當然就是圓周率了。

這個不因圓的大小而有所變化的圓周率，當然可以從上述歐幾里得的命題導出，不過，由於他無法處理 $\dfrac{S}{r^2}$ 這個現在稱之為「無理數」(irrational number) 的「不可公度量比」(incommensurable)，❷所以，他「實際」並未給出圓面積公式。顯然基於同樣原因，整部《幾何原本》都不曾提供任何有關長度、面積及體積的度量（公式）。譬如，他並未告訴讀者三角形面積為何，而只是指出同底等高的兩個三角形「面積」相等。他的確使用了「面積」（英文版 area）一詞，但是否等於「底乘高除以二」，他「選擇」不說！究其原因，乃是如果這個相乘的底與高都是「不可公度量比」的話，那麼，它們的相乘也就不知從何說起了。

此一限制被阿基米德突破。在他的《圓的度量》(*Measurement of a Circle*) 中，他先是給出圓面積公式：圓面積等於勾、股邊分別為此圓之半徑及圓周長的直角三角形之面積（參見圖五）。換句話說，若此直角三角形之勾、股邊分別為 r、C，則圓面積 $S = (\dfrac{1}{2}) \cdot C \cdot r$。緊接著，他再利用這個公式，證明圓周率 π 的一個近似值為 $3\dfrac{10}{71} < \pi < 3\dfrac{10}{70}$。

---

❷此「比」即是現代意義的「無理數」。

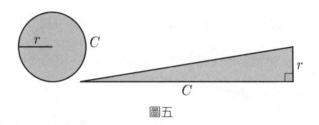

圖五

　　阿基米德的圓面積公式實際上等價於「半周、半徑相乘」。後者正是古中國《九章算術》所提供的公式（參見圖六）。事實上，在這本算經的第一章「方田」中，共有四個公式，依序為：

　　⑴半周、半徑相乘得積步；❸
　　⑵周、徑相乘，四而一；
　　⑶徑自相乘，三之，四而一；
　　⑷周自相乘，十二而一。

其中，第⑴、⑵個等價，因為「周、徑相乘」亦即「圓周與直徑相乘」，「四而一」是指「除以四」的意思。此外，這第⑶、第⑷個也等價，因為前者相當於 $\dfrac{[(2r)\cdot(2r)\cdot 3]}{4}=3r^2$，這在 $\pi=3$（「**周三徑一**」，**圓周是直徑的三倍**）的前提下，是「正確的」公式。至於後者，也由於周三徑一，即 $C=3\cdot 2r$，於是，$\dfrac{[(C\cdot C)\cdot 3]}{12}=\dfrac{(3\cdot 2r)(3\cdot 2r)}{12}=3r^2$。

---

❸ 「積步」是指面積的單位。在中國秦漢時期，步是長度單位，一步等於六尺，約等於現在的 180 公分。由於沒有因次 (dimension) 的表示方法，就以「積步」稱之。

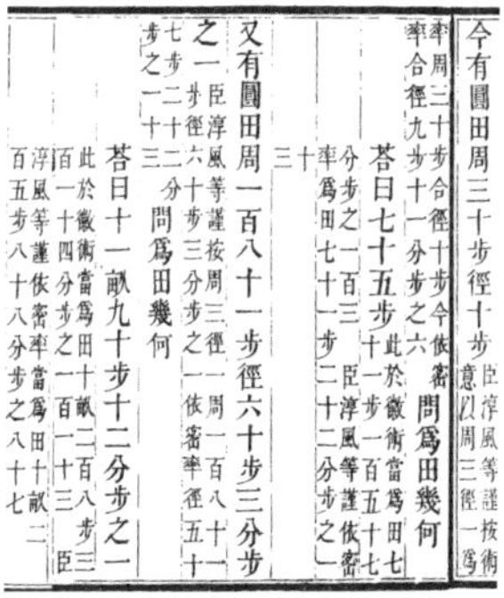
今有圓田周三十步徑十步臣淳風等謹按術意以周三徑一爲率周三十步合徑十步今依密率合徑九步十一分步之六問爲田幾何
荅曰七十五步此於徽術當爲田七十一步一百五十七分步之一百三十三臣淳風等謹依密率爲田七十一步二十二分步之一
又有圓田周一百八十一步徑六十步三分步之一臣淳風等謹按周三徑一周一百八十一步徑六十步三分步之一依密率徑五十七步二十二分步之一十三問爲田幾何
荅曰十一畝九十步十二分步之一此於徽術當爲田十畝二百八步三百一十四分步之一百一十三臣淳風等謹依密率當爲田十畝二百五步八十八分步之八十七

圖六：《九章算術》圓面積問題

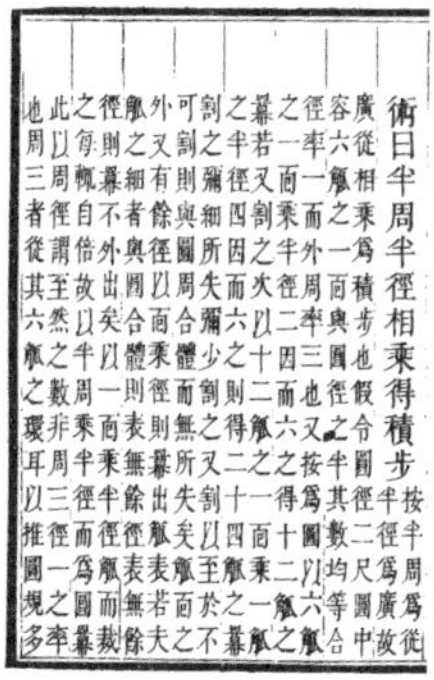
術曰半周半徑相乘得積步按半周爲從半徑爲廣故廣從相乘爲積步也假令圓徑二尺圓中容六觚之一面與圓徑之半其數均等合徑率一而外周率三也又按爲圖以六觚之一面乘一半徑因而六之得十二觚之冪若又割之次以十二觚之一面乘一半徑四因而六之則得二十四觚之冪割之彌細所失彌少割之又割以至於不可割則與圓周合體而無所失矣觚之外又有餘徑以面乘餘徑則冪出觚表若夫觚之細者與圓合體則表無餘徑表無餘徑則冪不外出矣以一面乘半徑觚而裁之每輒自倍故以半周乘半徑而爲圓冪此以周徑謂至然之數非周三徑一之率也周三者從其六觚之環耳以推圓規多

圖七：《九章算術》第一個圓面積公式

因此，在《九章算術》的四個圓面積公式中，前兩個正確，後兩個近似。第三世紀數學家劉徽（約 220–280）註解《九章算術》時，對於這四個公式的特性已經知之甚詳。在證明了第一個公式之後（**沒錯，他的確證明了！**），他還利用所謂的「割圓術」，從圓內接正六邊形（稱之為「**圓中容六觚**」）「割」起，一直計算到圓內接正 96 邊形的面積後，再「推論」（**沒有說錯！劉徽也進行了必要的推論**）圓周率近似值得 3.14。事實上，在計算過程中，劉徽明確地使用第一個公式，亦即「半周、半徑相乘」（參見圖七）。❹這在半徑取一個單位長的情況下，是蠻獨特的進路，因為現代讀者——當然也包括年輕時代自修數學史的我，想必很自然地根據公式 πr^2，來求 π 的近似值，因為當 $r = 1$ 時，圓內接正多邊形的面積，就是圓面積的近似值，而且當然，邊數越多，逼近程度自然越好。

❹圖六、圖七小字部分即劉徽注。其中，他證明圓面積公式之史實，直到 1980 年代才被數學史家發現。

三、這才是數學！

在《這才是數學》(*Measurement*) 一書中，作者保羅‧拉克哈特 (Paul Lockhart) 針對圓面積公式的解說，提出他的敘事版本。他先是「類比」證明與敘事：

> 證明就像在說故事。題目中的元素就是人物角色，故事情節則由你決定。就像任何一篇文學小說，我們的目標，是寫出在陳述上令人信服的故事。在數學上，這表示情節不僅要合乎邏輯，還必須是簡明而優雅。沒有人喜歡看拐彎抹角又複雜的證明。我們當然想看到理性的思路，但也希望感受到美的震懾。一個證明應該兼顧美感與邏輯。

其次，保羅‧拉克哈特在說明如何「量度」圓面積時，特別指出古典方法（如窮盡法）的深刻動人：

> 我們做的近似值並不只是少少幾個，而是無窮多個。我們其實做了一連串無止境，一次比一次接近，而從這些近似值可以看出一種模式，告訴我們最終會趨向什麼結果。換句話說，透露出某種模式的無窮多個「謊言」(lies)，竟能告訴我們真理 (truth)。

顯然，拉克哈特將數學視為研究模式 (pattern) 的一門科學，因此，他從阿基米德的圓面積公式證明「過程」中，看到

$$圓內接正多邊形面積 = (\frac{1}{2}) \cdot h \cdot p$$

3 哪一個圓面積公式「討喜」？ 37

其中，h 為此正多邊形的各邊到圓心的距離，p 是此多邊形的周長。（參考圖八）在這個「模式思考」中，當正多邊形的邊數無限增加下去，周長 p 就會趨近圓周長 C，同時，h 會趨近圓半徑 r，於是，由於正多邊形面積會趨近圓面積，所以，吾人最後可得證：

$$圓面積 = (\frac{1}{2}) \cdot r \cdot C。$$

這恰好是我們在上文第二節所提及的阿基米德公式。

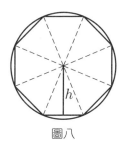

圖八

　　在上述解說阿基米德的進路中，拉克哈特的模式思考也發揮了「發現」圓面積公式的功能。事實上，劉徽證明圓面積公式的進路也是如此。他們兩人的共通點，讓我在接觸《這才是數學》中譯初稿時，注意到該版本的**「透露出某種模式的無窮多個『謊言』(lies)，竟能告訴我們真理 (truth)」** 中的 "lies" 被譯為「假話」。沒想到這一個美麗的「錯誤」，竟然（在邏輯上）也說得通，**❺**而且充滿了認知的趣味。

---

❺「謊言」是知道真相，但「故意」說錯。至於「假話」，則是不知真相而說錯。因此，知道真相與否，看起來在本案例中，都不影響「模式思考」的可能性。

　　另一方面，拉克哈特也指出敘事進路教／學數學的侷限。他在《一個數學家的嘆息》中，就指出：教師為了幫助學生記住圓面積及圓周長公式，而編寫／敘說如下版本的「圓周先生 (Mr. C)」故事，是否能使數學課程變得比較「討喜」，值得我們深思：

　　圓周先生 (Mr. C) 繞著面積太太 (Mrs. A) 說他自己的 「兩個派有多棒」（how nice his "two piles are"，按 two piles are 是 $C = 2\pi r$ 的讀音），以及她的 「派如何方正」（how her "pies are square"，按 pies are square 是 $A = \pi r^2$ 的讀音）。

事實上，拉克哈特對於此類沒有意義的故事，非常不以為然。不過，「真正的故事」到底是什麼呢？拉克哈特認為：

　　是關於人類為了測量曲線所做的種種努力；是關於歐多克斯 (Eudoxus)、阿基米德和「窮盡法」(method of exhaustion)；是關於 π 的超越性 (transcendence)。到底什麼比較有趣──用方格紙估算粗略的圓周？用別人給你的公式（不加解釋，只是要你背起來然後不斷地練習）來計算圓周？還是聽聽這個人類史上最美妙又奇幻的題目，最聰明和最具震撼力的想法是如何產生的？我們這不是在抹滅人們對「圓」的興趣嗎？

四、結語

從阿基米德與劉徽的「歷史經驗」來看，圓面積公式（背誦）的最佳選項，絕對是「半周、半徑相乘」，而非「圓周率乘半徑，再乘半徑」，因為後者之抽象 「形式」 尚未現身前 （譬如當我們還在背誦「3.14乘半徑，再乘半徑」時），數學家似乎很難據以「計算」圓周率的近似值——頂多驗證3.14這個近似值吧。還有，根據前文的論述，前者比起後者顯然要容易「解說」得多了。事實上，無論是阿基米德也好，劉徽也好，都為我們做了最忠實的見證。換言之，他們都是先證明圓面積公式 $(\frac{1}{2})\cdot C\cdot r$ 或 $(\frac{C}{2})\cdot r$，再據以求圓周率近似值3.14。

因此，如果有人說劉徽的傑出貢獻之一，在於發明割圓術以求圓周率近似值3.14，那麼，這個「宣稱」只是說對了一半，因為他更偉大之處，乃在於他對圓面積公式所做的證明。我甚至懷疑這個公式是他發現的，因為如前所述，他的證明也具有發現的功能！

另一方面，如果使用「半周、半徑相乘」來計算圓面積，那麼，國中老師就不需要說明：何以國小公式「3.14乘半徑，再乘半徑」，到了國中階段必須改為「πr^2」。將3.14改為 π 的「動作」輕而易舉，然而，從直觀圖說進路切入，說明 「圓面積 $3.14\cdot r^2$ ＝ 正方形面積 r^2 的 3.14倍」已屬不易，將3.14改為 π，那就更不必說了。

事實上，在阿基米德之後，一直有數學家針對阿基米德的公式進行「解讀」，這些版本的簡單易解，都自我證成了數學家的深刻洞識。圖九是我非常喜愛的一個版本，出自十二世紀猶太裔阿拉伯數學家，由於它可以利用切洋蔥截片來當模型，因此，這個故事很有「圖說一體、不證自明」(proof without words) 的「洋蔥」，非常令人感動！事

實上，岡部恆治與藤岡文世合作的數學普及作品，就有極精彩的創作或改編，任何人想要欣賞數學「簡單、深刻且優雅」的特性，都不應該錯過才是。

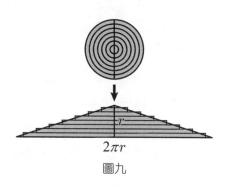

圖九

　　最後，當我們介紹古代文明的圓面積計算時，如果打算順勢推論他們使用了什麼樣的圓周率近似值時，千萬要特別小心。以古埃及為例，當我們發現他們使用公式 $(d - \frac{1}{9}d)^2$（d 為圓直徑）來計算圓面積時，並不表示他們「一定」擁有圓周率的概念，因此，他們的圓周率等於若干之說法完全沒有意義。充其量我們只能說，因為此一公式計算得到的圓面積，與使用圓周率等於 3.16 的計算結果，近似程度並不算差，因此，這個公式還頗有意義就是了。[6]

---

[6]針對古埃及的此一公式之評論，奔特等著，《數學起源：進入古代數學家的另類思考》就十分審慎，值得我們引以為鑑（頁36）。

4　棋盤上的穀粒：數大之奇

一、等比級數求和問題

$2^0 + 2^1 + 2^2 + 2^3 + \cdots + 2^{63} = ?$ 這是一個級數求（總）和的問題。在初等數學中，通常只介紹兩類級數：等差級數與等比級數，或者，（另稱的）算術級數與幾何級數。

上一段這個級數顯然是等比級數。如何求（總）和？這是國中數學問題，不過，多數師生所在意的，恐怕是如何運用下列公式，來求解給定的求和問題：

$$a + ar^1 + ar^2 + \cdots + ar^{n-1} = a(\frac{r^n - 1}{r - 1})$$

其中，公比 r 是不等於 1 的正數，a、ar^{n-1} 分別是這個級數的第一項（或首項）、第 n 項。

不過，比較「酷」的方法，或許是模仿「證明」此一公式的進路，讓這個解題充滿了創意：令 S 等於這個級數的（總）和 (sum)：

$$S = 2^0 + 2^1 + 2^2 + 2^3 + \cdots + 2^{63}$$

如果等號兩邊都乘以 2，則上式變為

$$2S = 2^1 + 2^2 + 2^3 + \cdots + 2^{63} + 2^{64}$$

將這兩個式子相減——不妨先交錯並列如下：

$$2S = \quad\ \ 2^1 + 2^2 + 2^3 + \cdots + 2^{63} + 2^{64}$$
$$S = 2^0 + 2^1 + 2^2 + 2^3 + \cdots + 2^{63}$$

則 $2S - S = 2^{64} - 2^0$ 或 $S = 2^{64} - 1$，即為所求。

　　其實，如果你多「想」一點——是「解析地思考」(analytical thinking)，而不只是「隨興地聯想」(associative thinking)，那麼，說不定你已經發現上述求 S 總和的方法，可以引出（或類比出）證明等比級數求和公式的進路。

　　在這個脈絡中，教師如果覺得「勻出一點點討論時間」是值得嘗試的教學策略（或投資），那麼，請不妨並列「上述例子解法」與「（一般）等比級數公式證明」，或許教室中就會出現此起彼落、令人驚喜的 Eureka（發現）時刻了！

二、「等比級數」的源頭

　　在國中數學課程中，為什麼要學等比級數？這個「大哉問」不好回答。我們可以試圖搜尋數學史上的案例，來「正當化」(justify) 此一教學（或智性）需求。

　　等比級數問題在數學史上出現甚早。以中國算書為例。最晚在西漢呂后二年（西元前 186 年）出現的竹簡《筭數書》中，吾人已經可

以解決按等比關係的比例分配問題：

> 女織鄰里有女惡自喜也，織日自再，五日織五尺。問：始織
> 日及其次各幾何？
> 曰：始織日一寸六十二分寸卅八，次三寸六十二分寸十四，
> 次六寸六十二分寸二十八，次尺二寸六十二分寸五十六，次
> 二尺五寸六十二分寸五十。
> 術曰：置二、置四、置八、置十六、置卅二，并以為法，以
> 五尺遍乘之各自為實，實如法得尺。

這個題目在稍後問世的《九章算術》（約為西元前後問世）中，以幾乎一樣的面貌出現：

> 今有女子善織，日自倍，五日織五尺。問：日織幾何？
> 術曰：置一、二、四、八、十六為列衰，副并為法。以五尺
> 乘未并者，各自為實，實如法得一尺。

至於答案及其解法（術日），則兩書都正確：依序為（始織日） $1\frac{19}{31}$ 寸、$3\frac{7}{31}$ 寸、$6\frac{14}{31}$ 寸、1 尺 $2\frac{28}{31}$ 寸、2 尺 $5\frac{25}{31}$ 寸。請注意：上引《筭數書》的答案沒有約分，可見，約分與否完全是目前小學數學的課程規約。

　　這種涉及「實用」的歷史情境，是否有助於提升學生學習等比級數的動機，我們不得而知。或許我們對照古埃及《萊因德紙草書》(Rhind papyrus) 第 79 題，可以發現這一類題目不無娛樂效果。事實

上，這一題是如下引述的斐波那契《計算書》(*Liber abaci*, 1202) 中的一首詩之濫觴：

> 當我走到聖伊維斯 (St. Ives) 時，
> 我遇到一個有著七個老婆（妻子）的男人
> 每個妻子都有七個麻袋，
> 每個麻袋裡裝著七隻母貓，
> 每隻母貓有七隻小貓，
> 請問共有多少小貓、母貓、麻袋、妻子和他一起前往聖伊維斯？

因此，解謎趣味的娛樂數學 (recreational mathematics) 問題往往成為普及知識的「梗」，這對於今日的數學教師也好，科普作者也好，都是極重要的歷史啟示。事實上，數學「有用」的訴求固然重要，說不定它「好玩」的特性，才是更好地「貼近」學生或閱讀者心靈之進路，我們千萬要謹記在心才好。

三、棋盤上的穀粒

然則我們究竟如何讓讀者（或學生）對等比級數更加「有感」呢？當然，我們可以利用斐波那契所引述的這一首詩，其「紅利」包括（順便介紹）斐波那契數列（或費氏數列）1, 1, 2, 3, 5, 8, 13, 21, … 及其與等比或等差級數「迥異」的模式等等。更有趣的，當推《萊因德紙草書》所提供的古埃及人的兩種解法，尤其是涉及遞迴關係的那一個，更是非常值得我們現代人參考借鏡。❶

不過，出自「竹簡」或「紙草」的算題，除了「發思古之幽情」

外，顯然欠缺數學知識可以帶給我們的驚奇感嘆 (wonder)，更何況它的敘事框架已定，似乎沒有「多餘的」空間可以發揮。

可是，如果我們以本文開宗明義的例題「$2^0 + 2^1 + 2^2 + 2^3 + \cdots + 2^{63}$ = ?」，來引進等比（或幾何）級數，那麼，我們可以敘說的故事版本，或許就有趣得多了。尤其是這個級數的總和 $2^{64} - 1$ 究竟有多大，更是值得我們深入探索。

在數學小說《蘇菲的日記》(*Sophie's Diary*) 中，作者朵拉・穆西亞拉克 (Dora Musielak) 顯然藉由蘇菲的日記，「重述」(recount) 這個可能是她自己童年閱讀（穀粒與棋盤）的故事版本：很久很久以前，有一位國王想要一個其他人不曾擁有的獨特遊戲，希望可藉以教導後代子孫「成為更優秀的思想家以及戰場上更好的領袖」。結果，有一位賢者發明了一個遊戲（亦即今日的西洋棋，有 $8 \times 8 = 64$ 個正方格）獻給國王。國王龍心大悅，諭令要以賢者要求的任何賞賜（包括黃金珠寶等等任何東西）作為回報。

萬萬沒想到這位賢者竟然只想要穀粒！要多少呢？賢者說他要的數量按照棋盤上正方形（數量）來算就可以了。他的公式很簡單：

> 第一個正方形他要一個穀粒，然後，在接下來的棋盤上的每一個正方形上加倍。換句話說，在第二個正方形上要有兩個（1 乘以 2）、第三個正方形要有四個（2 乘以 2）等等，直到全部六十四個正方形都計算出來以決定穀粒的總數。

---

❶ 參考奔特等 (2019)，《數學起源：進入古代數學家的另類思考》(*The Historical Roots of Elementary Mathematics*)，臺北：五南出版社。

對於這樣「謙卑」的要求，國王也大感意外。國王命令下人帶一袋穀粒來，按照賢者的要求，一格一格地計算穀粒，結果一下子穀粒已經用罄，

> 於是更多的穀粒被帶進來。很快的，他們發現就算是全王國的穀粒，都不足以對應棋盤上一半（數量）的正方形。

故事重述到這裡。作者穆西亞拉克緊接著布了一個「梗」，讓年方 14 歲的蘇菲 (1790) 試著計算穀粒的數量。結果，她試到 $2^{18} = 262144$ 就投降了：「我必須在這裡停止。現在我只能想像第四列及棋盤上剩餘正方形上面的巨大數字了。我不用計算，也知道我可以利用數字 2^n 來代表每個正方形上面的穀粒，其中第一個正方形為 $2^0 = 1$，然後，最後一個正方形為 $2^n = 2^{63}$。之後，我要將所有正方形上的所有穀粒加起來，而這總數將會無比巨大。光 2^{63} 就是個我無法想像的巨大數字了！」

在這則日記（1790/3/7）的最後，蘇菲為這個故事提供了她的數學表徵：「我要如何只用數學來敘述這個故事呢？我可以寫成總和 $1 + 2 + 4 + 8 + 16 + 32 + \cdots + 2^{63}$，讓我大約知道會有幾個穀粒。」

四、普及版的再重述

故事雖然說到「已見數學真章」的地步，不過，這個插曲卻尚未結束！在下一則日記（1790/3/15）中，蘇菲為了安撫焦躁的妹妹安潔莉，想教她下西洋棋，結果引不起她的興頭。直到蘇菲提起國王想要教導孩子們更聰明的故事，妹妹才終於安靜了下來。

不過，蘇菲也深知妹妹只能接受「美化的」（或童話風格的）版本，於是，她將故事改編如下：

> 在我的故事中，賢者變成了英俊的王子，並且會在贏得遊戲
> 之後，娶得國王美麗的女兒。我又額外追加了國王對這新遊
> 戲很滿意，並且願意給予任何王子想要的東西——黃金或鑽
> 石——來作為公主的嫁妝。我也更改了賢者要求穀粒的部分。
> 為了讓安潔莉保持興趣，我將故事改為王子要求的是鑽石！
> 我妹妹完全著迷了，變得更想玩，也許她幻想著棋盤上每個
> 正方形中都有閃閃發亮的鑽石。

或許受到這個故事的啟發，妹妹終於願意下棋。蘇菲趁此機會解釋棋盤上的穀粒（或鑽石）的計算方式。她承認妹妹可能不明白究竟怎麼回事，但還是表現得很有耐心的樣子。

蘇菲的這個再重述插曲，說明普及者（如朵拉·穆西亞拉克）一旦掌握了數學知識活動的真諦，就可以針對閱聽對象，而「發想」（提出）不同的敘事版本。不過，除了數學知識的確實掌握之外，如何學習說故事呢？邱于芸認為我們在面對世界的想像上，「跳脫既定的框架，轉換角度思考」就成了學習說故事的關鍵能力。也就是說：

> 一個故事人應具有重新詮釋人人原本習以為常的事物的能
> 力。一個有創意的故事就是能讓聽者覺得劇情是在他所意料
> 之外，但還能以基本經驗感受到這變化是在情理之中。

至於如何具體實施，那就請（閱聽者或老師）到現場見真章了。

五、結語

　　棋盤上的穀粒之敘事還有其他的變貌（請參考本文附錄），有意使用者大可針對訴求對象及講述場合，來修訂或改編本文所提及的版本。不過，所有的版本都必須保留一個核心事實，那就是，2^n 的「數大之奇」（數目變大之快，令人嘖嘖稱奇）！若不如此，恐怕難以讓學生保持強烈的好奇心，而願意「順便」學習等比級數的求和公式。

　　至於是否在一開始就端出 $2^0 + 2^1 + 2^2 + 2^3 + \cdots + 2^{63} = ?$ 的求和問題，或者先敘述棋盤上的穀粒之故事，還是引述漢簡筹書、紙草書或斐波那契詩歌問題，以作為等比級數求和單元之學習動機等等，則悉聽尊便，但求學生多少體會數學知識有其脈絡即可。

　　從數學敘事 (mathematical narrative) 觀點來看，這些脈絡（包括故事或古算源頭）都難以切割等比級數的知識內容。任何人只要接觸這些文本，就會不由自主地啟動數學思維，因為那些故事或源頭本來就是數學的一部分。總之，從棋盤上的穀粒，我們也可以考察數學的多元面貌。清水變雞湯，雞肉是王道，就端看你怎麼「烹煮」了！

　　最後，謹以本文向英年早逝的林壽福 (1959–2020) 老師致敬！本文附錄二摘自他應邀為臺灣數學博物館 (https://mathmuseum.tw/) 撰寫的數學普及書籍書評，其中洋溢的數學與教育的雙重洞識，都足以發人深省，值得我們斟酌參考！

附錄一　《算法少女》的富翁米粒問題

在這篇附錄中，我將簡介（兒童文學作家／國中國語教師）遠藤寬子如何「重述」這個棋盤問題，用以說明「重述」可以引出的更豐富故事面向。

在千葉桃三、千葉章（父女）合撰的《算法少女》中，收入一個富翁米粒問題，剛好是穀粒與棋盤的另一個（計算量較小的）版本。請參考《算法少女》的卷之上第一節「自問自答」前兩題之掃描（圖一、二），第一題正是富翁米粒問題，至於第二題則是有關最小公倍數的應用問題，作家遠藤寬子也將它融入這個情節之中。

圖一：《算法少女》卷之上首頁

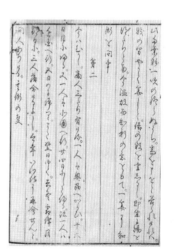

圖二：《算法少女》卷之上次頁

在這本童話文學作品中，作家遠藤寬子將本題融入松葉屋之教學情節。這是本小說故事主角小章所開設的庶民教育私塾，由於學生年齡不一，所以，其教學形式常常採取一對一的形式。目前，東京江戶博物館所展示的「寺子屋」教學現場模型，就是這種私塾的歷史想像。

在這個故事情節中，小章交代算法功課給學生文吉：「對了，文吉，那一題做好了嗎？下一題在這裡，看得懂嗎？」文吉回答說：

> 嗯，妳幫我把問題全部都改寫成平假名了，對吧？這樣我就
> 看得懂了。這個是——某位富翁問他的僕人想要什麼，僕人
> 回答，請在一月一日給我一粒米，之後每天加倍，直到十二
> 月三十一日。富翁聽完後哈哈大笑說，你真是無欲無求的僕
> 人啊！

小章緊接著提醒：「大部分的人都會這樣認為吧？不過，結果到底會是什麼？」（參見圖一）

在這個語境中，作家另外布了一個「梗（哏）」，讓「小章一邊提出疑點，一邊環顧四周，彷彿在等什麼人。」結果，先是文吉一邊撥著算盤，一邊試探性地給出僕人「只能拿到一俵米」的答案，「『喔，這個嘛……』，小章嘴裡回答，但是眼睛卻仍盯著路上望。」最後，小章終於等到了前來幫忙國語（日本語）教學的武士山田多門。

正如前述，由於米粒問題出自小章及其父親合撰的算法問題集（題名也稱作「算法少女」），因此，山田借閱這本集子之後，頗有感觸地說：

我一直認為，所謂的學問，就只有聖賢的教諭（儒教），但最近看到妳的教學，我發現原來算法也是一門很深奧的學問。一般人很容易誤以為算法只是商人為了牟利而使用的卑劣技巧，這種想法還真非導正過來不可呀！

於是，小章趁此機會，說明算法的真正意涵：

這種問題，其實只是算法的開端而已。透過算法，還可以瞭解更多東西，也可以解開複雜的圖形。因此，我目前正著手將我父親那裡學到的東西，整理成一本書，這些問題也全部包含在裡面……。

說著說著，突然文吉大聲喊道：「小章，我投降了！」他的手指還在算盤上：

第十天可以拿到 512 粒，雖然變多了一些，但也還好——第十五天可以拿到 16384 粒，第二十天可以拿到 524288 粒……這樣下去，一個月到底可以拿到多少粒啊？

小章回答：「這個嘛……應該是 536870912 粒，大約就是 215 俵。」按：1 俵的米重量是 60 公斤，光第一個月底，富翁就得支付 $215 \times 60 = 12900$（公斤）。

這個計算繼續下去，到了年底，當然就是不可思議的天文數字了。原來：這個僕人一點也不是「無欲無求」啊！

附錄二　林壽福老師〈評論《睡蓮方程式》〉摘錄

以「睡蓮方程式」為書名，看出作者（按即亞伯特‧賈夸 (Albert Jacquard)）的關懷所在，當今教學現場老師們所忽視的關鍵能力——培養孩子的數學感和直觀洞察力。這個饒富教育意義的睡蓮故事：當湖中種下一株睡蓮，它具有每天生出另一株睡蓮的遺傳特性（評按：等比級數增加），結果到第 30 天睡蓮子子孫孫將覆蓋滿整個湖面，最終所有的睡蓮會因為缺乏空間和營養，竟而窒息、死亡。

問題：「在第幾天時，睡蓮會覆蓋整個湖面的一半？」

多數中學生可能會回答：「15 天！」因為直覺地 30 天的一半是 15 天。然而，正確的答案是 29 天。為了強化認知衝突的威力，作者繼續追問：「在第幾天時，睡蓮會剛好覆蓋住 3% 以上的湖面？」只需從第 30 天逆向推算，第 29 天時 50%，第 28 天時 25%，第 27 天時 12.5%，第 26 天時 6.25%，第 25 天時 3.12%。作者接著用一幅漫畫來凸顯此番劇情，具有以圖像表徵直觀的震撼性效果。

就在第二十五天時，一株憂心未來的睡蓮提醒同伴：停止吧！看起來情況不妙噢！同伴們似乎沒有聽進去：才不呢！還剩 97% 呀！但，錯了！不出一星期，大夥的大限就到了。

這個故事是全書當中最具有戲劇性和代表性的一個例子，最能傳達作者的教學理念，也運用了作者所認為的絕佳教學法：將孩子的思緒逼入死胡同 → 造成認知衝突 → 調整認知 → 瞭解到問題的本質。因此，對於這個主題教學，作者給老師們的忠告是：不該只是教會學生如何破解指數函數（或等比級數）成長的陷阱，而該讓學生體驗隱藏其後的爆炸性發展，如此學習才會深刻鞏固，從中也才能學會教訓！

附記 ✐

本文出處 https://www.hpmsociety.tw/?mdocs-file=324。

《睡蓮方程式》(*L'Equation du nenuphar: les plaisirs de la science*) 由亞伯特・賈夸 （Albert Jacquard，法國統計學家） 所著，究竟出版社 2002 年中譯出版。

5 阿基米德之死：
傳奇故事大家說

一、前言

　　故事重述 (recounting) 如何有助於我們的學習？這個議題似乎沒有引起太多學者或教育家的矚目。不過，在數學課堂上，鼓勵學生在已有的數學故事框架或內容上，重述另一個版本，是非常值得嘗試的教學活動，正如同邱于芸所指出：「一個故事人應具有重新詮釋人人原本習以為常的事物的能力。一個有創意的故事就是能讓聽者覺得劇情是在他所意料之外，但還能以基本經驗感受到這變化是在情理之中。試著將一件客觀事件慢慢地拆開、剖析，然後用自己的方式重新建構起來。創造自己的故事，就是一個人的英雄之旅。」（邱于芸，頁42–43）

　　在本文中，我將以「阿基米德之死」的幾個版本，來說明重述的活動之價值與意義。

圖一：羅馬地板馬賽克中的阿基米德之死　　圖二：希臘發行郵票

偉大數學家阿基米德之死，是數學史上的一個傳奇故事，有不少數學家在年幼時「得知」阿基米德如何置身「死之將至」處境之中，依然戮力研究不懈，而大感震撼與無比崇拜。

茲以偉大數學家蘇菲‧熱爾曼 (Sophie Germain, 1776–1831) 為例。在法國大革命爆發之際，年方十三歲的她進入父親的書房，偶然翻閱法國數學家孟都克拉 (Montucla) 的《數學史》，發現其中所描述的阿基米德之死，讓她大感不可思議。在數學小說《蘇菲的日記》(*Sophie's Diary*) 中，作者穆西亞拉克讓 13 歲的蘇菲在自己的日記中，「重述」這一段插曲：

> 阿基米德是在做數學時悲劇性地死去。這發生在羅馬曆 541 年，也就是西元前 212 年，這位學者當時正全神貫注在自己的研究上，完全沒發現羅馬人正在侵略敘拉古。和往常一樣，那天阿基米德正在計算什麼東西，並且在地上畫畫，直到一個羅馬士兵踩在它上面。阿基米德非常的生氣，告訴那個士兵「別打亂我的圓！」那個士兵在震怒之下，拔出劍將他殺死了。

這是一個最常見的版本，也是著名的羅馬作家普魯塔克 (Plutarch, 約 46–119) 所重述的第一個版本。他還提供了另外兩個版本。我們將在下文依序介紹。

二、普魯塔克重述的兩個版本

　　普魯塔克重述的第二個版本，遠比第一個來得「悲情」，其戲劇效果顯然也更為強烈：

> 一位羅馬士兵銜命狂奔過來要取他性命，阿基米德回頭看了
> 他自己的研究，懇求士兵暫緩一下，說他不想讓自己的作品
> 未完成以及不完美而置之不理。不過，那位士兵絲毫不為所
> 動，瞬間了結他的生命。

這個版本所引伸的，正是「野蠻的」羅馬帝國迫不及待地「掃蕩」或「清洗」希臘偉大文明聖杯的殘酷暴行。我曾看過數學史家慨嘆說：古希臘的輝煌文明並不是止於海芭夏 (Hypatia, 370–415) 被亞歷山卓基督徒所屠殺，而是早就終結於阿基米德被殺時所承受的那一劍！或許正因為如此，在數學史通論著作或科普敘事作品中，這個版本相當罕見。

　　緊接著，我們再來介紹普魯塔克重述的第三個版本，它與維基百科的引述一致：「關於阿基米德之死，普魯塔克的一個不太出名說法認為他在嘗試向羅馬士兵投降的時候死亡。按照這個故事，阿基米德當時攜帶著數學儀器，士兵以為是什麼貴重物件，因而殺了他。」（https://zh.wikipedia.org/wiki/阿基米德，檢索日期：2020/4/14）。普魯塔克重述的精確版本如下：

> 當阿基米德帶著數學儀器、日晷、球，以及角（度儀）等裝
> 備去見羅馬指揮官馬賽盧斯 (Marcellus) 時，羅馬士兵看見
> 他，以為他的容器裝著黃金等貴重物品，於是就把他給殺了。

這些儀器其實可以將太陽的大小量測出來。(... as Archimedes was carrying to Marcellus mathematical instruments, dials, spheres, and angles, by which the magnitude of the sun might be measured to the sight, some soldiers seeing him, and thinking that he carried gold in a vessel, slew him.)

這個版本不無「隱喻」(metaphor)，因為它至少赤裸裸指出，戰勝者的劫財腐敗原形畢露，令人不堪聞問，儘管指揮官曾經下令要「善待」阿基米德，同時，也要「接收」他的守城機械設計。由此可見，普魯塔克身為羅馬作家，還是擁有起碼的「道德勇氣」。

三、恰佩克的版本

現在，我們將介紹由科幻作家恰佩克 (Karel Capek, 1890–1938) 所撰寫的版本。他是二十世紀捷克最有影響力的作家，捍衛言論自由始終不遺餘力，用以對抗歐洲當時的法西斯主義與共產主義。他生前曾七度被提名諾貝爾獎，但都未能如願。不過，他是二十世紀科幻小說創作的先驅，我們現在所熟悉的「機器人」(robot) 一詞，就是出自他在科幻（小說）劇本 *Rossum's Universal Robots* (1920) 中的命名。

恰佩克版本的英文題名為 The Death of Archimedes，究其文類，是一篇短篇小說，但由於主題是阿基米德之死，因此現在也可以視為「歷史小說 + 數學小說」。底下我們簡要介紹它的內容。本篇（英文版）被 Clifton Fadiman 編入《奇幻數學》(*Fantasia Mathematica*, 1958/1997) 時，編者指出它的原出處是《杜撰的故事》(*Apocryphal Stories*)。總之，這是作家恰佩克所「重述」的故事，我們可以從中領會傑出作家敘事的智慧與洞識。

　　這個版本的主要情節，是作者恰佩克安排羅馬百夫長 (centurion) 盧其亞斯 (Lucius) 這個角色來招降阿基米德。一開始，他先聲明說：阿基米德的確死於羅馬人攻占敘拉古之歷史事件。不過，他認為本文提及的第一個（也是最通行的）版本完全不是事實，因為首先阿基米德曾協助守城，對於戰事並非完全渾然無知，還有，銜命招降的盧其亞斯百夫長也不是草莽魯夫，而是深諳雄辯術，對於他即將招降的人物是何方神聖，知之甚詳。

　　畢竟，阿基米德最後還是喪失了寶貴生命，那是怎麼一回事呢？請先參看我們底下所引述的有關阿基米德及盧其亞斯之間的對話。

- 「阿基米德，你好！」
- 阿基米德從蠟板上揚起他的眼睛，說：「你哪位？」當時他的確在畫些東西。
- 「阿基米德！」盧其亞斯回答：「我們曉得沒有你的戰爭機械，敘拉古將撐不了一個月，但是，我們卻整整攻擊了兩年才得手。請不要認為我們士兵不長眼，它們都是偉大的機械。恭喜了。」
- 阿基米德揮揮手不以為意。「千萬不必！它們真的不算什麼，不過是投擲拋射體再平常不過的機械而已——只是玩具。從科學觀點來看，它們的貢獻一點都不偉大。」
- 「但從軍事觀點來看，它們很重要」，盧其亞斯說。「聽著，阿基米德，我來訪的目的，是請求你跟我們一起工作。」
- 「跟誰？」
- 「跟我們，羅馬人。畢竟，你必定知道，迦太基是在沒落中。幫助她有什麼用呢？不久，我們將把迦太基人趕著跑，

你最好加入我們，你們全部！」

- 「為什麼？」阿基米德咆哮著說。「我們敘拉古人就剛好是希臘人，為什麼要加入你們？」

- 「因為你住在西西里，而我們需要西西里。」

- 「那麼，你們為何需要它？」

- 「因為我們想要成為地中海的主人。」

- 「啊哈！」阿基米德聲調提高，並且不由自主地盯著他的板子。「那為何你們想要那樣？」

- 「誰是地中海的主人」，盧其亞斯說，「誰就是世界的主人。」

- 「而你們必須就是世界的主人？」

- 「是的，羅馬的使命就是成為世界的主人。而我可以告訴你，那是羅馬即將要成就的事。」

- 「可能吧。」阿基米德擦掉他板子上的某些東西。「但是，我可不會提供任何忠告的，盧其亞斯。聽著，要成為世界的主人——那有一天就會帶給你們一大堆可怕的防衛任務。可憐啊，你們即將會有所有的麻煩事跟上門了。」

- 「那無所謂，我們將是一個偉大的帝國。」

- 「一個偉大的帝國」，阿基米德喃喃自語。「不管我畫一個小圓或一個大圓 ，那就只是一個圓而已 。它們還是有邊界——你們將不可能沒有邊界，盧其亞斯。你認為大圓比小圓更加完美？當你畫大圓時，你認為你是更偉大的幾何學家嗎？」

- 「你們希臘人永遠愛辯論證的戲法」，百夫長擺出不以為然的態度。

- 「我們另有他法證明我們是對的。」

- 「怎麼做？」

- 「訴諸行動。例如，我們已經征服了你們的敘拉古。因此，敘拉古屬於我們。那是一個清楚的證明嗎？」

- 「是的」，阿基米德說著，且用他的筆抓頭。「是的，你們已經征服了敘拉古，不過，其情況是敘拉古不是也不再是以前那個相同的敘拉古了。為什麼呢，她曾經是一座偉大且著名的城市，現在，她將不再偉大了。可憐的敘拉古！」

- 「但羅馬將會偉大。羅馬比起全世界任何國家都要強大。」

- 「為什麼？」

- 「保住她的地位。我們越強大，敵人就越多。那就是，我們必須是最強大的國家。」

- 「說到力量」，阿基米德喃喃自語，「我只是一介物理學家，盧其亞斯，我要告訴你一些事。力會吞噬其自身。」

- 「那是什麼意思？」

- 「那只是一個定律，盧其亞斯。活躍的力會吞噬其自身。你越強大，你更多的力量就會使用到那上面去，而有一天，時候將會來臨——」

- 「你到底想說什麼？」

- 「喔，沒什麼。我不是預言家，盧其亞斯，我只是一介物理學家。力吞噬其自身。我所知道的不過如此。」

- 「聽著，阿基米德，你究竟想不想跟我們工作？在羅馬，龐大的機會將為你展開，這你是想像不到的。你將會建造世界上最強大的戰爭機械——」

- 「原諒我，盧其亞斯。我是一位老人而且我喜歡研究自己的一、兩個想法。正如你所看到的，我正在這兒畫一些東西。」
- 「阿基米德，跟著我們贏得全世界的想法一點都不吸引你嗎？──為什麼你不回答我們呢？」
- 「不好意思！」阿基米德嘟嚷著，彎身過他的板子，「你剛剛說什麼？」
- 「像你這樣的人可能贏得世界的主宰。」
- 「哼，世界主宰」，阿基米德不耐煩地說，「你請勿介意，我在這還有更有趣的事情要做。某些更持久的事情，你知道的。某些會真正長長久久的事情。」
- 「那是什麼？」
- 「小心！不要弄亂我的圓！那是計算弓形面積的方法。」

(Fadiman, pp. 57–59)

最後，恰佩克說阿基米德死於一場意外，但卻沒說明那是什麼樣的意外，然後，故事結束。小說家賣弄玄虛，吊人胃口，真是莫此為甚！不過，這也啟發我們重述時，如何「跳脫既定的框架，轉換角度思考，這就是想像力的開始，也成了學習說故事最重要的關鍵能力。」（引邱于芸，頁42）

四、回到蘇菲

在蘇菲重述完上引第一個版本的故事之後，作者穆西亞拉克緊接著讓她在日記中繼續述說：

在閱讀完這部分之後，我無法入睡。我一直幻想著阿基米德，
一個如此投入數學問題、投入到連外來侵略都沒發現的人。
我突然有股奇怪的感受，一種想要體驗阿基米德所感受到的
熱情的需要。

我理解自己想要更加了解這門科學的欲望。……我想要學習
更多，並且成為一個偉大的數學家，就像阿基米德一樣。

我想要理解許多概念，像是阿基米德故事中非常重要的數字
π。我必須知道 π 代表什麼，以及它為什麼這麼重要。閱讀
一本關於數學，充滿符號和算式的書，就像是閱讀一本用另
一種語言所寫的書。我想要理解數學的語言！（穆西亞拉克，
頁 6）

有了這個動機，蘇菲後來在相當多則日記中，抒發她對圓周率 π 的學
習心得，以及如何欣賞阿基米德的其他貢獻。甚至到了最後一則日記
(1794/12/29)，她在頌揚十八世紀偉大數學家歐拉 (Euler, 1707–1783)
時，還讓 π 再次現身，達到敘事書寫前後呼應的絕佳效果：

在歐拉那些了不起的定理中，他導出了漂亮的公式：
$e^{i\pi} + 1 = 0$，連結了數學的基本數目，這是一個啟發我良多的
神聖公式，今天它仍讓我深深著迷。（穆西亞拉克，頁 271）

另一方面，穆西亞拉克在重述阿基米德的悲劇性死亡之前，也讓
蘇菲提及阿基米德如何以浮力原理判斷黃金皇冠是否摻入銀。他是在
浴缸洗澡時發現此一原理，從而找到不需要摧毀皇冠的前提下，確認
皇冠有一些成分被掉包，於是，他光溜溜地跑到大街，並且大喊

Eureka! Eureka! 意思是說：我發現了，我發現了。

這個插曲極易在幼小讀者心靈中留下深刻印象，同時，又由於理解阿基米德的發現需要做一點點推論功夫，而不只是被告知事實內容，因此，多少能體會阿基米德如何偉大，也就不在話下了。

五、結語

每個人敘說故事甚至是敘說數學故事，嚴格來說都是一種「重述」。在本文中，我們以阿基米德之死的版本為例，說明三位作家——古羅馬的普魯塔克、二十世紀二十年代的恰佩克，以及二十一世紀初的穆西亞拉克，如何重述這個悲劇性的歷史插曲或事件。

針對這個插曲，普魯塔克的年代或許最接近前三個版本的最早風貌，他的創作有助於我們「重建」這一段史實，讓阿基米德做數學的不凡才氣，可以得到充分的佐證。二十世紀初的數學史著作喜歡將他與牛頓、高斯並列為三大巨人，當然是其來有自，從而我們也不難理解何以費爾茲獎 (Fields Medal) 的獎牌要雕刻阿基米德肖像了。

圖三：費爾茲獎牌上的阿基米德肖像

　　阿基米德的數學當然有濃厚的時代脈絡色彩，譬如，他的皇冠成分之測試工作顯然是替皇室服務，因此，他的數學研究進路如果著重於求解與實用相關的難題，那當然很容易理解。如此一來，有關他的死亡，我們還可以加註：「鞠躬盡瘁，死而後已！」

　　上述這個脈絡理應讓普魯塔克納入重述時的考量，不過，我們無從得知其詳。在歷史脈絡中重述阿基米德之死，我想恰佩克剛好充分運用這個插曲，來澆他胸中的自由主義思想之塊壘。事實上，他的敘事也融入簡易的推論，「設計」對話，讓阿基米德與百夫長互相爭辯，而導引我們多少感受古希臘數學文化之論證氛圍。

　　另一方面，穆西亞拉克的重述與前兩位不同，她創作《蘇菲的日記》意在普及，因此，在這本中篇小說中，她安排分量足夠的數學知識活動，讓蘇菲乃至於讀者充分體會（比如）阿基米德之死這樣的情節之意義。這是穆西亞拉克從數學普及關懷觀點切入，所開出來的數學敘事之「重述」空間，值得我們共同來耕耘！

第二輯
如何說數學故事？

6 說算談天話論證：
說算者的故事怎麼說？

一、楔子

這是一個有關古代中算論證的故事。其中角色有劉徽、趙爽、說算者、談天者、長吏以及「用算佐」。至於情節，則是在敘說秦漢「以吏為師」的歷史背景中，前述角色如何互動的過程。不過，為什麼這個故事值得敘說？還是要先簡單交代一下。

在中國古代數學史上，除了魏晉劉徽注《九章算術》所表現的算學論證之外，還有沒有其他數學家也重視證明或論證？自 1980 年代以來，我從業餘自修數學史到成為專業數學史家，始終為此一問題深感著迷，因為中國古代數學發展一向被認為是以實用為基調。當時，我撰寫中國魏晉南北朝科技史的「習作」時，即題為「重視證明的時代──魏晉南北朝的科技」。顯然，我企圖運用「重視證明」來刻畫那個時代的科技成就。

我所謂的「證明」，主要是在呼應漢代學者王充所說的「事莫明於有效，論莫定於有證。」至於像王充這樣思想或進路（他被認為頗有懷疑、批判精神），是否可以連結到劉徽或其他天文／數學家的思維，則完全無從切入處理。因此，劉徽之前是否也有重視證明或論證的數學家？想當然耳，可能性頗高，因為任何一個人的創作再怎麼具有革命性，都不可能「憑空出世」。然而，關鍵的文本證據卻始終「未現」，所以，我始終無法好好地「安頓」類似的疑惑！

　　後來，在數學史家郭書春一連串的劉徽研究相繼發表之後，我才注意到劉徽注《九章算術》（成書年代下限為東漢初）時提及「說算者」的直觀論證，總算可以確認：劉徽證明的確有其歷史文化脈絡！事實上，說算者的「現身」更加襯托劉徽證明或論證「抽象化」的難能可貴。然而，我們也可立即追問：「說算者」一詞既然蘊含了「說者」，那麼，究竟是「誰在說」？說了些「什麼」？他們又是「說給誰聽」？這些問題顯然至關緊要，同時，說算者的身分或地位也有探索的必要。

　　另一方面，由於天文知識活動涉及算學，因此，「談天者」也值得我們考察。這個稱謂最早現身於劉徽同時代（第三世紀）趙爽的《周髀算經》注序。《周髀算經》經文本身，就包括陳子與榮方有關學習（天文數學）之對話。在以吏為師的歷史環境中，說不定其相關官僚養成的教育意義將更加顯豁。因此，我們首先要從這個話題談起。

二、以吏為師的歷史環境

　　現代的大學教育制度、研究機構，乃至於學會、期刊，都是專門知識（如數學等）傳播、保存以及創新發展的主要機制。不過，這種脈絡大都不存於兩千多年前的中國秦漢時期，即使《周禮》對周代國子（貴族子弟）的六藝（初等教育）有了簡要規範，❶但所能發揮的傳承功能應該極為有限。這是官學的一部分，然而，對於官僚行政管理的知識與技能，則必須訴諸官學的另一個系統，那就是以吏為師，尤其是因應秦漢中央集權的郡縣制度。

---

❶「保氏掌諫王惡，而養國子之道，乃教以六藝：一曰五禮，二曰六藝，三曰五射，四曰五馭，五曰六書，六曰九數。」劉徽〈九章算術序〉也指出：「算在六藝，古者賓興賢能，教習國子。」

根據史家呂思勉的考察，古人的知識技能，就是從宦中得來：

古人解釋宦字，有的說是學，有的說是仕，的確，這兩者就
是一事。因為在古代，有些專門的知識技能，就是在辦理那
件事的機關裡，且辦事且學習而得的。從其辦事的一方面說，
就是仕，從其學習的一方面來說，就是學。

因此，他同意漢代劉向的看法，認為先秦諸子百家之學都出自官署。
由於周代封建解體，於是，那些「宦」遂流落民間而將其學問流傳成
為私學或家學。在漢簡《二年律令》──西漢呂后攝政二年（西元前
186 年）頒布的律令──中，其〈傅律〉就有規定：「疇官各從其父
疇，有學師者學之」，可見有些吏員的「為吏之道」是來自世襲。
　　針對這個「家學」的歷史現象，司馬遷在他的《史記》中，也有
著非常生動的描述：

幽厲之後，周室微，陪臣執政。史不記時，君不告朔。故疇
人子弟分散，或在諸夏，或在夷狄。❷

其中，「疇人」（或上一段引述的「疇官」）是指擁有天文曆算等專門之
學的宦。由於封建解體，流落民間的宦需要謀生，孔門六藝就成了鮮
明的「招生廣告」，因為這就如同史家錢穆所評論：

---

❷由於這段引文提及「或在夷狄」，到了明清就成了「西學源出中國」的最佳見證。

藝士不僅可以任友教，知書數可為家宰，知禮樂可為小相，
習射御可為將士，亦士進身之途轍。

這一評論其實也呼應了司馬遷《史記》對孔子（西元前 551–前 479）
早期生涯的刻畫：

孔子貧且賤。及長，嘗為季氏史，料量平；嘗為司職吏而畜
蕃息。由是為司空。

意即：「孔子家境貧窮，社會地位低下。到長大之後，曾給季氏做過管
理倉庫的小吏，出納錢糧算得公平準確；也曾提任過管理牧場的小吏，
牲畜蕃息。因此他又升任主管營建工程的司空。」❸可見，孔子在周
遊列國講學傳道之前，曾經擔任小吏，他的夫子自道「吾少也賤，故
多能鄙事」，看起來相當寫實。
　　孔子究竟如何習得六藝，司馬遷〈孔子世家〉並未清楚交代。不
過，到了戰國初期，商鞅為秦孝公變法，主張：人民的一切行為以法
令為準則，他們的學習應以「習法」為主。他在《商君書》強調：「聖
人必為法令，置官也，置吏也，為天下師」，應該是「以吏為師」的濫
觴。到了戰國晚期，韓非子（法家要角）為秦王嬴政獻策，更加強化
「以法為教、以吏為師」的主張，他還認為破壞法令權威（人民妄議
律令）的一個大敵，就是「私學」。因此，他也強烈壓制私學，「禁其
行、破其群、以散其黨」。總之，韓非子的法家觀點就成為秦統一之後
的帝國治術之依據：嚴禁私學、以法為教、以吏為師。

---

❸譯文參考網址：https://kknews.cc/zh-tw/culture/9xa5gnl.html

　　秦始皇統一六國之後，不再沿襲夏商周三代的分封制，改行中央集權的郡縣制。由於郡縣長由中央派令，一切遵照朝廷律令處理政務。這些繁雜的行政管理工作，有賴基層的「文法吏」協助執行，因此，政府必須迅速培養這些基層吏員。然而，由於私學被禁且「以吏為師」，所以，有志於（或有機會）宦途者只能在「學室」學習，或是直接找官吏當學徒。

　　前者可以參照《睡虎地秦簡》的見證：「非史子也無敢學學室，犯令者有罪」（意思是說：不是史的弟子學徒，不能在「學室」中學習）。此處所謂史，正如前述孔子曾經擔任的季氏史，就是政府機關中從事文書工作的吏員。至於充當吏員的學徒小吏（「**首書私卒**」）案例，也可參考《睡虎地秦簡》中的〈秦律雜抄〉：「吏自佐、史以上負從馬，守書私卒，今市取錢焉，皆遷。」（譯文：自佐、史以上的官吏有運馱行李的馬和看守文書的私卒，如用以牟利，則要加以流放。）

　　在這些吏員中，有一種頭銜稱之為「用算佐」的小吏，別出「書佐」之外，可見「用算」專長的重要性。這份考古文獻出自江蘇尹灣六號墓。墓主師饒（西元 10 年）擔任攻曹史，是一位百石少吏，但地位尊崇，掌管《東海郡吏員簿》（類似今日公務機關的人事室職責），其中就記載了東海郡大（太）守下轄有吏員二十七人中，書佐九人，用算佐一人等。在秦漢時期，律令執行與用算之關連相當密切，譬如《漢書・東方朔傳》中有「待詔能用算者二人」之記載，目的當然在於「舉計其數而為簿籍」。可見當時由於律令規定及社會結構變複雜之後，計算與統計的專業性與必要性獲得重視，於是，「用算」專業人才應運而生。我們曾在《數之起源》一書中，以《《筭數書》vs.《二年律令》》為例，就此一主題提出說明。茲簡要引述其中〈傳食律〉vs.〈傳馬〉如下，以方便讀者參考。

《二年律令》的〈傳食律〉是驛站供給過往出差官員和馬匹食物及草料的相關規定。至於《筭數書》的〈傳馬〉題，則應該是針對馬匹草料的供應及其相關計算：

　　傳馬日三匹共芻稾二石，令芻三而稾二。今馬一匹前到，問
　　予芻稾各幾何？
　　曰：予芻四斗、稾二斗泰半斗。
　　术（術）曰：直（置）芻三、稾二，并之，以三馬乘之為法，
　　以二石乘所直（置）各自為實。

按本題先給定驛站馬匹餵食的規定：三匹馬一日餵食飼草（芻）及禾桿（稾）共二石，其中飼草與禾桿的比為三比二。現在，若只有一匹馬前來，那麼，驛站官員該餵食的飼草與禾桿的數量：「芻四斗、稾二斗泰半斗」，其中「泰半」等於三分之二。

　　上述這兩部竹簡《二年律令》及《筭數書》，都出自湖北張家山第247號墓。同墓出土的其他六部竹簡如下：《曆譜》（墓主大事記）、《奏讞書》（先秦以降司法案例彙編）、《脈書》（中醫把脈）、《蓋盧》（吳王與伍子胥對話有關陰陽家用兵之術）、《引書》（導引術及養生）及《遺策》（陪葬品清單，內含「算囊」一個，用以裝計算工具「算籌」）。墓主名字未詳，但根據考古學家／史家推測，他的身分應該是位階六到九級之間的長吏，他從「病免」（漢惠帝元年，西元前194年）到去世（呂后二年，西元前186年）之間，可能以訓練學徒為生，如此一來，《筭數書》應該是他的課徒講義，前述陪葬清單列有算囊一項，應該是他善算的見證之一吧。

　　因此，在以吏為師的歷史環境中，如果張家山 247 號墓的墓主運用《筭數書》為教材，來訓練未來的「用算佐」，這個推論或許不至於太過離譜。既然如此，西元第三世紀劉徽所說的「說算者」又是指哪些人呢？

三、「說」與「談」的語源

　　現在，我們參考（文字學的）語源資料，來考察「說算者」的可能意義。由於漢簡《筭數書》的題名使用了筭與數，因此，我們此處一併說明筭、算及數這三個文字的意思。

　　根據《形音義綜合大字典》，筭與算都未見於甲骨文與金文。小篆「筭」是會意字，東漢許慎《說文解字》本義說它「長六寸，計曆數者，從『竹』、從『弄』，言常弄乃不誤也。」顯然是指一種計算工具，以出土的文物來看，這種工具應該是竹子做的筭籌。至於「算」字從「竹」從「具」，也是一個會意字，「竹謂運算以計者，具謂計數明確無錯誤，以筭明確計數為算。」可見「算」字是利用「筭」與「數」來下定義的。「算」的《說文解字》本義作「數也」解，乃計審以計其數之意。無怪乎清代考據學者段玉裁認為「筭為算之器，算為筭之用。」

　　總之，「算」就是計算的意思，殆無疑義。但是，「說算」的認知層次，應該是較「計算」來得高。「說」字不見於甲文及金文，在小篆中，它「從言兌聲」，本義作「釋」解。根據《形音義綜合大字典》：

　　　〔說〕乃是善為剖析使通曉之意，故從言。又以兌本作「悅」
　　　解；釋而允當，言者畢其言論，聽者服於心，兩有悅意，故
　　　說從兌聲。

後來的「說」也代表「言論」、「書中義理」或「學說」之意，因此，「說算」或有解釋數理之本義。事實也是如此，本文第五節將以方亭體積公式之劉徽註解為例，說明「說算者」應該要比「用算佐」更能進行論述或解說。

接著，我們也來討論「談」這個字。根據《形音義綜合大字典》，甲文及金文都缺「談」字，小篆「談」字「从言，炎聲，本義作『語』解，乃互相語說之意，故从言。」又因為「炎」為「淡」之省文，所以，「**談从炎聲**」。由此引伸，無論是清談也好，晤談也好，都有互相談論之意。因此，相對於「說算」而言，「談天」多了「互相」語說的面向，即使在其互動中有某甲向某乙請益之動機。

四、趙爽與談天者

在《周髀算經》注序中，趙爽（字君卿）自謙「才學淺昧」，但由於「鄰高山之仰止，慕景行之軌轍」，於是，「負薪餘日，聊觀《周髀》，其旨約而遠，其言曲而中，將恐廢替，濡滯不通，使談天者無所取則。輒依經為圖，誠冀頹毀重仞之墙，披露堂室之奧。庶博物君子時迴思焉。」

可見，趙爽的註解是為了幫助「談天者」有所取則，不過，「負薪餘日，聊觀《周髀》」的自白卻也引人好奇。這位負薪的「勞動者」為何閒暇時會有興趣或能力「聊觀《周髀》」這部算經呢？在以吏為師的歷史環境中，他的天文學學養很有可能是出自學室的訓練，正如他同時代的說算者劉徽「幼習《九章》」一樣，從小就學習相關知識。而當他註解《周髀算經》時，或許就像擁有《筭數書》的墓主一樣，被免官或退休，而過著閒雲野鶴的日子。

《周髀算經》作者不詳，成書大約在西元前 100 年左右，是一部依據蓋天說宇宙論而立算的數理天文學經典，儘管現代史家認為它有多處片段，譬如本節下文將要引述的陳子與榮方之對話，乃是撮編而成。儘管如此，這一段對話卻極有可能是為秦漢談天者在學室中的學習活動，提供了極為生動的情節。榮方或許就是一位「少吏」(學徒)，他向「長吏」陳子學習天文：

> 昔者榮方問於陳子。曰：「今者竊聞夫子之道。知日之高大，光之所照，一日所行，遠近之數。人所望見，四極之窮，列星之宿，天地之廣袤。夫子之道皆能知之，其信有之乎？」陳子曰：「然。」榮方曰：「方雖不省，願夫子幸而說之。若方者可教此道耶？」陳子曰：「然。此皆算術之所及。子之於算，足以知此矣。若誠累思之。」

在這一段對話，陳子指出：算術可用以理解「四極之窮，列星之宿，天地之廣袤」等天文現象。而且，陳子也鼓勵榮方：「子之於算，足以知此」，要緊的莫過於「累思之」。

> 於是，榮方歸而思之，數日不能得。復見陳子曰：「方思之不能得，敢請問之。」陳子曰：「思之未熟。此亦望遠起高之術，而子不能得，則子之於數未能通類也。是智有所不及，而神有所窮。夫道術，言約而用博者，智類之明。問一類而以萬事達者，謂之知道。算數之術，是用智矣，而尚有所難，是子之智類單。夫道術所以難通者，既學矣，患其不博。既博矣，患其不習。既習矣，患其不能知。故同術相學，同事

> 相觀，此列士之遇智，賢不肖之所分。是故能類以合類，此
> 賢者業精習智之質也。夫學同業而不能入神者，此不肖無智
> 而業不能精習，是故算不能精習。吾豈以道隱子哉？故復熟
> 思之。」

看起來，光是「**累思**」還是不夠，「**不能得**」的原因在於「**未能通類**」。
於是，陳子進一步指出：學習「**算數之術**」還是要講究方法，「**智類
單**」是行不通的，一定要能「**類以合類**」，才能達到「**精習**」的境界。

> 榮方復歸，思之數日不能得。復見陳子曰：「方思之以精熟
> 矣，智有所不及，而神有所窮，知不能得，願終請說之。」
> 陳子曰：「復坐，吾語汝。」於是榮方復坐而請。陳子說之
> 曰……

　　總之，從上引文字來看（可另參考趙爽的註解），相對於「說算」
的「硬功夫」，「談天」比較像「軟道理」。或許正因為如此，陳子才一
再地誘導榮方「累思之」，進而「**類以合類**」。另一方面，儘管此一對
話一開始不無涉及天文活動，然而，「談天者」陳子的論述主要聚焦在
學習的一般性原則。這跟劉徽所引述的「說算者」之知識活動，確有
極大的不同。後者是下一節的主題。

五、說算者的直觀論證

　　前文提及的「說算者」出現於劉徽針對《九章算術》第五章商功
「方亭」體積公式的註解。茲先將此一問題、答曰、體積公式（術曰）
及劉徽注引述如下，以方便後文討論：

今有方亭，下方五丈，上方四丈，高五丈。問積幾何？

答曰：一十萬一千六百六十六尺太半尺。

術曰：上、下方相乘，又各自乘，并之，以高乘之，三而一。

按：方亭或稱方臺，是一種截頂方錐體，上下底都是正方形，形如圖二左上。此處上方、下方是指上下兩個正方形的邊。

至於劉徽的註解則如下：

此章有塹堵、陽馬，皆合而成立方，蓋說算者乃立棊三品，以效高深之積。假令方亭，上方一尺，下方三尺，高一尺。其用棊也，中央立方一，四面塹堵四，四角陽馬四。上、下方相乘為三尺，以高乘之，約積三尺，是為得中央立方一，四面塹堵各一。下方自乘為九，以高乘之，得積九尺，是為中央立方一，四面塹堵各二，四角陽馬各三也。上方自乘，以高乘之，得積一尺，又為中央立方一。凡三品棊皆一而為三。故三而一，得積尺。用棊之數：立方三，塹堵、陽馬各十二，凡二十七，棊十三。更差次之，而成方亭者三，驗矣。

劉徽指出：過去的「說算者」利用三個標準的立體（稱為「三品棊」）立方、塹堵及陽馬，如圖一所示，其廣（或長）、袤（或寬）、高都等於一尺（或一個單位），其體積關係如下：一立方 ＝ 兩塹堵，一立方 ＝ 三陽馬，「為的就是推證以高深形成的立體體積」（**以效高、深之積**）。正如前述，本題所求體積是針對方亭（或稱方臺）——一種截頂方錐（如圖二左上圖）。說算者運用三品棊的疊合拼湊，亦即所謂的「棊驗法」，來證明此一體積公式無誤。

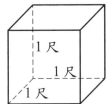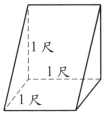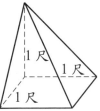

圖一：說算者的三品棊：立方、塹堵及陽馬

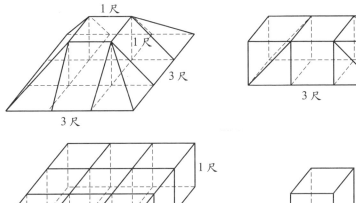

圖二：說算者的論證圖示（劉徽轉述）

　　為此，說算者考慮一個上方＝1尺，下方＝3尺，高＝1尺的方亭特例，將它分割成三品棊的組合。在圖二左上圖中，我們可以發現到「其用棊也，中央立方一，四面塹堵四，四角陽馬四」，亦即，這個方亭可以分割成**（中央）一個立方（此處指「正立方體」，下同）、（四邊有）四個塹堵，（四角有）四個陽馬**。現在，此公式的第一部分「上、

下方相乘為三尺，以高乘之」 的體積等於三尺， ❹相當於 3 個立方
（棊），如圖二右上圖所示。這個立體可以運用 1 個立方（棊）及 4 個
塹堵（棊）來拼湊組合。其次，考慮第二部分「下方自乘為九，以高
乘之，得積九尺」，亦即得到體積＝九尺。這個立體（參見圖二左下
圖）等於 9 個立方 （棊） 的組合，也可以等於 （中央） 1 個立方
（棊）， 再加上四面各有 2 個塹堵 （棊），以及四角各有 3 個陽馬
（棊）。最後，第三部分「上方自乘，以高乘之，得積一尺，又為中央
立方一」，就等於 1 個立方（棊）。如此一來，「凡是三品（棊），一個
都變成了三個，所以除以三。」將這三部分各自品類相加，再除以 3，
得證：

$$方亭體積 = \frac{1}{3} \times (中央立方 3 個 + 塹堵 12 個 + 陽馬 12 個)$$
$$= (中央) 立方 1 個 + 塹堵 4 個 + 陽馬 4 個$$
$$= 「上、下方相乘，又各自乘，并之，以高乘之，三$$
$$而一」$$

圖三：塹堵、陽馬及鱉臑模型

---

❹此處「立方」是指因次，三尺＝3 立方尺。以下類同。

圖三模型出自彭良禎的創作，其中包括六個鱉臑，都是由立方（正立方體，長、寬、高都相等）所切割而得。顯然，兩個鱉臑可拼成一個陽馬，一個陽馬及一個鱉臑（亦即三個鱉臑）可拼成一個塹堵，兩個塹堵或三個陽馬都可拼成一個立方。不過，一旦立方的長（廣）、寬（袤）、高不等，亦即，此時「立方」是一個長方體，那麼，利用由此長方體所切割的三品棊，就無法運用直觀拼湊來證明陽馬體積公式了，所有這些實際操弄模型的不可能，劉徽在「陽馬術」註解中都有說明。請先引述「陽馬術」問題、答曰及術曰如下：

> 今有陽馬，廣五尺，袤七尺，高八尺。問積幾何？
> 答曰：九十三尺少半尺。
> 術曰：廣、袤相乘，以高乘之，三而一。

按：「少半尺」即三分之一尺。劉徽在他的註解中，先考慮特例（「廣、袤、高」或「長、寬、高」各一尺的情況）及其模型拼湊。

> 假令廣、袤各一尺，高一尺，相乘之，得立方積一尺。邪解立方得兩塹堵，邪解塹堵，其一為陽馬，一為鱉臑（參考圖三右上），陽馬居二，鱉臑居一，不易之率也。合兩鱉臑成一陽馬（參考圖三左上），合三陽馬而成一立方，故三而一。驗之以棊，其形露矣。𡙇割陽馬，凡為六鱉臑。觀其割分，則體勢互通，蓋易了也。

　　如果配合圖三模型操弄來閱讀，上述這一段文字應該很容易理解（**易了也**）才是。不過，這顯然是說算者的直觀論證。緊接著，劉徽針對一般情況（廣、袤、高不等）進行論證。他說：

> 其棊或脩短、或廣狹，立方不等者，亦割分以為六鱉臑。其
> 棊不悉相似，然見數同，積實均也。鱉臑殊形，陽馬異體。
> 然陽馬異體，則不可純合，不純合，則難之矣。

顯然，在這種「立方不等」（比如「**或脩短、或廣狹**」的長方體）的情況下，所「割分」出來的鱉臑就無法「純合」，從而無法按直觀論證進路，來證明陽馬體積公式。這或許也可以解釋何以劉徽在「陽馬術」註解最後指出：要想證明一般的陽馬（長、寬、高不等）體積公式，使用計算工具——籌算也使不上力，而只能運用極限概念（**數而求窮之者**）並施之以「**情推**」（抽象論證）的進路了。

六、「類以合類」或「事類相推」

　　從上兩節引述的文字來看，相對於「說算」的「硬功夫」（第五節），「談天」比較像「軟道理」（第四節），或許正因為如此，陳子才一再地誘導榮方「累思之」，並進一步「**類以合類**」。

　　事實上，與劉徽同時代的趙爽在註解《周髀算經》時強調「**類以合類**」的重要性，就在於「學其倫類，觀其指歸，為賢智精習者能之也。」而這，當然也積極呼應了劉徽在他的〈九章算術注序〉所強調：

> 事類相推，各有所歸，故枝條雖分而同本幹知，發其一端而
> 已。

按：上引的「知」訓為「者」。同時，這個提醒也並非「光說不練」，因為他在註解《九章算術》體積公式時，就應用了多次「事類相推」的進路。譬如說吧，他在證明如下圓亭（截頂圓錐）體積公式（圓周率取三時正確）：

上、下周相乘，又各自乘，并之，以高乘之，三十六而一。

就運用本文第六節所引的方亭（截頂方錐）體積公式：

上、下方相乘，又各自乘，并之，以高乘之，三而一。

來進行「**事類相推**」：

從方亭求圓亭之積，亦猶方冪中求圓冪。❺乃令圓冪三乘之，方率四而一，得圓亭之積。

意思是說：「給定方亭體積，求圓亭體積。這就好比根據正方形面積（公式）來求其內切圓形面積一樣。於是，在圓周率取三的情況下，方亭體積以三（圓冪）乘之，再除以四（方率），即得圓亭體積。」其嚴謹之對待證明或論證，至為顯然！

---

❺ 在此，劉徽先將「圓亭」內切於等高的「方亭」之內，然後，考慮任意高度的圓亭及方亭的截面，得到的都是大小不一的「圓形」內切於「正方形」之內，其面積（冪）都是三比四，從而圓亭與方亭體積之比也是三比四。由於圓周率（近似值）取三，因此，這個論證完全正確！事實上，這是所謂卡瓦列利原理 (Cavalieri's principle) 的一個早期版本。

七、數學論證與推論用語

在上一節無論說算者或劉徽的論證中，即使他們未曾明顯使用表示「因果推論」的用詞，其邏輯推論實質還是不言可喻。儘管如此，根據史家郭書春的統計，劉徽在他的《九章算術注》中，總共使用了219 次的「故」，其中訓「舊」意思的只有 3 個。而用於數學定理或推理的訓「是以」、「原因」及「理由」的則高達 192 個，如再加上一般說明的，則總計有 216 個。

如將此一用語習慣對照《論語》與《墨子》來看，墨家對於「論證」的興趣，顯得相當突出。針對「故」字的使用頻率，郭書春指出：「故」在《論語》中出現 12 次，訓「舊」者有 5 個。至於在「《墨子》前期著作 29 篇，有『故』字 340 個，訓『是以』達 33 個」。事實上，「故」正是墨子論證形式研究中的專門術語：

> 夫辭，以故生，以理長，以類行者也。三物必俱，然後足以生。

此處「辭」多少有現代「命題」(proposition) 之意涵，「理」也有現代解讀的切入點，至於「類」之意義，誠如本文第六節所述，顯然被後來的陳子、趙爽及劉徽所呼應。事實上，劉徽在他的《九章算術注》中，也曾提及《墨子》。

另一方面，我在西元 2000 年開始研究《筭數書》文本內容時，即注意到其中有好幾則單元使用「因而」這個連接詞。事實上，在該書中，「因而」一詞總共出現了 13 次之多，依序為「合分」題 1 次、「徑分」題 4 次、「粟求米」題 1 次、「米求粟」題 1 次、「絲練」題 1 次、「以圓材方」題 1 次、「以方材圓」題 1 次、以及「里田」題 3 次。就

這些「因而」連接詞所出現的脈絡來說，前 5 次都與分數運算有關，第 6、7、8 次屬於「粟米術」，第 9、10 次涉及體積計算，最後 3 次則專屬「里田術」。

　　為了進一步說明，我將引述《筭數書》的相關問題及術文。先是「徑分」（引校勘後版本）：

> 徑分以一人命其實，故曰：五人分三又半、少半，各受卅分之廿三。其術曰：下有少半，以一為六，以半為三，以少半為二，并之為廿三。即置人數，因而六之以命其實┗。又曰：下有半，因而倍之；下有三分，因而三之；下有四分，因而四之。

這是 $(3 + \frac{1}{2} + \frac{1}{3}) \div 5 = \frac{23}{30}$ 的分數除法計算，在後來的《九章算術》中稱之為「經分術」，不過，那裡未曾使用此處所引述的「少廣術」：因為下有少半（$\frac{2}{3}$），就將一視為 6，半（$\frac{1}{2}$）視為 3，少半（$\frac{1}{3}$）視為 2，所以，$3 + \frac{1}{2} + \frac{1}{3} = \frac{23}{6}$，其中分子部分相加得 23（廿三）。現在，計算（$\frac{23}{6}$）$\div 5$ 時，就將此計算「改寫成」$\frac{23}{6} \div \frac{(5 \times 6)}{6}$，得每人分得 $23 \div 30$（「各受卅分之廿三」）。顯然，前述引文所以「即置人數，因而六之以命其實」（因而將人數 5 乘以 6 作為「實」或被除數），就是由於 $\frac{1}{2}$ 及 $\frac{1}{3}$ 通分的公分母是 6 的「推論」結果。可見，此處連結「因而」具有推論意義。

　　如果我們考察《九章算術》少廣章類似問題（譬如第一題）的「術曰」：

今有田廣一步半。求田一畝，問從（縱）幾何？

答曰：一百六十步。

術曰：下有半，是二分之一。以一為二，半為一，并之得三，
為法。置田二百四十步，亦以一為二乘之，為實。實
如法得從步。

一定可以發現：對比《筭數書》「徑分術」，上引《九章算術》「少廣
術」的「置田二百四十步，亦以一為二乘之，為實」，就少了連接詞
「因而」。不過，顯然這並不影響我們根據算法 (algorithm) 而得到正
確答案。因此，「因而」一詞的使用，是否可能是先秦思想家論證的遺
緒，而不經意地在漢簡《筭數書》中現身？

上述這個說法頗有可能成立，請參看呂叔湘的《中國文法要略》。
他先是指出：「中國古代有些用『因』字的句子，竟說不上有因果關
係，是『藉此』、『乘此』之意（『因』字的動詞本義就是憑藉，依循，
如 『因其勢而利導之』），例如：『座之堂下，賜僕妾之食，因數讓
之。』（《史記·張儀傳》）」不過，他也強調：「用 『因而』 比單用
『因』字所表達的因果關係要明確些。譬如，在『今君有區區之薛，
不拊爱子其民，因而賈利之。』（《戰國策·齊四》）」這個句子中的「因
而」一詞，就是表示推論結果的連結詞。

那麼，《筭數書》何以保存了這類有關論證之用詞？或許這是以吏
為師的脈絡中，學室中長吏教學口語的殘留吧。一旦長吏或「說算者」
在講解算法的過程中有所議論或論證，表示因果推論的連接詞自然就
會出現，本文第四節所引的「談天者」陳子與榮方之對話，就是很好
的佐證。

　　另一方面，《筭數書》的抄寫體例中，有一種相當現代句讀的「勾識」記號「￤」，請參見前引「徑分」中的「因而六之以命其實￤」，它出現的頻率高達 157 次之多。根據考古學家彭浩（挖掘整理《筭數書》計畫主持人之一）的看法，他認為勾識是「用作斷句。在題中數字連續出現時用以點斷上下句，避免誤讀」，至於「算題的末尾皆無句讀」。《睡虎地秦簡》所包括的《語書》也出現類似的情況，學者吳福助認為那些勾識都是誦習者所加，「由此文書勾識符號繁多（凡二十七個），為秦漢其他各篇所不及，足見喜（按即墓主）對它確曾特別用心研讀過。」此外，吳福助分析《語書》（乃至喜所研讀的《為吏之道》）的內容體例與文章風格，發現墓主喜可能「在司法職務之外，還兼有教法之吏的身分」。依此類推，《筭數書》的墓主可能也是具有同樣身分的長吏，更何況這個文本包括了秦漢簡牘所不曾出現的校讎者（王姓與楊姓）註記。

八、說算／談天的故事怎麼說？

　　在以吏為師的歷史環境中，劉徽、趙爽、陳子、榮方、說算者、談天者、長吏以及用算佐這些角色之間的可能互動關係，就是我們打算要「編寫」的故事。

　　由於《筭數書》是西漢時期非常重要的算學文本，再加上連同陪葬的算囊（裝筭籌用）之現身，我們推斷這位不知名的墓主（出身秦朝後降於西漢）應該是一位善算的長吏。他從「病免」（生病免職，西元前 194 年）到去世（西元前 186 年）有八年的光陰，或居家或利用學室課徒訓練小吏，當然極有可能。至於《筭數書》中的王姓及楊姓的校讎者，或許就是在學室訓練中、準備擔當「用算佐」的學徒小吏，至於這個文本所留下來的「勾識」記號「￤」，也可能是學習過程所留

下來的蛛絲馬跡。如果此一推斷合理,那麼,陳子與榮方應該就是長吏與學徒的關係。

　　除了長吏身分之外,陳子乃至於趙爽(退休後隱居山林)也有可能被尊稱為「談天者」。同理,《筭數書》的墓主說不定也有劉徽所謂的「說算者」之尊號,因為他對於論證顯然賦予「應有」的關懷,其中,「因而」連接詞之使用,可能就是他教學「說算」時,期許學徒理解算法的「所以然」之故吧。

　　至於劉徽本人當然也是說算者——他「幼習九章,長再詳覽。觀陰陽之割裂,總算術之根源,探賾之暇,遂悟其意。是以敢竭頑魯,采其所見,為之作注。」我們猜測:他可能從小在學室習算、最後成為長吏,並且為了訓練學徒小吏而註解《九章算術》充當教材,因為東漢光和二年(西元 179 年),《九章算術》就被納入大司農斛的銘文之中,足見它就是官僚必備的實用算術手冊。事實上,這也是「九章算術」四個字首度見諸於現存史冊。❻當然,劉徽最終進階成為「說算者 2.0 版」。我們只要參看他的「抽象」論證如何「超越」說算者的「某驗」證明「陽馬術」(本文第五節),就可以略知一二。其實,他在〈九章算術注序〉中也指出:「當今好之者寡,故世雖多通才達學,而未必能綜於此耳。」顯然,根據他的觀察,之前的說算者在論證方面的確力有未逮。

　　儘管如此,劉徽究竟如何繼承說算者的傳統,然後發揚光大,我們還無法想像或推測,譬如說吧,根據他自己的說法,他得以掌握善算高官如漢(北平侯)張蒼及(大司農中丞)耿壽昌等刪補遺殘的九

---

❻此一銘文如下:「大司農以戊寅詔書,秋分之日,同度量、均衡石、權斗桶、正權概,更特為諸州作銅斗、斛、稱、尺。依黃鐘律曆、《九章算術》,以均長短、輕重、大小、用齊七政,令海內都同。」

章舊文，顯見他擁有足夠的社會人脈／文化資本。不過，由於他的生平事蹟只有寥寥數語可徵：「魏陳留王景元四年（按即西元263年），劉徽注九章」，因此，我們無從說明他是「基於」何等身分／地位註解《九章算術》。

非常期待未來的歷史研究結果，可以讓我們把這個故事說得更加圓滿。

九、結語

正如本文在一開始所指出，我試圖敘說一個有關古代中國人從事算學論證的故事。為了讓這個故事「確有所本」，我盡力「引經據典」，尋找文本證據（「數學」與「非數學」史料都包括在內），讓所涉及人物角色及其行動，都「歸建回到」其各自的歷史脈絡之中。現在，面對這些人物及其「固有」舞臺，我們無論是「拍照存檔」、或是將來「重新敘說」，似乎都有了比較可靠或合情合理的依據。但也由於這種「說服」的需求，古代文本的「解讀」就變得無法避免。因此，我們必須提醒比較不熟悉文言文的讀者，不妨在第一次閱讀本文時，略過本文中的一些古文，直接掌握相關的論述即可。其實，除了少數例外，這些引文都附有現代譯文，不然，運用其中「關鍵詞」，也相當容易「望文生義」，閱讀應該可以無礙才是。

以上就是有關我如何為本文人物角色「清理」歷史場景的說明。這個說明指向算學知識的保存與傳播，而這當然也是我與林倉億、蘇惠玉，及蘇俊鴻合著《數之起源：中國數學史開章《筭數書》》的主要關懷之一。事實上，本文人物及情節絕大部分都參考該書，然而，以「說算者」為切入點，卻使得我們可以為中國秦漢時代算學論證，敘說一個更加融貫 (coherent) 的故事。無論其中「說算者」或「談天者」

是否為第三世紀時人所通用的稱謂或（專門）術語，它們的角色在我
們新敘事的脈絡中變得不可或缺，則是毋庸置疑的。

如何說數學故事？
推薦負數史的一個版本

一、前言

　　對許多人來說，「負負得正」或「負正得負」等正負數運算法則，都曾經是初學代數的「鮮明」經驗，儘管有些人由於數學評量欠佳而「不堪回首」。不過，要是他們知道正負數運算法則在數學史上，曾經困擾過許多數學家（甚至是第一流的數學家），或許就比較容易釋懷。因此，如果數學教師可以在課堂上說一點負數的故事，尤其是認知面向的演化與成長，那麼，許多人的數學學習記憶，說不定就從此改觀。

　　基於數學史可以嘉惠數學教學的假設，❶我在本文中將推薦 《溫柔數學史》 (*Math through the Ages: A Gentle History for Teachers and Others*) 中的負數故事版本，供數學教師參酌使用。這個故事是本書二十五則「歷史素描」的第五則，題名〈某物小於空無？──負數〉。事實上，這二十五則故事是全書的核心，它們占全書總頁數 286 中的 180 頁（約 62%），都是針對基礎數學中的普通概念而作，作者尤其是運用例證，來說明「一個概念、過程、或主題的起源，往往連結了似

---

❶這是所謂 HPM 的主張。 HPM 是 International Study Group on the Relations between History and Pedagogy of Mathematics 的英文縮寫， 原指隸屬於國際數學教育委員會 (ICMI) 的一個研究群，現在則同時代表一種將數學史融入數學教學的學術活動。我們臺灣 HPM 團隊從 1998 年 10 月起， 持續發行 《HPM 通訊》 至今， 請參考 http://math.ntnu.edu.tw/~horng/letter/hpmletter.htm

乎相異但卻擁有共同歷史根源的事物」。為此，兩位作者比爾・柏林霍夫 (William P. Berlinghoff) 及佛南度・辜維亞 (Fernando Q. Gouvea) 強調：

> 它們先是來一段簡略的數學史萬花筒，從最早期到現在！這
> 對於形塑現代數學的人物與事件，提出一個輪廓式的架構，
> 並且為那些分散、自足的素描，供應一個統一的脈絡。

我們將在本文第四節以素描 5 為例，來說明他們的敘事策略，其中我們還將補充有關笛摩根出版《論數學的學習與困難》(1831) 及《代數學》(1835/1837) 的一些文獻與脈絡，希望更加有助於讀者理解：負數如何最終在英國數學（教育）界取得合法地位或正當性。

　　在下一節（第二節）中，我們要先引述素描 5 的一個習題，強烈對比近代西方科技文明的進步 vs. 人類負數認知曲折艱辛，從而在第四節指出負數概念及其運算的徹底釐清，完全是十九世紀近代數學教育的需求使然。

二、負數故事的科學「對照組」

　　茲先將《溫柔數學史》的素描 5 習題的第 5 題（頁 252–254）內容引述如下（原內容無標示生卒年）：

> 負數已成為初等算術中司空見慣的一部分。這使人不由得認
> 為，在負數不被瞭解的時代，科學是很原始的。其實不然。
> 在負數為人接受，不再是爭議與懷疑的焦點之前，人類文明
> 在科技上就已有許多高度的進展。請按年代順序排列下列的

歷史事件。在沒有提供詳細資訊的項目中，請給出大約的年代和事件發生的國家：

a. 在 1550 年，史蒂費爾 (Stifel, 1487–1567) 認為負數是虛構的。

b. 約翰・沃利斯 (John Wallis, 1616–1703) 主張負數大於無限。

c. 在 1630 年代，笛卡兒 (René Descartes, 1596–1650) 稱負數是荒謬的。

d. 在 1760 年代，著名的法國《百科全書》作者表達對負數本質的猶豫與掙扎。

e. 笛摩根 (Augustus De Morgan, 1806–1871) 把負的答案歸為無法想像。

f. 克卜勒 (Kepler, 1571–1630) 提出行星運動定律。

g. 諾貝爾 (Nobel, 1833–1896) 發明炸藥。

h. 哈維 (William Harvey, 1578–1657) 證明血液循環。

i. 哥白尼 (Copernicus, 1473–1543) 發表日心說理論。

j. 庫倫 (Coulomb, 1736–1806) 建立電荷與作用力的定律。

k. 富蘭克林 (Benjamin Franklin, 1706–1790) 出版《電流的實驗與觀察》。

l. 吉爾伯特 (William Gilbert, 1544–1603) 出版《磁石論》，描述地球是一個有南北磁極的巨大磁石。

m. 伽利略 (Galileo, 1564–1642) 發表論文，說明支配自由落體與拋物體運動的基本原則。

n. 伏打 (Volta, 1745–1827) 發明「伏打電堆」(Voltaic pile)，是現代電池的先驅。

這個習題是一個絕佳的設計，可以在課堂上當場操作。根據我的教學經驗（以「數學史」課程為例），我會印發素描 5 給學生，然後，要求他們運用智慧型手機或筆記電腦上網，搜尋上述從 a 到 n 等問題的答案。這個極易完成的實作，至少可以引導學生進入歷史脈絡之中，體會如何在其中考察數學知識活動的價值與意義。

其實，教師也可以提醒學生本素描的最後一段引言，是出自英國數學家及教育家笛摩根於 1831 年（蒸汽火車時代早期）的評論：

> 虛構的 (imaginary) 表示式 $\sqrt{-a}$ 與負的表示式 $-b$ 有個相同處，就是當它們作為問題之解答出現時，會顯示一些矛盾和荒謬。從實際意義來看，兩者都是虛構的，因為 $0-a$ 如同 $\sqrt{-a}$ 一樣是不可思議的。❷

由此可見，即使到了 1831 年，全力投入大學教學與數學普及的笛摩根，❸還是認為負數是「不可思議的」(inconceivable) 概念。所以，當教師發現學生無從理解負數概念及其運算時，大可不必過分焦慮。

---

❷引自 Augustus De Morgan, *On the Study and Difficulties in Mathematics* (1831, rep. 1910. The Open Court Publishing Company), p. 155

❸笛摩根在第一次辭去倫敦大學 (London University，1836 年併入 The University of London，易名為 University College) 教職的 1831–1836 年間，全心投入廣學會 (The Society for the Diffusion of Useful Knowledge)，積極為知識普及和大眾教育而奮鬥。

三、如何入籍數目共和國？

在十九世紀中葉之後，由於代數系統抽象化，數目的指涉 (reference) 意義相對於數目之間的運算關係，變得較不重要。「在這樣的背景下，負數——正數的加法反元素——成為數系中不可缺少的重要構成要素，並且對負數合法化的質疑就這樣消失了。」

事實上，兩位作者在本素描一開始，即清楚地指出：

你知道嗎？一直到幾百年前，負數才普遍被人們接受，甚至才被數學家接受。這是千真萬確的事。哥倫布發現美洲大陸兩個世紀之後，負數才成為數目社群的成員。直到十九世紀中葉，大約是美國南北戰爭期間，負數才成為第一等的數目公民。

這個數目社群或數目共和國 (Republic of Numbers) 的比喻，在 《從零開始》 一書中有著更有趣的發揮，非常值得參考與借鏡。如果你打算說一個有關數系擴張 (extension of number system) 的故事，那就更是非看不可了。❹

---

❹作者卡普蘭 (Robert Kaplan) 在本書頁 114 中，對於這個比喻提供了一個十分精彩的說法：「數（目）共和國的特色在於，如果某物要成為一個數，它就必須要能和現存的數來往，至少要能和它們寒暄。它必須要能和其他數以常見的方式結合。零如果要跟其他數平起平坐，我們就必須了解如何用零來進行加減乘除的運算：這正是古印度數學家所做的事。結果它們促成了一種轉移，我不想說這是一種世界觀的改變（畢竟這樣說有些過時了），我會說，它們促成了一種典範的重大轉移——即用一些單純的法則，來代替五花八門的作法。在由計算方法發展出初期理論後，零和數的關係也就愈來愈近了。」

　　不過，也正是因為這個將負數當作一個尋常數目 (ordinary number) 之正當化 (legitimate justification)，在現代數學教育（尤其是教師的培育）過程中，太過於理所當然，以致於教師往往忽略學生理解負數及其運算的認知掙扎。

　　基於此，也正如前述，我們在課堂上適當援引數學史例證，讓學生體會歷史人物（尤其是優秀數學家）也曾經陷入類似的認知困境，如此，他們或許會在學習挫折發生時，變得比較釋然與從容，而仍有鬥志繼續面對挑戰。

四、負數的「溫柔」版本

　　現在，就讓我們一起來欣賞「溫柔」版本的負數史。在本素描中，兩位作者依年代順序提及下列數學家及其貢獻：

- 埃及、巴比倫及中國的不知名數學家
- 希臘丟番圖
- 七世紀印度婆羅摩笈多
- 九世紀阿拉伯阿爾·花拉子模
- 十二世紀印度婆什迦羅
- 十六世紀義大利卡丹諾、法國韋達及日耳曼史蒂費爾
- 十七世紀法國笛卡兒、亞諾、英國沃利斯
- 十八世紀英國牛頓、法國百科全書派、瑞士歐拉
- 十九世紀英國笛摩根、日耳曼高斯、法國伽羅瓦、挪威阿
  貝爾

　　根據兩位作者的引述，在七世紀印度婆羅摩笈多 (Brahmagupta, 598–670) 之前，只有古代中國人在解方程組（亦即《九章算術》的「方程術」與「正負術」）時，「似乎已經能夠處理負數」。不過，他們的中國數學史素養，顯然還不足以提供簡要說明。有關此一主題，由於最近的一些翻案研究成果，史家終於有了比較全面的理解，我將另文解說。❺

　　至於印度人的貢獻，則婆羅摩笈多與婆什迦羅 (Bhaskara II, 1114–1185) 之認知並使用負數，殆無疑問。事實上，他們的相關看法，也常被數學史家所引述。❻不過，儘管印度數學曾經由阿爾・花拉子模（Al-Khwarizmi, 約 780–850）傳入歐洲，歐洲人對於負數的認識，並沒有直接受到印度人研究成果的影響。

　　另一方面，兩位作者也指出：阿拉伯人（以及丟番圖 Diophantus）確實懂得如何展開如下的相乘算式 $(x - a)(x - b)$。然而，他們只將它應用在答案是正數的問題。「如此看來，當『正負數法則』被發現的時候，它們不是被理解為操作所謂『負數』這種獨立存在物的法則。」

　　上一段的這個評論當然是一種「後見之明」，因為在英國，負數的「合法化」完全有賴於抽象符號所決定的代數結構。❼這種將代數視為「符號的科學」(a science of symbols) 而非早先的「數量的科學」(a

---

❺史家對「正負術」的全新解讀，可以參考洪萬生，〈正負術：正負數的加減法則〉，收入洪萬生、蘇惠玉、蘇俊鴻、郭慶章，《數說新語》，頁 83–92，臺北：開學文化出版公司。

❻讀者不妨參考李文林主編，《數學珍寶：歷史文獻精選》，頁 81–95，臺北：九章出版社。

❼參考 Helena Pycior (1987), "British Abstract Algebra: Development and early reception, 1750–1850", Ivor Grattan-Guinness ed., *History in Mathematics Education*, Paris: Belin.

science of quantity) 之主張，正如上一節所引述之文字，笛摩根在 1831 年並不贊成，然而，到了 1835 年當他出版 《代數學》 (*Elements of Algebra*) 時，他的態度似乎就變得模稜兩可了。[8]

笛摩根的改變，可以徵之於他如何對比例式 (proportion) 的算術意義 vs. 代數意義：

> 比例，凡有四率，第一約第二，等於第三約第四，謂之比例，
> 此說與數學 (arithmetic) 相同。但代數中言率、言約、言等，
> 較數學中意更廣。又大小二字之用，不能恆與數學同，如 $\dfrac{-4}{3}$
> 既同於 $\dfrac{8}{-6}$，則當為四率 3:-4::-6:8，乃 3 大於 -4，而
> -6 小於 8 是也。

上述引文出自英國傳教士偉烈亞力 (Alexander Wylie) 與李善蘭合譯的《代數學》(1859)——*Elements of Algebra* 中譯版，其中「::」代表比例式中的等號，另外負號以「T」字形表之。[9]為了讓讀者可以更深

---

[8] 事實上，《代數學》是皮考 (G.Peacock) 的 *Treatise on Algebra* (1830) 之重要迴響。這部著作被視為十九世紀代數學經典，皮考主張負數乃至於虛數之合法化，應該訴諸於抽象符號的運算法則所決定的代數結構。儘管皮考仍然保留許多數量的算術思維，然而，他還是遭到數學家如 W. Frend 的強力反對。由於 Frend 是笛摩根的岳丈，因此，笛摩根在 1831 年出版《論數學的學習與困難》時，「無從」理解負數，看來也不無道理。參考洪萬生，〈《代數學》：中國第一本西方代數學譯本〉，收入洪萬生，《孔子與數學》(臺北：明文書局，1999)，頁 205-240。

[9] 當時偉烈亞力及李善蘭中譯時，代表減號的「T」字形，取自目前加號 + 的下半部，至於其上半部，則用以表示相加。至於為何不使用目前通用的「+」代表相加，有一種可能的考量是：這個記號容易與十字架混淆在一起。

入理解笛摩根的看法，值得將其英文原版引述如下，供讀者參酌使用：

Proportion.   Four quantities are said to be proportional when
the first divided by the second is equal to the third divided by
the fourth. This definition is the same in words as the definition
of proportion in arithmetic, but the words *quantity*, *divided by*,
and *equal*, have their extended signification. The words greater
and less cannot always be applied as in arithmetic. Thus $3 / -4$
being $-6 / 8$ we have $3 : -4 :: -6 : 8$, where 3 is greater than
-4, but -6 is less than 8.[⑩]

上述引文提及的最後一個例子 , 顯然是針對法國神學家／哲學
家／數學家亞諾 (Antoine Arnauld, 1612–1694) 的下列論證而發：

如果 -1 小於 1，那麼，比例式 $-1:1=1:-1$ 表明較小數對
較大數的比，與較大數對較小數的比一樣，而這是荒謬的。

這個以及下一個「插曲」，都是非常「荒謬」但卻十分有趣的論證，如
果你打算說一點負數的故事，請千萬不要錯過：

$3/0$ 這個比值為無限大，所以，當分母變為負數（如 -1），
其比值應較無限大為大 , 這個實例意味著 $3/-1$, 也就
是 -3，一定大於無限大。

⑩引 De Morgan, *Elements of Algebra*, p. 64

這是英國數學家沃利斯的論證，他的《無窮算術》(*Arithmetica infinitorum*, 1655) 曾經影響英國乃至歐洲的十七世紀數學，**⓫**尤其為牛頓的微積分發明，鋪下了康莊大道。順便一提，牛頓對於代數學的認知，並沒有因為微積分的發明而顯得「同步先進」，他的《通用算術》(*Universal Arithmetick*, 1707) 應該就是極佳之見證，譬如在其中，他就指出：「量不是肯定的 (affirmative)，大於空無，就是否定的 (negative)，小於空無。」問題是：直觀的（數）量怎麼可能小於空無呢？

　　有關十八世紀的故事，溫柔版的負數史主要以法國百科全書派（數學家達倫伯 d'Alembert）的「勉為其難」接受與承認，**⓬**以及瑞士歐拉為代表個案。1770 年，歐拉出版《代數指南》(*Elements of Algebra*)，當他在解釋何以「負負得正」時，「他捨棄把負數視為負債的詮釋，並且主張用形式的 (formal) 方式，說明 $-a$ 乘 $-b$ 應該是 a 乘 $-b$ 的相反數。」歐拉的先見之明，在代數結構抽象化之後，得到了最具體的實踐，也成為十九世紀負數合法化的契機之一。

　　總之，「溫柔版的」負數史敘事主要以印度、阿拉伯、十六世紀之後的歐洲為主軸，其中，他們又特別凸顯各個時代主要數學家對於負

⓫ 有關沃利斯的數學研究以及他與哲學家霍布士的「無限小量」之爭議，請參看亞歷山大，《無限小》，臺北：商周出版社。或洪萬生，〈無窮小掀起大劇變：評論無限小：一個危險的數學理論如何型塑現代世界〉，《數理人文》第 8 期 (2016/04/15)，頁 82–94。

⓬ 這個說法在當時並不叫好！譬如法國作家 Stendhal (1783–1843) 回憶他年輕時，數學老師有關「負負得正」的解釋，顯然相當不滿，後來他求教於法國百科全書的說明，也無法被說服：「我就教於 d'Alembert 在《百科全書》(*Encyclopedia*) 中的數學文章，但他們自大的語氣以及對真理的傲慢卻令我排斥厭惡；而且，我對它們一點也不能瞭解。」參考唐書志，〈負數迷思〉，《HPM 通訊》第一卷第二期，1998。

數的認知掙扎，並在習題中將這個負數發展的滄桑，嵌入「進步的」自然科學的發展脈絡中，強烈對比出人類文明中，負數這個概念的「小於空無」之困境。這些都足以啟發我們：數學家對於負數的運算固然可以操作自如，但是，「他們的困難處，在於概念本身。」在這樣的脈絡中，本素描穿插亞諾與沃利斯的「論證」案例，真可說是畫龍點睛，足以引發學習代數（vs. 算術）的認知衝突。它們是這個故事版本中，最具有啟發性之案例。

五、結語

在本素描中，兩位作者引述笛摩根有關負數（及虛數）認知觀點，多少隱喻教育史的切入，可以幫助我們更好地理解，像負數這樣的概念，最終如何在《代數學》（這樣的教科書）中獲得合法地位。不過，由於兩位作者意在利用數學史來協助數學教學，因此，笛摩根所扮演的角色沒有獲得完全的發揮，一點都不讓我們感到意外。其實，如果有機會欣賞笛摩根如何「說明」「負負得正」等法則，❸再對比大學抽象代數之「形式」證法，我們一定可以體會教育家如笛摩根如何煞費苦心才是，儘管從今日「標準」觀之，他的「形式化」還是顯得大大地不足。不過，我的評論難免有史家技藝的癖好，請讀者不用太過介意。

無論如何，「溫柔版的」負數史還是非常值得我們仿效及改進，尤其是它所附帶的習題，更是不容忽視的教學資料庫。

最後，我要引述傑出數學家兼科普名家史都華 (Ian Stewart) 的《學數學，弄懂這 39 個數字就對了》。他在這本新出版的數學普及書籍

---

❸參考 De Morgan, Augustus, *Elements of Algebra*, p. 53

中，將 0、 -1 及 $\sqrt{-1}$ 列入那所謂的 39 個關鍵數字之中，足見負數（連同零及虛數）始終是數學普及作家的「最愛」，也顯然是最容易發揮的主題吧。不過，史都華的說明還是頗有新意，值得我們參考與借鏡。譬如說吧，他針對 $(-6) \times (-5)$ 的乘積是 30 而非 -30（只有這兩個可能的答案），提出四個理由來說明。有關第四個，他將負額視為欠債，圓滿地解釋了何以答案是 30。他與我們分享了洞察數學的溫暖感覺：「儘管原則上我們可以不受限制地定義 $(-6) \times (-5)$，但只有一個選擇能使一般算術法則適用到負數上。此外，要把負數解釋成債務時，這個解釋也說得通，而且它會讓負負得正。」

8 解析幾何之為用：
以橢圓平行弦中點共線為例

一、楔子

結城浩在他的數學小說《數學女孩：費馬最後定理》中，介紹複數的和與乘積時，特別指出：吾人引進（複數）坐標平面，「利用複數平面上的『點』來標示出複數這種『數』，的確是相當了不起的想法。」他還讓蒂蒂進一步與米爾迦對話：

「米爾迦學姐……總覺得，我好像慢慢有點懂了！利用複數平面來讓數與點互相對應。數的計算，則是透過點的移動來對應。透過這樣的方式，來不斷加深對這兩者的了解——對吧！」

「就是這麼回事！蒂德拉（按即蒂蒂）就是讓數與點互相對應，讓代數與幾何互相對應。」米爾迦說道。

代數	↔	幾何
複數全體的集合	↔	複數平面
複數	↔	複數平面上的點
複數的集合	↔	複數平面上的圖形
複數的和	↔	平行四邊形的對角線
複數的乘積	↔	絕對值的乘積、幅角的和（放大、旋轉）

「複數平面是代數與幾何邂逅的舞臺——」

米爾迦一邊說著，一邊用手指輕輕碰著自己的嘴唇。

「在這個名為複數平面的舞臺上，代數與幾何深情的擁吻
著。」（結城浩，頁 123）

上述這個情節簡要地道出複數平面（或高斯平面）作為「舞臺」
或「橋樑」的價值，是小說家帶給我們的深刻比喻，的確觸及解析幾
何的核心意義——「幾何圖形的代數表徵」及「代數運算的幾何意義」
的雙向溝通。事實上，在他的《數學女孩》小說系列中，「橋樑」的比
喻處處可見，足見他對「跨域」或「斜槓」(/) 素養的高度重視。

二、讓我們一起來架搭仿射變換的橋樑

2012 年底在臺灣師大數學系「數學史」課堂上，我與選修學生討
論「橢圓平行弦中點共線」問題，陳秉君、黃書豐兩位學棣立即連結
到仿射變換 (affine transformation)。緊接著，黃書豐又提及純解析幾何
之證法，簡潔又有洞見，值得在此引述。

目前有關圓錐曲線之討論，在高中課綱中已經逐漸淡化，從數學
教育不只是強調技能傳授的觀點來看，實在相當可惜。這是因為一般
人願意多少參與數學知識活動（或至少不排斥）數學的主要原因之一，
顯然是基於它的「有趣」更甚於「有用」面向，譬如數學藝術創作、
數學魔術，以及摺紙剪紙等美術勞作，都是絕佳例證。此一有趣面向
可以訴求數學知識的美學經驗，從而激發一般學生的好奇心。

最近，我經由國家圖書館出版的 2020 年曆，得識畫家文俶
(1595–1634)——明代才子畫家文徵明的玄孫女的《金石昆蟲草木狀》
手工作坊插圖中，將一個長方形的灶面畫成「平行四邊形」，至於其內

嵌的一個圓形大鍋，則畫成為「橢圓形」。[1]這個畫法在缺乏射影概念以表現遠近的情況下，顯然出自近距離的直觀。因此，將長方形「看成」平行四邊形，以及將圓形「看成」橢圓形，絕對是我們生活的日常經驗。文俶的畫作顯然提供了很好的「歷史」見證。

在本文中，我除了討論橢圓的例證之外，也打算論及拋物線，並藉此說明在仿射幾何 (affine geometry) 的脈絡中，拋物線與橢圓或圓是「不同類」的幾何圖形。同時，我們也試圖說明這種「仿射思考」(affine thinking) 是我們的生活經驗的一部分，因此，當然值得我們深入掌握。

三、橢圓平行弦中點連線

在坐標平面上，給定一個橢圓 $\dfrac{x^2}{a^2} + \dfrac{y^2}{b^2} = 1$，及一條直線 $y = mx + c$ （參看圖一）。假設此一直線交橢圓於兩個交點 (x_1, y_1) 和 (x_2, y_2)，則兩個交點之間的線段構成橢圓的一條弦，當 c 值變動時，即可構成橢圓的一組平行弦。現在，這個弦的中點坐標 $(\dfrac{x_1 + x_2}{2}, \dfrac{y_1 + y_2}{2})$ 如下：

$$\frac{x_1 + x_2}{2} = -(\frac{a^2 m}{a^2 m^2 + b^2})c, \quad \frac{y_1 + y_2}{2} = (-\frac{a^2 m^2}{a^2 m^2 + b^2} + 1)c$$

由於這個點一定會落在直線

---

[1] 平行四邊形與橢圓概念來自明末清初傳入的西算，文俶當無此一稱呼。

$$\frac{y}{x} = \frac{(1 - \dfrac{a^2 m^2}{a^2 m^2 + b^2})c}{(\dfrac{a^2 m}{a^2 m^2 + b^2})c} = \frac{1 - \dfrac{a^2 m^2}{a^2 m^2 + b^2}}{\dfrac{a^2 m^2}{a^2 m^2 + b^2}} = \frac{b^2}{a^2 m^2}$$

而且此一直線（方程式）只與原直線的斜率 m 有關，而與其截距 c 無關，因此，得證此一平行弦的中點，都落在最後這一條通過橢圓中心的直線上。

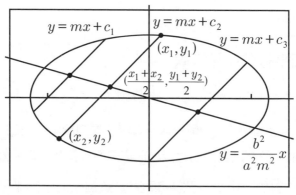

圖一：橢圓平行弦中點共線

四、仿射變換的觀點

從坐標平面（定義域）到另一坐標平面（對應域）的仿射變換

$$T : R^2 \to R^2$$

可以表現為如下形式：

$$T(x,\ y) = (ax + by + e,\ cx + dy + f)$$

由於上述橢圓中心落在坐標原點，故吾人可取 $e = f = 0$。吾人可利用此一變換將這個橢圓映成另一坐標平面上的一個圓。

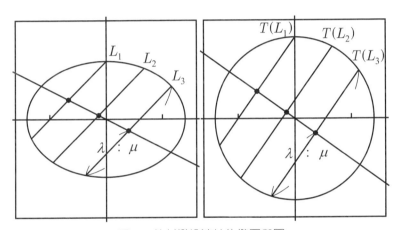

圖二：仿射變換連結的橢圓與圓

　　現在，由於仿射變換可將平行線映成平行線，在定義域中的同一直線上比值為 $\lambda : \mu$ 的兩線段，會映成對應域中的兩個比值相同的線段，所以，橢圓的一組平行弦一定會映成圓的一組平行弦。後一組平行弦（在圓中）的中點必定共線──亦即圓的某直徑上，這是圓的性質之一。最後，利用前述仿射變換的逆變換，將此圓及其平行弦拉回原橢圓的平行弦，即可得其所證。

　　運用仿射變換，不僅獲得一個「觀看」的高觀點，讓較低層次的數學問題，變得更容易入手，同時，也讓我們掌握了德國大數學家克萊因 (Felix Klein, 1849–1925) 愛爾郎根綱領 (Erlanger Programme) 的結構統合進路，譬如他就為了高中數學教師進修，而出版經典著作《高觀點下的初等數學》 (*Elementary Mathematics from an Advanced Standpoint*)。❷這是他將幾何學定義為變換群不變量 (invariant under transformation group) 的一種「高觀點」實踐！在上述例子中，所謂的仿射幾何學，就是研究仿射（變換）不變量的一種幾何學。至於歐氏幾何學 ，則被他定義為研究剛體運動 (rigid motion) 不變量 （比如長度）的一種幾何學。不過，我們也要特別注意：長度與角度並非仿射（變換下的）不變量 (invariant)，因此，相關的歐氏幾何命題或定理在仿射幾何脈絡中，就無法成立！

　　再者，由於一般的仿射變換乃是一個非奇異 (non-singular，或一對一) 線性變換 (non-singular linear transformation) 再加上一個平移向量的結果，因此，仿射幾何乃至於歐氏幾何之研究（甚至高中階段的教學），也非常受惠於線性代數這種極有威力的工具，只是我們制式的正規課程很難替它安排「現身」罷了。無論如何，這或許也解釋了何以線性代數 (linear algebra) 之學習 ，必須在中學數學教師的培育過程中，扮演一個關鍵的角色。其實，線性代數在目前很夯的大數據科學 (data science) 中也是不可或缺，不過，這是另外的話題，此處我們無法討論。

---

❷參考黃俊瑋，〈《高觀點下的初等數學》第一卷算術・代數・分析之評論〉，《HPM 通訊》13 (9) (2010): 4–10。

五、拋物線平行弦中點的軌跡

考慮拋物線 $y = x^2$ 與直線 $y = mx + c$ 相交所得到的弦，參看圖三。當 c 值變動時，這一組平行的直線交拋物線成為一組平行弦。令這拋物線與直線的兩個交點分別為 (x_1, y_1) 和 (x_2, y_2)，則其中點之坐標如下：

$$\frac{x_1 + x_2}{2} = \frac{m}{2}, \frac{y_1 + y_2}{2} = \frac{m^2}{2} + c$$

因此，這組平行弦的中點軌跡也形成一條直線 $x = \frac{m}{2}$，亦即拋物線的平行弦也共線。還有，這一條直線一定與拋物線的軸平行（參看圖三）。

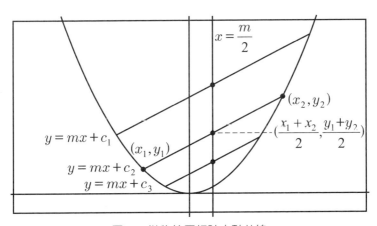

圖三：拋物線平行弦中點共線

　　根據上述最後一個事實，我們可以推知：拋物線與橢圓（或圓）並不互為仿射不變量 (affine invariant)，也就是，經由仿射變換，橢圓與拋物線無法互換，從而其各自的幾何性質也大都無法互推，所以，在仿射幾何的脈絡中，它們當然也就不能如同橢圓與圓一樣，視為同一種幾何物件 (geometric entity) 了。

六、結論

　　「橢圓平行弦中點共線」或「橢圓平行弦中點的軌跡為一直線」，哪一種提問方式較容易為解題者或學生所理解？顯然，前者可視為綜合幾何 (synthetic geometry) 問題，而後者因涉及軌跡，故應可歸類為解析幾何 (analytic geometry) 問題才是。因此，如果按上文所引之（高中）解析幾何的方法來求解，那麼，後一種版本似乎比較恰當。

　　不過，如果我們利用仿射變換來求解，則哪種提問似乎都無妨！這是因為在仿射變換下，直線自然會映成直線之故也。由此可見，仿射的高觀點之利基，真是不言可喻了。這或許也解釋了何以在仿射幾何中，圓與橢圓可視同一種幾何物件吧。

　　事實上，正如前文我們引述的畫家文俶之繪畫經驗，這種「仿射思考」也呼應我們的日常生活經驗，譬如，當我們斜視一個正方形或長方形桌面時，難道我們不都看成為平行四邊形嗎？在仿射變換下，這三個幾何圖形是沒有區別的。這些視覺經驗在我們表徵 (represent) 立體幾何圖形時，尤其有著極大的便利性，譬如圖示一個球體的赤道面時，我們通常使用了一個橢圓形，又如圖示一個正立方體時，我們通常將側視面畫成平行四邊形。這種圖示方法與視覺經驗的合而為一，在初等幾何學的學習過程中至為重要。現在，我們則體會到原來這也與仿射思考息息相關！

另一方面，這個例子也啟發我們：當人類從不同的觀察系統（或坐標系統）來觀看同一個幾何物件 (geometric entity) 時，在不同系統進行觀察的我們與他人，針對同一個物件，可能看到「共相」與「殊相」，前者可以類比為前述之變換不變量，至於後者，則是無法共現在不同系統的「事實」。不過，由於按克萊因的幾何分類判準，歐氏幾何是仿射幾何的子系統（等價地，剛體變換群是仿射變換群的子群），一旦吾人擁有了仿射幾何高觀點的素養之後，我們就有可能優游出入這兩種幾何，而隨時發揮彈性與包容的思維能力。由此可見，「彈性」與「包容」可以自然地成為「客觀」思維能力訓練的一環，而這，竟然也可以從抽象的數學思維得到啟示，真是讓我們十分欣慰。

誌謝：本文圖形由黃書豐協助繪製，謹此申謝。

9 數學家的另類故事：
介紹《窺探天機》

　　在一般的科普書寫中，數學家傳記的傳主通常都是一些偉大級的數學家。的確，這些敘事對於讀者來說，除了怡情養性之外，還有相當激發人心的勵志關懷。不過，由於傳主都是頂尖的數學家，因此，書寫者「歌功頌德」在所難免。有時候，如果傳主的數學成就，譬如某某重要定理之證明，無法讓一般讀者親近與理解，那麼，作者大都「重複」說些天才行徑的「遺聞軼事」，盡可能讓這些傳主的故事發揮啟蒙意義。下焉者更是通篇充斥著形容詞，好像傳主抽換了其他領域的傑出人物，敘事內容就只要更易幾個名詞即可。

　　這種書寫進路常被評論為數學史的「造神」活動，或者通稱之為「數學造廟」。在這個前提下，數學史不過是偉大數學家成就的註腳。如此，在人類歷史長河中，與數學這種獨特的認知活動相關的事件，譬如阿拉伯數學家在數學著作中，為何歌頌真神阿拉？或者日本的「算額奉納」代表如何獨特的數學文化？以及英國伊莉莎白一世的國師與數學又有什麼關係？等等，我們大概都無從聞問，因為所有那些——譬如古希臘及近代西歐之外時空所發生的——（數學）故事，都不是數學史的一部分。

　　為了反思這些「成見」，我們從國際學界「司空見慣」的數學史學 (historiography of mathematics) 觀點切入，而編成《窺探天機——你所不知道的數學家》（三民書局出版）一書。由於本書主題是數學家傳

記，所以，我們首先說明數學家一詞所代表的意涵。

在西方歷史上，數學家 (mathematician) 一詞的現身，是相當晚近的一件事。根據數學史家賈桂琳‧史特朵 (Jacqueline Stedall, 1950–2014) 的研究，這個英文字持續出現在英文的數學著作中，是 1570 年之後的事。一開始，它被用來代表外國作者 (foreign author)，後來，則出現在兩個不相干的脈絡中，分別代表砲手 (gunner) 與占星術士 (astrologer)，可見這兩種專門技術都是現代數學家的「舊業」。1660 年代英王查理二世復辟 (restoration) 之後，數學家這個名詞逐漸被使用在算術或幾何學的作者的稱呼上，不過，還仍然代表占星術士。在這同時，所謂的「數學」(the mathematicks) 能做預測工作，也一直是嘲謔文學的主題。數學與占星術這種始終斷不了的連結現象，也說明了何以有些學院派人士一直避免使用這個名詞。譬如說吧，牛津大學於 1619 年所設立的數學講座，直到今天還是稱之為 Savilian Professor of Geometry，而非如劍橋大學的數學講座，稱之為 Lucasian Professor of Mathematics。儘管如此，曾擔任這個講座的牛頓之頭銜，還仍然是自然哲學家 (natural philosopher) 兼幾何學家 (geometer)。

另一方面，在義大利這邊，十五、十六世紀的「數學家」至少可分為如下三類：⑴會計簿記員與土地測量師；⑵占星（醫學）術士（含大學占星通識教授）；⑶宮廷數學家（courtier，國師或廷臣）。塔塔利亞 (Nicolo Tartaglia, 1500–1557) 屬第一類，是社會地位被「貶低」的地表數學家 (terrestrial mathematician)，強烈對比了卡丹諾 (Girolamo Cardano, 1501–1576)「高居」為天庭數學家 (celestial mathematician)，於是，他們兩人有關三次方程式解法之著名爭議，因而就有了極為豐富的社經脈絡意義。科學史家拜爾吉歐里 (Mario Biagioli) 就是希望在這樣的脈絡中，更恰當地考察伽利略的科學史地位。

現在，我要以《窺探天機──你所不知道的數學家》中的傳記為例，說明數學家由於曾經在歷史上扮演一些獨特角色，而演變出「另類的」故事。這些故事場景從東亞、阿拉伯世界、古希臘到西歐，人物角色則豐富多樣，在在佐證了史家史特朵所強調的，數學史絕對不是現代意義的數學家歷史，而是一些「數學知識參與者」(mathematical practitioner) 的歷史。

譬如說吧，拙文〈現代性之外，你所不知道的伽利略〉就指出：伽利略為麥迪西家族所製作的星盤，就無法被義大利政府在 1920 年代編輯的 (國家版)《伽利略全集》所收納，因為被視為近代科學 (modern science) 首傑的伽利略，一定會跟涉及「迷信」的占星劃分界線才是。要是收錄這張星盤，伽利略在科學革命 (Scientific Revolution) 中的不朽聲名，恐將毀於一旦。不過，伽利略卻是主要因為此一星盤，而被禮聘為麥迪西家族的自然哲學家兼宮廷數學家 (court mathematician)。相對於大學教授的疲於教學，他才有足夠的閒暇去完成他的物理經典作品，《兩門新科學的對話錄》 (*Two New Sciences*, 1638)。

事實上，伽利略的占星素養，相當忠實反映了十六世紀歐洲大學占星術之顯學地位。我們在伊莉莎白一世的國師約翰‧迪伊 (John Dee, 1527–1609) 身上，也可以看到類似的表現。劉雅茵在他的傳記〈約翰‧迪伊：一個有神祕色彩的數學家〉中，說明這個神祕色彩與他被認為擁有「窺探天機」的能力，當然十分相干。在中國歷史這一邊，我們也有唐朝史官李淳風相對照，例如，黃俊瑋的〈數學家的歷史定位：以祖沖之、李淳風傳記為例〉，就說明我們目前視為數學家的李淳風，在中國正史列傳中，是如何地被稱讚成「每占候吉凶，合若符契」。至於他在唐代數學史上的地位，譬如，註釋十部算經 (如《九

章算術》、《周髀算經》等）作為國子監太學「明算科」的標準教材，就完全不入正統史家的法眼。

　　從現代觀點來看，數學家占星固然帶有神祕色彩。不過，如果參加宗教祕密社團呢，恐怕也與數學所揭櫫的理性主義大相扦格。以笛卡兒為例，蘇惠玉在她的〈理性與神祕共存的笛卡兒〉一文中，就特別指出：「我們一般人大概很難相信，一個堅信對任何事物抱持懷疑態度，堅持要澄清所有疑難之處的理性之人，會與神祕主義有一絲一毫的牽扯。然而，終於暴露出來的事實真相卻是如此。」原來笛卡兒曾參加薔薇十字會，這是一個宣揚知識與提倡改革的社團，成員都相當低調甚至保持神祕身分，以免與天主教教廷勢力發生衝突，因此，當笛卡兒發現後來被歐拉重新發現的公式——多面體中表面數 (F)、頂角數 (V) 與邊數 (E) 間的不變量關係：$V - E + F = 2$——之後，由於那與支持哥白尼日心說的克卜勒宇宙模型有關，笛卡兒遂將「它以神祕學的方式隱藏在私人的祕密筆記中，而不讓它曝光」。

　　在數學史上，宗教信仰與數學研究的糾葛當然不只此端。事實上，笛卡兒所以對天主教廷如此戒慎恐懼，伽利略受審且被判終身監禁，就是對自然哲學家研究大自然的理性主義進路的一個最嚴重的示警。為此，他被迫撤回《世界體系》一書之出版，以避免宗教裁判的潛在威脅。不過，天主教神學對數學家來說，也並非全然教條而缺乏啟示作用。拙文〈穿透真實無窮的康托爾：集合論的「自由」本質〉主要根據業師道本周 (Joseph Dauben) 的研究成果，說明康托爾 (Georg Cantor, 1845–1918) 如何受到天主教神學的吸引，一方面當然出自家庭的宗教信仰傳統，另一方面，則是由於他的超無窮 (transfinite infinity)（集合）之研究知音難尋，只好轉向宗教界尋求慰藉與協助。顯然，

上帝不僅為康托爾解決心理障礙問題，他還幫助康托爾解決認識論問題。這樣一來，他就把自己的數學和上帝的事業聯繫在一起。

像上述這類科普書寫，應該無法符合宗教 vs. 科學的刻板印象。正是因為吾人慣於科學普及的「啟蒙論述」，所以，似乎比較難以想像宗教在科學發展過程中的「非負面」效應。事實上，即使是伽利略的（受審）案例，宗教也不是唯一的因子，根據科學史家的研究，（王公貴族的）贊助 (patronage) 也扮演了關鍵的角色。我們從這個面向切入，往往可以看到科學家或數學家職涯中較少為人所知的風貌。譬如，斐波那契 (Fibonacci, 1170–1250)、韋達（代數符號法則發明者）、史提文 (Simon Stevin, 1548–1620)，以及托里切利 (Evangelista Torricelli, 1608–1647，伽利略的關門弟子) 等人的故事，本質上都與贊助有關。

在這幾位數學家中，史提文的生平事蹟值得我們在此多花一點篇幅介紹。他年輕時曾擔任記帳員與收帳員，35 歲進入萊頓大學就學時，認識荷蘭共和國 (Dutch Republic) 納索伯爵 (Count of Nassau) 毛里茨 (Maurits)，最後，得以受邀在萊頓大學創立工程學院。為此，他運用荷蘭文編寫了許多算術教材，包括他發明並倡導使用的十進位小數計算的著作——《十進位制》。在這本著作中，他特別向「數學知識參與者」如「占星家、統計員、量毯者、測量員、一般立體幾何學家、造幣局長及所有商人致意」。

無論如何，史提文為我們見證了十六、十七世紀的商業與數學之關聯，❶以及他所「不恥下問」的那些數學知識參與者。儘管這些參與者在歷史上大都默默無聞，甚至史提文也不算是數學史上的「大咖」，然而，他們的知識活動所呈現的歷史脈絡意義 (contextual

---

❶參考洪萬生，〈資本主義與十七世紀歐洲數學：以會計史上的數學家為例〉。

meaning)，卻是滋潤（符合現代意義的）數學史的必要養分，值得我們好好理解與珍惜。

　　在歷史脈絡中，數學文化的某些獨特傳統，也是常被傳記作者忽略的一個重要面向。在本書中，有關日本數學史的兩篇文章，〈和算家會田安明的數學競技標準〉與〈建部賢弘：承先啟後的和算家〉，都試圖描繪數學實作 (mathematical practice) 的文化，如何確實塑造或影響一個數學傳統，譬如說吧，會田安明的競技標準就是和算通過「算額奉納」的一種「藝道化」見證。至於建部賢弘 (1664–1739) 的數學業績，則充分反映和算流派的形成意義。所有這些，都是東亞數學史上的獨特篇章，值得我們鑑賞與反思。

　　最後，我們還要特別指出：數學知識本身畢竟是數學家傳記的主體。當我們從「你所不知道的面向」切入時，社會文化史的材料難免加重比例，如此一來，相關數學知識的必要說明就會無暇顧及，而淪落成為數學「主角」缺場的故事版本。為了強調我們即使「另類地」為數學家作傳，還是努力要讓數學在場，我們希望讀者參照本書所提供的兩篇文章：〈你所不知道的托勒密〉與〈天元術之外，你所不知道的李冶〉。它們是作者蘇惠玉與陳玉芬分別實踐「在脈絡中做數學」的成果，值得我們參考與借鑑！

　　最後，請容許我們引述本書之目次，俾便讀者掌握全書之輪廓或風貌：

圖一：《窺探天機——你所不知道的數學家》封面

第三輯
數學課綱與 HPM

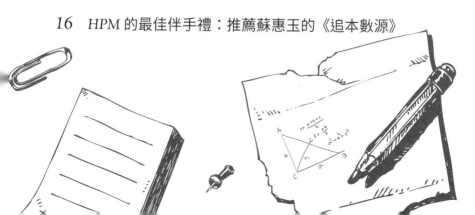

10 求一術的出路：
同餘理論有何教學價值與意義？

一、前言

　　所謂「求一術」是指中國古代用以求解《孫子算經》「物不知數題」（參見圖一）的一種方法。這一方法在現代數論 (number theory) 中，當然連結到同餘 (congruence) 理論。事實上，一旦掌握了同餘理論，不僅求一術相關問題，其他一些初等算術中的可除性 (divisibility) 判別法則——譬如一個自然數可以被 13 整除的充要條件為何等等，當然也變得十分淺顯易解。

圖一

　　理論誠然必須擺在數學學習的第一順位。目前，學生學習的一個通病，顯然是升學競爭所造成的知識之徹底零碎化——其實，這也是一百多年前，德國偉大數學家克萊因所批判的煩瑣章句之學，而其代價則是知識的系統性理解之欠缺。為了導正這種流弊，我們認為在教

學過程中，教師應盡力協助學生培養系統性或結構性的理解。

　　當然，我們也承認在高級中學的數學課程中，有些知識或方法不是那麼容易形成一個系統或結構，不過，適當地組織一些單元，似乎還是可以「風雅地」介紹有一點結構意義的內容。這樣子說，並不表示現行教科書缺乏結構，只是在課堂上徒然增加許多解題活動，而無從利用論證來引進結構，顯然導致學生領略不到知識學習的核心價值與意義。

　　在本文中，我打算以讀者所熟悉的「物不知數題」為例，說明當它被納入同餘理論的一部分時，所謂的理解應該可以更加深入一層才是。這一觀察部分來自我自己的教學經驗。2008 年秋季班，我擔任本系大一「數學導論」課程教學，本文附錄的第一題，就是我要求學生解答的作業之一。另一方面，我將這一題連同第二、三題，構成一個「問題與討論」的作業，要求 2008 年選修「數學史」的學生（主要是大學四年級）回答。在下文的第二節，我引述了某學生甲的期末報告中有關這一作業的反思，藉以考察他的理論 vs. 方法的學習心得。

　　此外，這種極端重視方法的學習，當然也可能呼應傳統中算論證風格，因此，我們也將簡要對照中國清代數學家如張敦仁、駱騰鳳以及黃宗憲的「求一」心得，以及德國偉大數學家高斯的同餘理論。不過，顯然是出自直接學習西方數學的影響，二十世紀初終於有清末數學家陳志堅在他的《求一得齋算學》(1904) 指出：以不定方程解析「物不知數題」（求一術）以及「百雞問題」（百雞術），則「兩術不難貫為一條」。按：「百雞問題」出自與《孫子算經》大約同時問世的《張丘建算經》，中國數學家直到大約 1820 年代，駱騰鳳才得以提出一個具有「理論意義」的解法。在本文中，我們也將略作介紹，並轉述駱騰鳳的研究成果。

二、某學生甲的學習心得

在 2008 年上學期的「數學史」結束時，我要求選課的學生就下列問題，提出他們的反思：

> 請詳細說明本課程在哪一個概念、方法（解題或證明）、理論、經典、數學家改變或充實了你的看法？試逐條舉例詳述之。

結果，有一位學生甲針對期中一份問題與討論（參見本文附錄），發表他的心得，值得全文引述如下，[1]

> 我對連結「物不知數題」與「中國剩餘定理」那堂課的內容印象很深刻。教授給我們《孫子算經》裡的一段文字，如下：
>
> 今有物不知其數，三三數之賸二，五五數之賸三，七七數之賸二，問物幾何？
>
> 答曰：二十三
>
> 術曰：三三數之賸二，置一百四十；五五數之賸三，置六十三；七七數之賸二，置三十。并之得二百三十三。以二百一十減之，即得。凡三三數之賸一，則置七十，五五數之賸一，則置二十一，七七數之賸一，則置十五。一百六以上，以一百五減之，即得。

---

[1] 此處轉述學生之期中、末報告，事先曾徵求這一位學生（此處暱稱為甲）的同意，謹此申謝與聲明。

然後要我們理解這番話，寫下它的解法，並將之推廣。一開始，我先用高中的解法，如下：設此數為 N

$$N = 3 \cdot 5 \cdot 7a + p \ (0 \le p \le 104)$$
$$= 3 \cdot 5 \cdot 7a + 5 \cdot 7b + q \ (0 \le b \le 3; \ 0 \le q \le 34)$$
$$= 3 \cdot 5 \cdot 7a + 5 \cdot 7b + 7c + 2 \ (0 \le c \le 4)$$

因為用 5 除餘 3，所以 $c = 3$；因為用 3 除餘 2，所以 $b = 0$，故得 $N = 105a + 23$。

另解：

$$\begin{cases} 3 \mid N-2 \\ 5 \mid N-3 \\ 7 \mid N-2 \end{cases} \Rightarrow \begin{cases} 105 \mid 35N - 70 & \cdots\cdots ① \\ 105 \mid 21N - 63 & \cdots\cdots ② \\ 105 \mid 15N - 30 & \cdots\cdots ③ \end{cases}$$

② + ③ − ①，$\therefore 105 \mid N - 23$，故取 N 最小值為 23。

交給代數操作，很快的找出答案來了，可是當我回過頭思索文字內容，我卻從看不懂它的方法!?是中文不好，還是數學不好？我很疑惑 140、63、30 怎麼來的，以及為什麼要找出分別用 3、5、7 除餘 1 的數 (70、21、15)，即使在我第二個解法中湊出了 70、63、30，但我以為也只是乘上了某個倍數得來的，沒仔細想過原理和意義，但教授要點醒我們的也許就是這個了！若只透過操作與計算得到的結果，而忽略它的道理，沒把它的精髓吸收進去，那麼做了上百題上千題題目也無濟於事。陳創義教授也一再提醒我們要把數學融入思考裡！

70 是可被 5、7 整除，但用 3 除餘 1 的數，而原數除以 3 要餘 2，故 $70 \times 2 = 140$，同理 63 和 30，接著即可寫出

$$N = (140 + 63 + 30) - (105) \times 2 = 23。$$

如此 $(140+63+30)$ 用 3 除餘 2、用 5 除餘 3、用 7 除餘 2，
而要減掉 $(105) \times 2$，是因為知道 105 個數一循環，我們要找
到符合條件的最小正整數，於是才扣掉 210，把答案控制在
105 以內。在解讀方法之後，我們終於知道如何去把一次同
餘式的解給一般化了！

比方說：$\begin{cases} x \equiv r_1 \ (\text{mod } p_1) \\ x \equiv r_2 \ (\text{mod } p_2) \\ x \equiv r_3 \ (\text{mod } p_3) \end{cases}$，其中 p_1、p_2、p_3 兩兩互質，求

最小正整數 x

我們則先找出 a、b、c，使得 $\begin{cases} a \equiv 1 \ (\text{mod } p_1) \\ b \equiv 1 \ (\text{mod } p_2) \\ c \equiv 1 \ (\text{mod } p_3) \end{cases}$

$\therefore x = (ar_1 p_2 p_3 + br_2 p_1 p_3 + cr_3 p_1 p_2) - [p_1, p_2, p_3] \times K$，$K$ 為
某正整數。

當然，四個或更多個一次同餘式聯立的情況，也可仿製此法，
這就是教授所強調的「推廣」的重要性，倘若一個解法只適
用於某些特殊題目時，那何須強記呢？只要改個形式，就又
令人百思不得其解了，重要的是「實用」與「一般化」，讀大
學四年，若只訓練出解高中所謂資優難題的能力，或者總是
見招拆招、沒有一套中心概念的話，那讀數學系真的太浪費
了，如同教授在課堂上舉出高斯的例子，證明費馬最後定理
對他沒意義，那些特殊解法對我們同樣沒有意義，我們得好
好反思這點。

而另一方面，以「物不知數題」連結至「中國剩餘定理」，可
見這樣一個表現出「一般性」的「特例」非常成功，假使哪
天我們成了教師，我們會怎麼教？這似乎也給了我們一些改

善教學的好意見，多虧教授這麼用心，讓一個名題發揮它的價值與意義，更讓我們省思這麼多，謝謝。

不過，學生甲在回答那個「問題與討論」時，針對其中問題二：

如果你學過中國剩餘定理（當然含其證明），那麼，這對於你回答上述問題（按即問題一）時，有無幫助？請說明之。

他的回答如下：

有幫助。利用中國剩餘定理比較容易抓到規律。由 [3, 5, 7] = 105 知每 105 個就會循環一次。因此，也可知 23 之後，$23 + 105n$，n 為自然數，應可符合三三數之賸二、五五數之賸三、七七數之賸二此規則。

儘管如此，針對問題三：

如果你學過中國剩餘定理，請問你是將它當成一個方法 (method) 來學，還是當成某個理論的一部分來學？請解釋你的答案。

他的回答卻是：

當成一個方法應用在生活上！才實用！

可見，在期末報告的反思中，他對於理論與方法的角色，其實有了更深刻的體會了。

三、從「物不知數題」到中國剩餘定理

求一術始見於《孫子算經》，不過，將它集大成的南宋秦九韶，在他的《數書九章》中，卻完全不曾提及來源。到了明代，算學家將物不知數題的「術曰」編成歌訣以廣流傳，似乎也收到了普及的效果，譬如明代程大位《算法統宗》(1592) 中，就有孫子歌曰：「三人同行七十稀，五樹梅花廿一支，七子團圓正半月，除百令五便得知。」

不過，真正有進一步發展的時期，則是要等到清中葉之後。乾隆時編《四庫全書》，編者從《永樂大典》中抄出《數書九章》，四庫版再經過李銳校訂後，張敦仁、駱騰鳳、時日醇，以及黃宗憲等，都有所發明。在此，我們只提及當時有關求一術起源的一些看法，然後，再回來簡介秦九韶的大衍求一術。

張敦仁《求一算術》(1803) 序：「筭數之學，自九章而後，述作滋多，其最善者則有二術。一曰立天元一，一曰求一。盡方圓之變，莫善於立天元一，窮奇偶之情，莫善於求一。求一之術出於《孫子筭經》物不知數之問。」可見，當時數學家對於求一術的重視。

此外，左潛為黃宗憲《求一通解》作序時，也指出：「近日精算諸家，後先接踵，精思妙理，鑿險通幽其因仍舊術而絕無增變者，為大衍一術已耳。」這是因為他認為「《孫子筭經》物不知數一題，以三、五、七立算，在大衍題尚為淺顯，經中有術無草，殆未深求至理，原非有意故私機緘。」至於論及秦九韶著述《數書九章》時，則認為他「始立約分求等、求乘率諸法，數雖繁瑣，理實精深，後之攻是術者，皆未能洞悉其源，是以於所以然之理，具未能切近言之也。」

　　回到中國南宋時期，秦九韶 (1202–1261) 在他的著作《數書九章》(1247) 中，將此問題推廣到任意的模數（非兩兩互質）及餘數。至於此求解的方法，就稱為「大衍總數術」，是先將模數化為兩兩互質，再用「大衍求一術」去求解，對相關的理論和算法，作了集大成的工作。

　　事實上，「物不知數題」經由秦九韶的一般化，的確是高斯 1801 年所發表的相關定理之先聲，因此，西方國家稱此類型的問題為「中國剩餘定理」(Chinese Remainder Theorem)，的確合乎情理。至於孫子與秦九韶的貢獻，則多虧了傳教士偉烈亞力 (Alexander Wylie, 1815–1887) 於 1856 年在《北華捷報》(*North China Herald*) 所發表的論文 "Jottings on the Science of the Chinese Arithmetic"（中國算術論叢）。該論文先翻譯成德文，再翻譯成法文，在歐洲學術界流傳甚廣，因此，此一定理最後冠上形容詞「中國的」(Chinese)，並且出現在歐美一般的數論或代數教科書上，才顯得相當水到渠成。

　　現在，且讓我們說明中國剩餘定理如何與秦九韶的「求一」有關了。中國剩餘定理當然涉及下列一次同餘式的聯立解：

$N \equiv R_i \pmod{m_i}$, $i = 1, 2, 3, \cdots, n$ 且當 $i \neq j$，m_i, m_j 互質。

如令 $M = \prod_{i=1}^{n} m_i$（乘積），則存在有 K_i，

使得 $K_i \dfrac{M}{m_i} \equiv 1 \pmod{m_i}$, $i = 1, 2, 3, \cdots, n$，於是

$N \equiv \sum_{i=1}^{n} K_i \dfrac{M}{m_i} R_i \pmod{M}$ 即為所求。

　　這裡解法的關鍵，當然就在於如何轉換成為「求一」的問題了。至於如何求一呢？請看秦九韶的「大衍求一術」：

大衍求一術云：置奇右上，定居右下，立天元一於左上。先
以右上除右下，所得商數與左上一相生，入左下。然後乃以
右行上下，以少除多，遞互除之，所得商數隨即遞互累乘，
歸左行上下。須使右上末後奇一而止，乃驗左上所得，以為
乘率。

試以 $K \cdot 20 \equiv 1 \pmod{27}$ 為例：

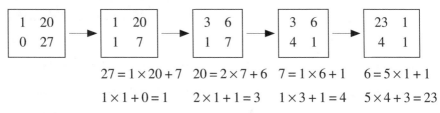

$$27 = 1 \times 20 + 7 \quad 20 = 2 \times 7 + 6 \quad 7 = 1 \times 6 + 1 \quad 6 = 5 \times 1 + 1$$
$$1 \times 1 + 0 = 1 \quad\quad 2 \times 1 + 1 = 3 \quad 1 \times 3 + 1 = 4 \quad 5 \times 4 + 3 = 23$$

得到 $K = 23$。

　　事實上，秦九韶對於「物不知數題」的延拓，還涉及非整數的模
數，這是目前所謂的「中國剩餘定理」的版本之所缺，值得我們注意。

四、《張丘建算經》的「百雞術」

　　所謂百雞問題（參見圖二），出自南北朝時代算書《張丘建算經》，
原文引述如下：

今有雞翁一，直錢五；雞母一，直錢三；雞雛三，直錢一。
凡百錢買雞百隻，問雞翁、母、雛各幾何？
答曰：雞翁四，直錢二十；雞母十八，直錢五十四；雞雛七
十八，直錢二十六。雞翁八，直錢四十；雞母十一，直錢三
十三；雞雛八十一，直錢二十七。雞翁十二，直錢六十；雞

母四，直錢十二；雞雛八十四，直錢二十八。

術曰：雞翁每增四，雞母每減七，雞雛每益三即得。

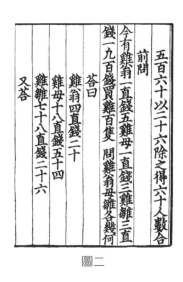

圖二

如設 x, y, z 分別代表雞翁、雞母、雞雛各買之數，則依據題意，可得下列聯立方程：

$$x + y + z = 100$$
$$5x + 3y + \frac{1}{3}z = 100$$

運用方程相消未知數，以及不定方程的整數解求法，即可驗證上述答案全部正確。問題是：張丘建究竟如何得知？原書的「術曰」太過簡單，對於我們的解題沒有什麼幫助。不過，話說回來，雖然對後來的算學家而言，所需之方法（如方程相消與輾轉相除）都已齊備，還是必須等到

1820 年代的清中葉數學家駱騰鳳，才首次正確地解出這一問題。

　　根據陳鳳珠 (2001) 的研究，駱騰鳳乃是結合了「三色差分法」與「大衍求一術」，而解決這一懸宕已久的歷史名題。此處，我們引述陳鳳珠利用現代符號所「翻譯」的解法，以供讀者參考：

1. $15x + 9y + z = 300,\ x + y + z = 0$。

2. 兩式相減，得 $(15-1)x + (9-1)y = 200$，即

   $14x + 8y = 200\ \cdots\cdots (1)$。

3. $(1) \div 2$ 得 $7x + 4y = 100$ 知

   $4y \equiv 0 = R_1 \pmod 4),\ 4y \equiv 2 = R_2 \pmod 7)$。

4. $M = 4 \times 7 = 28,\ M_2 = 4,\ 4 \equiv 4 \pmod 7)$，得 $K_2 = 2$。

5. $W_2 = K_2 \times M_2 = 8,\ U_1 = 0$、$U_2 = R_2 \times W_2 = 16$,

   $4y = (U_1 + U_2) - 0 \times M = 16$，得 $y = 4$。

6. $x = (100 - 16) \div 7 = 12;\ z = 100 - 12 - 16 = 84$。

7. 知 $7(x-4) + 4(y+7) = 100,\ 7(x-8) + 4(y+14) = 100$ ；得

   (x, y, z) 三解為：$(12, 4, 84)$ 或 $(8, 11, 81)$ 或 $(4, 18, 78)$。

陳鳳珠在她的碩士論文中，當然引述了駱騰鳳的原文，其中充滿了大衍求一術的術語，如「定母」、「衍母」、「衍數」以及「用數」等等，❷足見駱騰鳳這一位清中葉數學家還是可以推陳出新，統整出一個具有理論意義的研究成果出來。

---

❷針對「物不知數題」而言，所謂的「定母」是指 3, 5, 7；「衍母」是指 105；「衍數」是指 35, 21, 15；「用數」則是指 140, 63, 30。

五、高斯的貢獻

當高斯在 1801 年出版 《算學講話》 (*Disquisitiones Arithmeticae*) 時，他才 24 歲。本書是近代數論研究進入十九世紀的里程碑，也代表這門學科從此有了理論結構，超越了個別解題方法的收集之格局。後者主要是十八世紀數論大師勒讓得 (Adrien-Marie Legendre, 1752–1833) 的風格 ，他的 《數論研究文篇》 (*Essai sur la theorie des nombres*, 1798) 歸納了截至當代的主要研究成果，譬如有關質數、二次式、連分數等等，都羅列在內，甚至他還提供了一張整數表，說明其各自的整數性質。相反地，高斯雖然處理了同樣的單元，但卻尋求定理以便揭露其底蘊的結構，譬如說，他就給出了整數因數分解唯一性的第一個存在性證明，而不只是提供解法而已。無怪乎數學史家都將高斯視為上承十八世紀、下啟十九世紀的偉大數學家，因為他不只精通十八世紀的解題，而且還開拓了十九世紀重視結構面向的數學風格。

《算學講話》中有一個部分專門處理整數的同餘（請注意：「≡」這個同餘記號是他所發明的），值得在此稍加介紹，以便讓讀者對於高斯所建立的理論結構，有一個起碼的認識。這一短短篇幅的一節細分成有 11 個小節，1、2、3 小節主要定義同餘數 (congruent numbers)、模數 (moduli)、留數 (residues) 與非留數 (non-residucs)，並推演簡單的性質與定理。第 4 小節專論最小的留數 (least residue)。第 5 小節介紹幾個有關同餘數的命題 ，比如說吧 ，相對於一個合成的模數 (composite modulus) ，有一些數同餘 ，則相對於這個合成數的因數而言，這些數必然也會同餘。

至於第 6、7、8 小節介紹同餘的運算法則：相對於任意模數而言，如果 $A \equiv a$, $B \equiv b$, $C \equiv c$ 等等，則 $A + B + C$ etc. $\equiv a + b + c$ etc.，而且 $A - B \equiv a - b$。還有，若 $A \equiv a$，則 $kA \equiv ka$；若 $A \equiv a$, $B \equiv b$, $C \equiv c$，則 $ABC \equiv abc$；以及若 $A \equiv a$，且 k 為一正整數，則 $A^k \equiv a^k$。第 9、10、11 小節則結合同餘式與整係數方程式的有理數解，作了一個初步的討論。最後，在第 12 小節，高斯提出若干應用，他主要指出有關可以被 9、11 或其他數整除的判別法則，都可以歸結到前述定理的應用。

六、結論

從數論 (number theory) 的結構觀點來看，高斯的同餘理論代表了理論拔高的特殊意義，並顯現了它在教學方面的普世價值。因此，以「求一術」為例，如果我們要想將其相關概念與方法鋪陳出一點結構趣味，那麼，引進同餘理論，當然是唯一的出路！二十世紀初，中國清末數學家陳志堅的貫通「求一術」與「百雞術」為不定方程解析，儘管頗為難得，然而，還是欠缺理論高度。

誠然，「物不知數題」與「百雞問題」都是極有意義的數學名題，圓滿地解決它們當然可以帶動數學的進步與發展。這也是問題及其解決 (problem-solving) 成為數學的靈魂的主要原因之一。不過，話說回來，要是缺乏理論建構的視野，那麼，解題所能帶來的數學發展，大概就不無限制了。這個推論，應該也可以適用於中小學的數學學習。刁鑽古怪的難題測驗在東亞國家的數學教育評量或入學考試中，似乎是個極普遍的現象，這或許也解釋了這些國家的國際數學教育評比之名列前茅。然而，他們共同的重術輕理，應該也很難否認。日本數學史家平山諦曾就和算的「遺題繼承」之發展，提出他的評論：

這種「難問注意」的流行以及以極其複雜的計算為主的傾向，導致了輕視理論的弊端。今天的入學考試不也存在類似現象嗎？

這是日本的數學教育現實，我們應該也不遑多讓才是。如此看來，如何折衷理論與解題，絕對是我們身為教師者無法迴避的重大課題了。

附錄　數學史問題與討論 (2008/10/28)

姓名：

Email:

一、下列問題是大一「數學導論 A」的第一次考試題目之一，目的是連結 「物不知數題」 與 「中國剩餘定理」 (Chinese Remainder Theorem)：

In an ancient Chinese mathematical text, there is a famous problem with its solution:

今有物不知其數，三三數之賸二，五五數之賸三，七七數之賸二，問物幾何？

答曰：二十三。

術曰：三三數之賸二，置一百四十；五五數之賸三，置六十三；七七數之賸二，置三十。并之得二百三十三。以二百一十減之，即得。凡三三數之賸一，則置七十，五五數之賸一，則置二十一，七七數之賸一，則置十五。一百六以上，以一百五減之，即得。

Try to generalize the solution to this problem. Write down what you think as much as possible.

你認為如何回答比較好？為什麼？

二、如果你學過中國剩餘定理（當然含其證明），那麼，這對於你回答上述問題時，有無幫助？請說明之。

三、如果你學過中國剩餘定理，請問你是將它當成一個方法 (method) 來學，還是當成某個理論的一部分來學？請解釋你的答案。

11 108 數學課綱中的數學語言之隨想

一、前言

西元 2000 年 8 月，英國數學史家／HPM 主席 John Fauvel 來臺參加臺灣師大數學系承辦的 HPM 2000 Taipei。 他在飛機上閱讀我的 HPM 論文 "Euclid vs. Liu Hui: A pedagogical reflection"（歐幾里得 vs. 劉徽：一個 HPM 的反思）時，❶好奇的空服員問他閱讀什麼資料，他回答那是與中算史有關的論文。結果，那位空服員感嘆地說：「中文 + 數學，真是加倍的困難 (double difficulties)！」

在那個脈絡中，數學與中文並列，顯然對空服員來說，它們都是語言。事實上，數學的確可視為一種語言，或者它就是一種語言。而這就是本文的主旨：當數學是一種語言時，我們如何看待 108 數學課綱中的一些相關議題。

有關數學語言之教育主張，108 課綱（以 2018 年 6 月公布版本為準）的五大基本理念的第一條開宗明義就說：「數學是一種語言」，因此，教材及教法「宜由自然語言的題材導入學習」。由於這個主張及其引伸頗為有趣且到位，為了方便後文引用，茲將本條文全部引述如下：

---

❶收入 Victor Katz ed., *Using History to Mathematics Teaching* (Washington, DC: MAA, 2000), pp. 37–47.

文明的發展，語言具有關鍵性的地位。數學的發展是融入自然語言的生活經驗，無論是數量、形狀及相互關係的描述，都是生活中常見的用語。數學連結文字及符號語言，以更簡潔與精確的方式來理解人類的生活世界。因其簡潔，能夠以簡馭繁，用簡明的公式與理論，解釋各種繁雜的現象；因其精確，可以適時彌補日常語言的不足。數學更是演算能力，邏輯訓練、抽象思維的推手。基於這些特性，數學教學應該盡可能保持學習自然語言的方式，透過實例的操作與解說，瞭解概念與算則之後，再逐步進入抽象理論的學習。（頁 1）

基於這一理念，總綱核心素養所對應的項目是：「B1　符號運用與溝通表達」，以及「C3　多元文化與國際理解」。針對後一項，我在拙文〈108 數學課綱的隨想：以數學史為切入點〉中，已經從數學史切入而有所說明，至於其中有關多元文化的面向，則將留待另文說明。❷

現在，讓我們考察對應的數學領域核心素養之具體內涵。在國小階段（代號 E）的「數-E-B1」欄，其內涵如下：

具備日常語言與數字及算術符號之間的轉換能力，並能熟練操作日常使用之度量衡及時間，認識日常經驗中的幾何形體，並能以符號表示公式。（頁 4）

---

❷請參考洪萬生，〈數學課程的文化衝擊〉，《此零非彼 0》，頁 273–281。

至於在普高教育階段（代號 S-U），[3]則還是多少倚重日常語言的輔成價值，請看如下之引述：

> 數 S-U-B1　具備描述狀態、關係、運算的數學符號的素養，掌握這些符號與日常語言的輔成價值；並能根據此符號執行操作程序，用以陳述情境中的問題，並能用以呈現數學操作或推論的過程。（頁 4）

相對於數-E-B1 來說，這個內涵除了要求有能力掌握語言的簡潔特性之外，還強調語言的更高層次之精確性。無論如何，這兩個層次的素養內涵顯然呼應了基本理念所指出的教學策略：「數學教學應該盡可能保持學習自然語言的方式，透過實例的操作與解說，瞭解概念與算則之後，再逐步進入抽象理論的學習。」

　　因此，在本文中，我們打算提供一些例子，說明數學概念的語源與日常語言之關連（本文第三節）。我們特別將以「零的故事」為例（本文第四節），說明由日常語言轉換成為數學定義時，與社會文化息息相關的語境 (discursive context) 如何重要。由於此一特性很有可能造成學習者的認知障礙，因此，教師宜針對一些定義進行社會文化面向的說明與討論。不過，在下一節（本文第二節），我們先介紹兩本以「數學的語言」為主題的普及書籍，以及一本數學家親歷小學教學的現身說法，看看它們如何從語言的面向切入，指出數學知識特性及其推薦的學習之道。

---

[3]對應的國中階段（代號 J）之素養具體內涵（數-J-B1）看起來與日常語言無關，故此處從略。

二、數學的語言

　　與任何學科一樣，數學當然也是建立在概念 (concept) 上，而這些概念在現代數學中，又絕大部分都有符號表達，而這當然也成為它抽象的主要原因。因此，數學家／科普作家德福林在他的《數學的語言》(*The Language of Mathematics: Making the Invisible Visible*) 中，才會強調：

> 缺乏代數符號，數學的大部分將不可能存在。這個議題當然相當深刻，因為它與人類的認知能力息息相關。抽象概念的認識與表現它們的適當語言之發展，真的是一體兩面。（頁 21）

同時，他也強調學習者語言的發展（譬如，下面引文中提及的認知轉移 (cognitive shift)），是認識（抽象數學）概念的關鍵。事實上，他還進一步指出：

> 用以代表抽象物件 (entity) 的符號，像是字母、文字或圖像一類，其使用的確是亦步亦趨地跟隨著物件本身 (entity as an entity) 的認識。譬如說，用以表示數目 (number) 七的數碼 (numeral)「7」，需要以數目七被認識為一個物件為前提；同理，用以表示一個任意整數的字母 m 需要以整數的概念 (concept) 被認識到為前提。有了符號，思考與操弄概念成為可能。（頁 21–22）

　　另一方面，物理學家／科普作家大栗博司在他的《用數學的語言看世界》中，也說明思考能力與語言表述的密切關係：

　　因為思考要化作語言才真正成形，為了要獲得自主思考的能力，就必須能用嚴謹的語言彙述自己的想法。……一般都覺得，跟語言有關的文學與外文屬於文科，而數學則是理科，但是我卻覺得數學也像是在學習另一種語言，這種語言是為了正確表示事物的本質而創造，這一點正是英語或是日語無法達到的。因此，「如果明白了數學這種語言，就能夠說出以前無法述說的話語、看清以前不曾見過的事物、思考以前不曾想過的問題。」（頁 8）

此外，他（的最後一句話）也「呼應」了德福林的主張：數學語言——為了正確表示事物的本質而創造——幫助我們「看到」之前看不到的東西。

　　數學語言之精練，也在數學 vs. 藝術的對比中獲得極深刻的凸顯。數學家阿哈羅尼 (Ron Aharoni) 在他的《小學算術教什麼，怎麼教》之中指出：

　　數學與藝術有兩項相同之處：秩序與精簡。如同數學，藝術也在尋求世界的秩序，例如音樂是有組織的繪畫，繪畫是在視覺世界裡建立秩序。至於精簡方面，例如詩以短小著稱，會把很多想法濃縮到一句話，德文裡把詩叫做 Dichtung，意思是「壓縮」。美國詩人龐德 (Ezra Pound) 就把偉大的文學定義為把意義充塞到極致的語言。（頁 41）

在這本是「家長須知，也是教師指南」的數學普及著作中，阿哈羅尼發現多數人陷於機械式學習的習慣，大都難以看出初等數學的美。然而，如果能用嶄新眼光來省察，就可重新發現它的美好。

譬如說吧，在該書第 3C–5 節〈公分母〉中，作者試圖以分數相加為例，來說明這種涉及除法與加法的異類混合之難度。因此，我們必須用到「公分母」──所謂的小學數學之象徵。作者將公分母比喻為通用的語言。譬如 $\frac{1}{5}$ 與 $\frac{2}{5}$ 相遇時能交談，是由於它們都生活在同一個世界裡，也就是由「五分之一」組成的世界，所以溝通不是問題。然而，當兩個異分母的分數相加時，由於它們沒有相同的分母，就好比它們講不同的語言，於是溝通的麻煩就出現了。此時，除了尋找通用的語言別無他法，因此，我們要為兩個分數尋找相同的分母，也就是公分母。總之：

> 在真實生活中，不一定能找到通用語言，但是在算術裡卻永遠辦得到。（頁 228）

無論如何，在透過（數學教育家所謂）「解壓縮」(decompression) 概念或程序知識 (conceptual and procedural knowledge) 來講解分數相加的過程中，作者運用了數學語言以及公分母比喻，相當具有啟發性。

三、數學定義 vs. 自然語言

蘇惠玉、蘇俊鴻、郭慶章以及我曾合撰《數說新語》。我們編寫的規劃初衷「是針對一些具有數學意義的日常用語，說一點相關（而且或許也是有趣）的數學故事」，至於目的呢，「無非是經由這些概念的

沿革，指出數學與我們的歷史文化之密切關係。這種連結一方面見證數學是文化的產物，另一方面，也對我們啟示說，一旦掌握了初等數學的概念與方法，那麼，我們一定可以更深入瞭解歷史文化。」

基於此，我們針對譬如「數」、「零」、「分數」、「圓周率」、「乘冪」、「方根」（方面）、「天『元』術」、「正負（數）」等數學名詞，以及涉及方法的「約分術」、「方程術」、「正負術」，以及「（以）類推（類）」，等等說一些另類的故事，企圖讓其中相關的數學概念變得鮮活起來。

以「數」為例。從文字結構來看，「數」兼具「形聲」與「會意」。在金石文中，我們始見此一文字，它的形狀與小篆略同。在小篆中，「數」從「攴」，「婁」聲。數在《說文解字》本義作「計」解，乃是計算之意。「俗對十以下之數之數，常輕敲手指、使之屈伸之計之，實存古意，故數從攴。」又以「婁本作『空』解，計算須心中別無雜念，始能專心致志為之，故數從婁聲。」（參考《形音義綜合大字典》）

「數」這個文字在古代中國被當作「名詞」（書名）使用時，至少有兩個見證。秦簡《數》購於香港古董市場，被認為是西元前 212 年（秦始皇三十五年）以前的中國數學竹簡文本。❹漢簡《筭數書》（西元前 186 年埋葬）出土於湖北張家山，是現傳中國歷史上最珍貴的數學文本，只要知道它保存了輾轉相除法的一個最古老版本，我們就可確認此言不虛了：「約分術曰：以子除母，母亦除子，子母數交等者，即約之矣。」為了舉例說明此一算法，這部竹簡還附有一個「零」字並未出現的約分例子：「二千一十六分之百六十二，約之百一十二分之

---

❹參考蘇意雯等，〈《數》簡校勘〉，《HPM 通訊》15 (11): 1–32。

九。」❺有關零的議題，特別是此一概念的數學文化史面向，我們下一節再討論。

　　「約分術」是中國秦漢小吏或「說算者」必須精熟的數學方法，這可以徵之於漢代算學經典《九章算術》中的更成熟版本：「約分術曰：可半者半之。不可半者，副置分母、子之數，以少減多，更相減損，求其等也。以等數約之。」其中，更相減損（輾轉相減）而得到的「等數」就是最大公因數。這其實也隱含分數概念的日常實用經驗，無怪乎魏晉數學家劉徽註解《九章算術》時，會特別指出：

> 按：約分者，物之數量，不可悉全，必以分言之。分之為數，
> 繁則難用。設有四分之二者，繁而言之，亦可為八分之四；
> 約而言之者，則二分之一也。雖則異辭，至於為數，亦同歸
> 爾。法實相推，動有參差，故為術者先治諸分。❻

緊接著約分術，《九章算術》繼續提供分數的加減乘除法則。至於上引第一句話，則是強調數量「不可悉全」時，必須使用分數來表示。這是分數（概念）出自實用需求的鐵證。分數的英文可以稱作 fractional number，顯然是相對於 whole number 而來，後者當然就是「整數」了。

---

❺參考洪萬生、林倉億、蘇惠玉、蘇俊鴻，《數之起源：中國數學史開章《筭數書》》，臺北：臺灣商務印書館。

❻最後一句的現代白話意思是：「法（被除數）與實（除數）互相推求，常常有參差不齊的情況，所以，探討計算法則的人首先要研究各種分數的運算法則」。引郭書春，《九章筭術譯注》，頁20，上海：上海古籍出版社。

其實,「分」的文字結構也可略見其實用面向之端倪。這個字之甲骨文、金文都與小篆體略同。小篆字形從八從刀,其中,「八象使之相別相背之形」,刀則表示用以割使之有別的器具,因此,《說文解字》斷定「分」的本義就是「別」的意思。我們現在將「分」與「別」連用成「分別」,看起來是在強化「分」的意義吧。

既然分數源自「分」的意義,為何會有「真的」與「假的」情況發生呢? 或許這是因為真分數 (proper fraction) 與假分數 (improper fraction) 的精確定義太惹人好奇了——運用 google 搜尋,我們就知道它的熱度有多高,中文或英文語境都一樣。其實,分之為數——既然都是「分」出來的,哪有真假之別?因此,無論是中文的假分數,還是英文的 improper fraction,在命名上都有自我矛盾之嫌,最好棄而不用。不過,如果教師對於「約定俗成」的名詞已經視為理所當然,恐怕也不需要太過勉強,惟數學語言 vs. 自然語言必要時應該稍加澄清才是。

由上述分數的例子來看,我們從自然語言借用的數學名詞,使用起來也難免出現歧義 (ambiguity)。如此,我們想運用自然語言的源頭,來嘉惠數學名詞的學習,的確需要採取審慎的態度。不過,有一些我們已經廢棄的名詞如能以典故的方式在課堂引入,說不定可以讓學習者印象深刻,因為當我們製造認知衝突時,有時候會帶來意想不到的學習效果。我這裡的例子是「方面」。

在現代中文或漢語的使用上,「方面」不常單獨出現為名詞(譬如,在政治評論上,我們也很少看到「方面大員」四字),反倒是「**這一方面,另一方面**」這兩個連接詞常見於一般的寫作。另一方面,英文的對應連接詞,則是 "on the one hand, on the other hand"。這個對照也許具有文化差異的認知趣味。此處,我們將特別針對「方面」的「**數**

學」語源，說一點有趣的故事。根據《形音義綜合大字典》，「方」字古義不一，不過，方正二字通常並稱，可以想像「方」的意義：方是指四邊相等的形狀，當然，《九章算術》卷一方田章的「方田」，顯然指它的象徵意義，意即「方」既指「正方」也指「長方」。[7]至於少廣章題「今有積五萬五千二百二十五步，問：為方幾何？」中的「方」，究竟是「方形」或其「邊」，則其指涉 (reference) 頗為含混，儘管從上下文可以看得出來。[8]

至於「面」的意義，則其本義為「顏前」，因此，臺語（閩南版）稱「臉」為「面」，一點不令人意外。不過，古人將「面」當作名詞使用時，大都指它為直線形之邊。譬如，在勾股形（直角三角形）中，就有「短面曰勾，長面曰股，相與結角曰弦。勾短其股，股短其弦。」在圓內接正六邊形中，劉徽稱「圓中容六觚之一面，與圓徑之半，其數均等。」是指此正六邊形之邊與外接圓之半徑相等。依此類推，我們不難想像當「方」與「面」連用時，應該是指方形的一邊，這還可以徵之於劉徽另外所指稱的「**大方之面**」與「**小方之面**」的提法。因此，劉徽在註解「開方」的運算時，就指出它是「求方冪之一面」的意思，其中冪當然是指面積。劉徽還特別註記：「百之面十也，萬之面百也」。[9]

「方面」的說法碰到開方不盡時，仍然有其便利：「若開之不盡者，為不可開，當以面命之」，可見文義有其一貫性，相當可取。問題是中國古代數學家即使傑出如劉徽，似乎未曾察覺此一命名方式（以

---

[7]中國古代算書也用「直田」表示長方形，不過，首次出現似乎是南北朝時代的《五曹算經》。

[8]參考郭書春，《九章算術譯注》，頁 132。

[9]亦即 $\sqrt{100} = 10$, $\sqrt{10000} = 100$。

面命之）「轉化」 為算術運算的重要性，譬如二之面 ($\sqrt{2}$) 與八之面 ($\sqrt{8}$) 如何相加？儘管「八之面」除以「二之面」似乎不是問題。❿

　　上一段所提及的「以面命之」（運用「面」來命名）之算術運算議題，涉及古代中國人對於無理數本質的認知特性，其困境與數學概念是否具有精確定義之文化風格，似乎脫不了干係，李國偉的〈《九章算術》與不可公度量〉探索其認知議題，非常值得參考。⓫

　　其實，古代中國數學在「給定義」時，大都秉持如史家錢寶琮所指出的「約定俗成」（以重視知識本身意義的荀子為例），而從未在概念（或其層次）上下過功夫。⓬譬如，《九章算術》「邪田術」（相當於現代的「梯形公式」）兩問的「廣」與「從」，完全無法脫離特定的情境，因此，它們的「定義」不具一般性。請參考下文引述：⓭

> ・今有邪田，一頭廣三十步，一頭廣四十二步，正從六十四
> 　步。問：為田幾何？答曰：九畝一百四十四步。
> ・又有邪田，正廣六十五步，一畔從一百步，一畔從七十二
> 　步。問：為田幾何？答曰：二十三畝七十步。⓮
> 術曰：并兩邪而半之，以乘正從若廣。又可半正從若廣，以
> 乘并。

---

❿同註❽，頁 138。

⓫參考網址：http://episte.math.ntu.edu.tw/articles/ar_li031201_1/index.html

⓬這當然強烈對比於古希臘的亞里斯多德。有關後者的相關理論，可參考奔特等，《數學起源：進入古代數學家的另類思考》，頁 174–182，臺北：五南出版社。

⓭譬如，在給定的梯形中，平行的兩邊為何既稱為「一頭廣」，又稱為「一畔從」呢？

⓮同註❽，頁 36–37。一畝等於二百四十（平方）步。

事實上，即使到了十三世紀，元代數學家朱世傑針對梯形面積的算法
題目，其形式依舊十分類似：

> 今有梯田一段，東闊四十六步，西闊八十六步，長一百二十
> 五步。問：為田幾何？答曰：三十四畝三分七釐半。
> 術曰：列東闊併入西闊，半之得六十六步為停闊，以長步乘
> 之，得八千二百五十為田積步。以畝法而一，合問。[15]

在〈孔子與數學〉一文中，我也曾對古代中國人如何下定義，進行初
步的考察，讀者可以參考借鏡。[16]

現在，我們就從方形轉向幾何學。相對於希臘幾何作圖的尺規工
具，中國古代也有規矩工具，「無規矩不能成方圓」，對於方與圓這兩
個擁有道德神聖意涵的圖形，利用規矩、守住規矩，或許可以成就一
個「內圓外方」的道德人典範吧。

由於在《幾何原本》的脈絡中，正方形尺規作圖（或幾何作圖
geometric construction）的「理論依據」，[17]要遠比正三角形來得複雜，
事實上，就其在第 I 冊中的邏輯位置來說，命題 I. 46 vs. 命題 I. 1 之對
比，就可以知道它們的「得其所作」(QEF) 論證嚴密性天差地遠。[18]因
此，尺規作圖的數學意義，當然也就遠較「規矩成方圓」來得豐富了。

---

[15] 引朱世傑，《算學啟蒙》卷中，郭書春主編，頁 I–1148。
[16] 參考洪萬生，〈孔子與數學〉，《孔子與數學》，頁 1–13，臺北：明文書局。
[17] 圖形已經「畫好」但還需要證明它「果然」存在，這當然是直觀數學 vs. 論證數學的
最大差異所在。
[18] 參考洪萬生，〈尺規作圖──正 3、4、5、6、15 邊形〉，收入洪萬生主編，《摺摺稱
奇：初登大雅之堂的摺紙數學》，頁 106–115，臺北：三民書局。

現在，讓我們回到命名的主題上。「三角形」名稱——英文是triangle——的重點在三個「角」(angle)，為什麼要以角來命名呢？[19]相形之下，四邊形 quadrilateral 的命名重點則在於「邊」(lateral)，這又是為什麼呢？事實上，有關直線形，《幾何原本》的定義 (I.19) 如下：

定義 I.19 直線形是那些被直線所圍成的形狀，三邊形被三條線、四邊形被四條線，以及多邊的那些是被四條以上的直線所圍成。(Rectilinear figures are those which are contained by straight lines, trilateral figures being those contained by three, quadrilateral those contained by four, and multilateral those contained by more than straight lines.)[20]

緊接著，在定義 I.20 時，歐幾里得隨即給出等邊三角形（或正三角形 equilateral triangle）、等腰三角形 (isosceles triangle)，以及邊都不等的三角形 (scalene triangle)。還有（定義 I.21），在三邊形中，他進一步區別直角三角形、鈍角三角形，以及銳角三角形。儘管他並未定義何謂三角形，他倒是先定義角，再根據垂線定義直角：

定義 I.10 當一直線站在另一直線上，使得相鄰的角彼此全等，則相鄰的角皆為直角。並且，此站在另一條直線上的直線被稱為垂直於它所站立的直線。[21]

---

[19] 十三世紀宋元數學家秦九韶與朱世傑以「三斜田」來稱呼任意三角形，其三邊分別稱之為大、中、小斜。不過，他們的命名並未呼應南北朝時代的《五曹算經》，該書將四邊形稱為「四不等田」。

[20] 參考網址：https://mathcs.clarku.edu/~djoyce/java/elements/bookI/bookI.html

[21] 引奔特等，《數學起源：進入古代數學家的另類思考》，頁 187。

然後據以定義銳角（小於直角）與鈍角（大於直角）。至於角當然是由（同平面上）兩相交直線所造成的「傾斜」(inclination)。

　　因此，就角 vs. 邊（或線段）的對比來說，角概念的意義要複雜得多了。而且，我們由此引伸出來的鈍角或平角之（教科書）定義，在直觀意義上顯然都有扞格之處，我們在說明這些定義時，千萬不可不察。

　　上述這個議題在我們從中文來學習「角」的意義時，更顯得重要。根據《形音義綜合大字典》，中文「角」的本義是「獸角」，甲骨文角字形上部極其尖銳。此外，中文一向「角落」並稱，這可以呼應「隅」日角」的說法，同時，孔子所謂的「舉一隅不以三隅反」，也不具備現代角的一般意義，頂多是指長方形的角（落）。再有，魏晉數學家劉徽註解「勾股（形）」時，特別指出「長面曰股，短面曰勾，相與結角曰弦」，亦即「在勾股形中，短邊叫做勾，長邊叫做股，與勾、股分別形成一個角的邊叫做弦」。[22]事實上，對中文來說，角概念（無論它是什麼）本來就沒有數學意涵，也因此，古代中國數學家在處理幾何問題時，從未使用與角一體兩面的平行線概念，甚至「角」始終未成為幾何形狀命名的一部分，即使元代朱世傑所謂的「方五斜七八角田」，其中的角也缺乏數學意義。[23]這當然使得古代中國的幾何知識變得十分獨特，譬如劉徽等數學家在進行「勾股測量」的幾何論證時，就表現了獨到的認知趣味。[24]

　　所以，如果數學定義連結到自然語言，那麼，（古代漢語）所謂的角，大概只有（現代數學的）銳角差可比擬。在中文語境中，鈍角由

---

[22]這是史家郭書春的白話文翻譯，參考郭書春，《九章算術譯注》，頁 373–375。

[23]朱世傑，《算學啟蒙》卷中。

[24]同註❽，頁 373–417。

「鈍」與「角」連用，語意會產生自我矛盾，因而很難自圓其說。其實，平角的概念也面對類似的困境，畢竟直觀來看，一個角的兩邊拉「平」成了一直線，此時還會有「角」出現嗎？

這麼說來，我們要如何為「平角」解套呢？當歐幾里得碰到兩個角互為補角（亦即共有一邊，另兩邊成一直線）時，他永遠會說：那是兩個直角的「和」，完全不說「平角」(straight angle)，[25]可見我們現在「津津樂道」的平角一詞完全與他無關。[26]

不過，儘管歐幾里得始終堅持數學知識的演繹結構，這並不表示他會忽視數學概念的自然語言之活水源頭。比如說吧，他在「線」的定義基礎上進一步定義「直線」（定義 I.4）：

> 直線 (straight line) 是與它自己上面的點相平齊 (lies evenly) 的線。[27]

就讓我們聯想到泥水匠砌磚的日常——如何將堆疊的磚塊角落砌成一條直線。此外，上文提及的「等腰三角形」(isosceles) 源自於希臘字，其中「等」(iso) 指「相等」，而 sceles 則是指「腳」(leg)，可見「等腰三角形」的命名也不乏日常實用的殘餘。《數學起源》還特別指出：有許多其他的現代文字屬於這種類型的數學文字以及半數學文字 (semi-mathematical words)。譬如 abacus、arithmetic、decagon、kilometer、logarithm、myriad、pentagon、pentathlon 等等都是。請不妨試著利用《牛津英文辭典》(*The Oxford English Dictionary*) 等字典找出這些字的

---

[25] 同註[21]，頁 210。

[26] 這個定義何時在教科書出現？我們還無從得知。

[27] 同註[21]，頁 186。

根源,並且檢視它們的演化。這是數學語源學饒富趣味的一面,值得欣賞與瞭解。[28]

當然,吾人實際的工具操作經驗(含自然語言的表徵)如何被歐幾里得「抽象」成精確數學概念的一部分,是他非常獨特的數學洞識,非常值得我們仿效。根據本節就幾個幾何概念例子所進行的簡要論述,我們可以發現數學語言與自然語言的連結,可以豐富我們對於相關概念的深入想像,從而掌握數學語言所以精確的價值與意義。

四、數學的語言與文化:以「零」的故事為例

在上一節中,我們所討論的幾個數學定義例子,多少觸及相關的歷史文化脈絡。我們常在強調,數學的教/學不應該脫離脈絡或情境,而語言的學習也離不開語境,所以,數學與歷史文化的連結,當然也就成為教學極其重要的一環了。

在本節中,我將以「零」的故事為例,說明我們在將數學視同語言來教與學時,教師有關日常生活經驗的提醒或分享固然重要,然而,歷史文化脈絡的考量,則更是不可或缺。日本文部省如何敲定漢語「關數」(function) 一詞,就是一個很有 fu 的故事,值得我們在此引述。根據永野裕之(科普作家/交響樂團指揮/數學補習班老闆)的說明:

> 日本的函數寫成「關數」。關數來自於中文,一開始日本是使用漢字的「函數」。一九五八年,日本的文部省鼓勵人們使用「常見漢字」,致力於統一學術專有名詞,因此編纂《學術用語集》時,便將「函數」改為與日文發音相同的關數。
>
> (頁 120)

---

[28] 同註[21],頁 181。

　　事實上，永野沒有說錯，函數這個中文名詞譯自英文的 function，那是中國晚清數學家李善蘭 (1811–1882) 與英國傳教士偉烈亞力合譯《代微積拾級》(*Elements of Analytical Geometry and of Differential and Integral Calculus*) 時，所敲定的一個名詞。顯然，他們掌握了函數符號 $f(x)$ 的圖像意義，亦即 x 這個（自變）「數」被包「函」在小括弧內。為了強調（代數）符號意義，李善蘭還造了「㗊」這個字，表示它有別於正規的「函」字。㉙

　　函數還有好幾個其他的表徵 (representation)，都各有個別的故事可說，此處不贅。現在，讓我們回到本節的主題——「零」的故事。

　　根據《形音義綜合大字典》，「零」字甲骨文缺，最早出現是「金文」。它的字形上從雨、下從令（美好），本意作「徐雨」解，意思是說：「徐雨緩緩降落，澤潤萬物，固與急雨、驟雨之足以傷物、妨農有別，是有美好意，故零從令聲。」於是，它的漢字本義與「零丁」、「零雨」、「零落」、「零星」與「零碎」連結在一起，完全沒有「空無」的意思。

　　對照這個文字學的證據，可見「零」在中國古代從未被借用（或轉用）為「空無」的意思。譬如，前文提及《算數書》的約分例子「二千一十六分之百六十二，約之百一十二分之九」，以現代符號及白話文表之，亦即：給定分數 $\dfrac{162}{2016}$，約分得 $\dfrac{9}{112}$。顯而易見，現代數碼 2016 中的 0 這個數碼沒有對應的中文字。數碼 2016 那個（算籌）「空位」不可能被讀作「零」。

㉙ 有關「函數」一詞的故事，也可參考洪萬生，〈函數：包含數的一種物件？〉，《數說新語》，頁 127–134。

　　這種情況直到清末，都沒有改變！宋元算學家秦九韶、李冶、朱世傑及楊輝會在他們的著作天元術籌算式空位上畫上「〇」，但既沒有讀音，也沒有算術運算（譬如「〇加三」的說明）。[30]楊輝《乘除通變本末》有「先命為除不盡零數」之說。還有，元代的《丁巨算法》(1355) 題問有「今有麵一百七十二斤零二兩」一句，其中的「零」代表零頭，因為一斤等於十六兩。還有，明代程大位《算法統宗》(1592) 提及「三數無零」，意思是三個、三個一數，恰好數盡而沒有零頭。至於零變成一個今天華人熟悉的數字，應該是出自晚清數學家華蘅芳 (1833–1902) 的建議。他在《學算筆談》(1882) 中指出：「各位之數，既俱可用自一至九之數記之，則其空位當以零字記之，或作一圈以代零字亦可。」於是，他將「二〇〇八」讀作「二**零零**八」，當然極其自然。

　　儘管如此，十九世紀末，英國長老教會倪為霖在廈門及臺南傳教，卻是將 0 讀作「空」。[31]事實上，在他的《筆算个初學》(*Pit-sòan ê Chhơ-hȧk*，上下兩冊 1897/1900) 中，十個印度－阿拉伯數碼 (Hindu-Arabic numeral) 的閩南語讀音依序如下：

0, 空 khòng；1, 一 chit；2, 二 nn̄g；3, 三 sa^n；4, 四 sì；
5, 五 gō͘；6, 六 lȧk；7, 七 chhit；8, 八 peh；9, 九 káu。

---

[30]參考李冶的《益古演段》、《測圓海鏡》，以及朱世傑的《算學啟蒙》(1299)、《四元玉鑑》(1303)。不過，「〇」從何而來，則我們還無從得知。

[31]在越語中，0 也讀作「空」（參用 google 翻譯系統）。這可以見證越南數學史與中國數學史的密切關係。又，此一事實經琅元 (Alexei Volkov) 提醒，謹此申謝。

這本書顧名思義，是為了教授長老教會信眾子弟學習筆算 (pen calculation) 而編寫。

顯然，在當時閩南語的語境中，數碼 0 被讀作「空」，代表空無的意思。這無疑呼應（珠）算盤「空位」的本義，另一方面，也未曾混淆中文「零」的意涵。無獨有偶，前文提及的倫敦宣教會教士偉烈亞力，在他用以「授塾中學徒」的中文數學著作《數學啟蒙》(1853/1886) 之中，並未曾將 0 讀作零。事實上，〇出現時並沒有在書面上提供讀音。譬如，他在介紹「數目四式」中的「正字」（「**正字者字之本體**」）時，就列舉諸如下列的數（目）字 (number word)：〇一 二 三 四 五 六 七 八 九 十 百 千 萬，……等等。但是，由於〇原本並非數（目）字，因此，也就沒有「固有的」讀音。此外，在本書中，他所謂的「零」及其在中國傳統算書中的意義，是一致的。譬如在該書卷一〈命分〉節中，他舉例題如下：「設如有數一百八十七。命一十八分分之，問每分得若干。答曰：十零一十八分之七。」如翻譯成現代白話文，則此一除法之答案即是：$10 + (\frac{7}{18})$，這就是他在本節一開始所指出的「**有奇零數**」：

> 凡除分至最細，而可以恰盡無餘者，謂之無奇零數。若分至最細，而屢除不盡者，謂之有奇零數。其奇零數若略去，則不能復還原數，此命分之所以立。㉜

同樣是出自外國人（印度人）的「忠實」引進，我們不妨回溯唐代《九執曆》如何引進印度數碼及筆算：

㉜ 偉烈亞力，《數學啟蒙》，頁 27。

算字法樣

一字 二字 三字 四字 五字 六字 七字 八字 九字·點。
右天竺算法用上件九個字，㉝乘除其字皆一舉札而成。凡數
至十進入前位。每空位處，恆安一點，有間咸記，無由輒錯，
運算便眼。㉞

在這個脈絡中，0 或對應的記號「·」（點）沒有名稱，因此，對唐代
中國人來說，它顯然應該尚未被視為一個數來對待。不過，此一對 0
的說明似乎並未符合印度數學（天竺算法）的原貌。我們緊接著要簡
要說明印度如何發明了 0 這個數碼 (numeral) 及其概念 (number)，並且
在最終（圓滿）成為一個數（目）字 (number word)。㉟

七世紀，印度數學家婆羅摩笈多在他的《宇宙的開端》中指出：

負數減去零是負數，正數減去零是正數，零減去零什麼也沒
有；零乘負數、正數或零都是零。⋯⋯零除以零是空無一
物，正數或負數除以零是一個以零為分母的分數。

這是印度人以 0 作除數的最早紀錄。後來，摩訶菴羅與婆什迦羅，企
圖解決同一問題，可惜都功敗垂成。儘管如此，印度人最早視 0 為一
個數目——可作為除數的前提，是它已經被視為一個數了——殆無疑
問，因此，0 是印度人所率先發明的。

㉝ 中國古籍中文字習慣直行，因此，此處引用前文的文字是排在右行。
㉞ 轉引郭書春主編，《中國科學技術史·數學卷》，頁 335，北京：科學出版社。
㉟ 有關數目、數字、數碼之（微妙）區別，請參閱蘇俊鴻，〈數目·數字·數碼〉，載
洪萬生等，《數說新語》，頁 39–44。

　　事實上，從數學概念演化的觀點來看，0 最終成為一個合法的數（目），即使在印度這個並非堅持邏輯嚴密的數學文化傳統來說，也從來不是簡單的一件事。在《從零開始：追蹤零的符號與意義》(*The Nothing That Is A Natural History of Zero*) 之中，作者卡普蘭 (Robert Kaplan) 特別指出：

> 如果某物要成為一個數，它就必須要能和現存的數來往，至少要能和它們寒暄。它必須要能和其他數以常見的方式結合。0 如果要跟其他數平起平坐，我們就必須了解如何用 0 來進行加減乘除的運算：這正是古印度數學家所做的事。……在由計算方法發展出初期理論之後，0 和（其他）數的關係也就愈來愈近了。（卡普蘭，頁 114）

這是他運用「數（目）共和國」及其新移民的比喻，來說明數（目）的（王國）領域「接納」新數的艱辛過程，敘事頗有啟發，值得我們學習仿效。卡普蘭從數學文化史 (cultural history of mathematics) 進路切入，特別指出佛教及印度教等教義對於「空無」的認知，的確有助於 0 的數學概念之演化。

　　基於上述史實，0 的確是印度人所發明。相對地，從文字學的證據，中文並沒有對應到算盤（籌算或珠算）空位的文字，因此也就與 0 概念之發明無關。無怪乎佛教在東漢傳入中國之後，士人（尤其是魏晉玄學諸賢）莫不熱衷於論證諸如「有生於無」之命題，這對熟悉中國思想史的讀者來說，應該不陌生才是。

五、結語

由於數學知識的抽象與簡潔特性，數學語言的精確（主要來自嚴格定義）極易成為學習的障礙，尤其涉及認知轉換，譬如「分」從「動詞」（**命分**）轉換為「名詞」（**以分言之**）乃至於「數詞」（**分之為數**）時，對於國小學生來說，更是充滿了挑戰。這一點我們從阿哈羅尼的小學教學經驗可以得到印證。

或許這也可以解釋何以漢簡《筭數書》的分數單元最受矚目。[36]其實，以分數相加（《九章算術》稱之為「合分」）為例，唐初李淳風註釋《九章算術》成為國子監太學明算科的教材時，就非常重視「合分」運算的意義，因此，他特別指出：

數非一端，分無定準，諸分子雜互，群母參差。粗細既殊，理難從一。故齊其眾分，同其眾母，令可相并，故曰合分。[37]

這一段文字看來不難理解，特別是我們還受惠於現代數學語言乃至數學符號的威力，只要舉例說明，即可掌握其要義。然而，對唐初明算科學生來說，他們手上可用的工具有限，應該只有計算工具算籌，以及通分計算的法則（或口訣）而已。因此，（唐代的）日常語言與算學知識如何連結，對於他們的數學學習，應該是很重要的助益才是。

---

[36] 參考洪萬生等，《數之起源：中國數學史開章《筭數書》》，頁 47–57。

[37] 參考郭書春的白話文翻譯：「因為分數不只一個，分數單位也不同一；諸分子互相錯雜，眾分母參差不齊；分數單位的大小既然不同，從道理上說難以遵從其中一個數。因此，要讓各個分數與分母相齊，讓眾分母相同，使它們可以相加，所以叫做合分。」引郭書春，《九章筭術譯注》，頁 23。

由此可見，語文能力對於數學學習的不可或缺。前文提及的日本科普作家永野裕之就不斷地在他的著述中，強調「語文能力才是數學能力的基礎」，他的經驗談值得引述如下：

> 在我的補習班，所有數學不好卻能在短期間內克服的學生，都有一個共通點，就是具備優異的語文能力。尤其是能夠按照清楚的條理建構文章，或是能夠將別人的話轉換成自己的方式表達的人。由於他們本身在邏輯思考方面，早已具備最基礎的能力，因此能夠迅速吸收我所傳授的正確讀書技巧，並且在短時間內提升數學能力。
> 反之，那些語文能力不佳的學生大多不見成效。不用說也知道，人類在思考事情時，使用的工具正是語言。如果缺乏一定程度的語文能力，自然無法建構出強而有力的邏輯思維。[38]

這樣出自「現身說法」的評論，應該很容易從推動普及閱讀素養的主張中得到印證。

上述這個評論看起來相當「樸素」，可貴的是他的立論是基於實際數學教學經驗（永野塾補習班一對一教學）。我在本文所引述的其他數學普及著作也有類似的論述風格，儘管缺乏「正規」論述的「咬文嚼字」，但卻都充滿了發人深省的洞識，值得我們參考與借鑑。至於我在本文第三、四節所介紹，主要著眼於若干初等數學概念的歷史演化及其文化意義，尤其還納入少數涉及希臘 vs. 中國的數學文化風格之對比，希望凸顯 108 課綱核心素養主軸的博雅面向之意義。

---

[38] 引永野裕之，《喚醒你與生俱來的數學力：重整邏輯思考系統，激發數理分析潛能的七個關鍵概念》，頁 6–7。

　　其實，本文從歷史文化切入「數學是一種語言」之進路，除了可以引伸相關數學史（譬如「零」的故事）所呈現的特殊認知趣味與文化意義之外，還可以彌補 108 數學課綱「數-J-B1」（國中教育階段「符號運用與溝通表達」）說明的不足，因為這個具體內涵的第二點強調「能在經驗範圍內，以數學語言表述平面和空間的基本關係和性質」，顯然自然語言之導入已經無能為力。然而，我們在本文第三節所列舉的數學定義及其歷史典故，就是非常適合我們連結數學定義及自然語言的例證，可惜，由於古典平面幾何內容單元已經徹底從課綱中被邊緣化，因此，自然語言的連結作用應該是相當有限了。

　　儘管如此，108 數學課綱在呼應總綱核心素養「B1 符號運用與溝通表達」項目時，強調「數學是一種語言」，從而建議教師「宜由自然語言的題材導入學習」，我們還是應該設法幫助學生即使是參與數學知識活動，也能藉由自然語言的題材之利基，表現「溝通互動」的素養面向。不過，數學語言的精進，仍然是數學教育過程的一個極重要課題，大栗博司在他的《用數學的語言看世界》（〈後記〉）中，有了極清晰具體的呼籲，值得我們引述作為本文結語：

> 現在已經是能夠在一瞬間從網路上獲得世界各地知識的時代。為了不被資訊的洪水沖走，能夠捕捉事物的本質、從中創造新的價值，能夠自己思考的能力就變得前所未有的重要。如果這本書介紹的數學語言，能夠成為促使各位思考的關鍵，那就太令人欣慰了。（大栗博司，頁 279）

12 從圭臬形到拋物線：
閒話數學名詞的翻譯語境

一、前言

在 108 數學課綱中，數學被定位為一種語言，因此，它的教與學自然就必須從這個「刻畫」(characterization) 切入，才可望得其「精髓」。

數學既然是一種語言，那麼，正如任何一種語言的學習一樣，我們一開始就必須學習名詞的意義，從而利用它們來表達吾人之思維，然後得以進行人際溝通。針對這個主題，我曾依序撰寫過如下相關文章：

〈數學課程的文化衝擊〉
〈從古今翻譯看數學文化交流〉
〈108 數學課綱中的數學語言之隨想〉

其中，第一篇涉及民族數學 (ethnomathematics) 議題，是 1996 年的舊稿，我以（英文）數學名詞之翻譯成為索馬利亞 (Somalia) 語言為例，說明數學課程所帶來的文化衝擊。這是國際間現實的數學教育問題。第二篇文章則以追溯「中算史」的個案為例，譬如歐幾里得的《幾何原本》的中譯，那麼，有時候數學命題的直譯 (literal translation) 反倒

是較能保持「原汁原味」，❶儘管歷史上的中譯者（譬如利瑪竇、徐光啟）在相關數學素養上，顯然比不上現代擁有數學專業訓練的譯者。這種專業上的「弔詭」，其實在我們企圖連結數學定義與自然語言——正如 108 課綱所強調，也並不罕見。至於其案例，則不妨參考上面提及的第三篇文章。

在上一段，當我們說到數學是一種溝通媒介的語言（工具）時，並未同時指出語境 (discursive context) 的不可或缺。根據《兩岸辭典》，語境是指「語言使用時的環境，分為上下文語境和社會現實語境。上下文語境指該語句前後的語句或語段;社會現實語境指交談時的對象、時間、場合、話題等社會環境，以及雙方的輔助性交際手段——表情、姿態、手勢等非語言因素。語言表達必須切合語境，理解和解釋語言，也必須依據語境。」❷因此，數學無論是作為一種語言 (as a language) 或者就是一種語言 (is a language)，數學的「讀寫是一種使用語言的方式，而其目標是多樣性的，不但有知識性的意義，也有社會文化的含意在其中。」❸

如果再連結到維高斯基 (Lev Vygotsky, 1896–1934) 的社會認知理論，那麼，任何人（含學生）的寫作能力是在「語境」下發展而成。

---

❶譬如，《幾何原本》 命題 IX.20 之英文版如下 ： Prime numbers are more than any assigned multitude of prime numbers. 李善蘭、偉烈亞力在他們合譯的《幾何原本》（後九卷）中，就「直白地」中譯如下：「任置若干數根，數根必不盡於此。」而非今日中譯數學普及書籍常見的版本：「質數個數無限多」。事實上，原版也有引導證明進路之作用，不妨參考我的論文 ： Wann-Sheng Horng, "A Teaching Experiment with Prop. IX.20 of Euclid's Elements", in Bekken, Otto & Reider Mosvold eds., *Study the Masters: The Abel-Fauvel Conference* (Goteborgs: NCM, 2003), pp. 185–205.

❷參考網址：https://www.moedict.tw/~語境

❸引曾多聞，《美國讀寫教育改革教我們的六件事》。

由於「語境是一套固有的價值、信仰、規範、行為系統」，因此，「學生的寫作與閱讀，是他們身分認同的一部分，揉合了『口說』、『手寫』、『價值』、『信仰』。」❹

有鑑於此，在本文中，我將以 parabola 的中譯為例，說明它從圭竇形演化到拋物線的歷史脈絡意義，這一個進路當然與 parabola 的「中文」語境息息相關，值得我們探索與借鏡。不過，為了避免過度「小題大作」，我在本文也附帶、但十分簡略地說明雙曲線與橢圓的案例，希望能「鋪墊」讀者有關數學語言之想像。事實上，這三條曲線都出自圓錐曲線，尤其按阿波羅尼斯的命名，它們依序為「面積貼合剛好」(parabola)、「面積貼合不足」(ellipse) 及「面積貼合超過」(hyperbola)，本來就都應該「一體」討論才是。❺

二、圭竇形

在中算史上，將 parabola（拉丁文 parabolae／希臘文 $\pi\alpha\rho\alpha\beta o\lambda\acute{\eta}$）中譯為「圭竇形」，首見於 1631 年問世的《測量全義》十卷（羅雅谷 G. Rho 撰），收入《崇禎曆書》。他是來自義大利的耶穌會傳教士，由於參與徐光啟主持晚明曆局的《崇禎曆書》編譯計畫，而以中文介紹西方的球面三角學與圓錐曲線。

《測量全義》卷六介紹由（直）圓錐 (right circular cone) 所斜截切出的拋物線、雙曲線與橢圓形。前二者在該書中依序譯為「圭竇形」及「陶丘形」，至於橢圓形則譯作「撱圓形」。這一段引自《崇禎曆書》

---

❹ 同註❸。

❺ 在高中數學課程的解析幾何脈絡中，圓錐曲線的二次曲線表徵稍嫌「空泛」，蓋參數過多故也。比較「一體」的架構，當屬極坐標表式及其所引進的離心率。不過，目前課綱已經不再討論極坐標了。

版的文字及附圖（如圖一）值得稍加討論，茲先引述如下：

> 截圓角體法有五。從其軸平分直截之，所截兩平面為三角形，
> 一也。橫截之與底平行，截面為平圓形，二也。斜截之與邊
> 平行，截面為圭竇形，三也。直截之與軸平行，截面為陶丘
> 形，四也。無平行，任斜截之，截面為擨圓形，五也。❻

上引「圭竇形」之後，有（羅雅谷）原註如下：「頂不銳，近底之兩
腰，稍平行。」還有，在「陶丘形」之後，❼也有原註如下：「頂曲，
漸下漸直，底兩旁，為銳角。」至於擨圓形，羅雅谷則未曾進一步解
說，或許他認為讀者可以領會其形狀，當然也可能由於同樣收入《崇
禎曆書》的《測天約說》（鄧玉函 Johanne Schreck 撰），已經說明該圖
形：「長圓形者。一線作圈，而首至尾之徑，大於腰間徑。亦名曰瘦圈
界。亦名擨圓」。❽

　　如圖一（參自《測量全義》），我們可以發現羅雅谷有關圭竇形之
形容，大致接近拋物線的形狀，然而，陶丘形原註之形容雙曲線，就
很難索解。❾

---

❻引《測量全義》六卷，頁 8–9。其中，擨字引述無誤。

❼根據《漢語詞典》網站，「陶丘」是指「兩重的山丘」。

❽引《測天約說》卷上，頁 2–3。鄧玉函在此處也說明擨圓之來源，值得引述如下以備
　參考：「或問此形何從生？答曰：如一長圓柱橫斷之，其斷處為兩面皆圓形。若斷處
　稍斜，其兩面必稍長。愈斜愈長。或稱卵形，亦近似。然卵兩端小大不等，非其類
　也。」文末有原註：「指其面，曰平長圓。若成體，曰立長圓。」

❾圖一右邊圓錐體之截痕為圓形（圖上標號為二）；左邊圓錐體之截痕有擨圓形（圖上
　標號為五）及陶丘形（圖上標號為四）。

圖一：圭竇形為中間圓錐體之截痕（圖上標號為三）

在本文中，我們僅討論圭竇形。根據《教育百科》網站的說明，圭竇是指「門旁上尖下方如圭形的牆洞」，通常用以形容卑微窮困的人家。因此，「篳門圭竇」四字經常連用。這些說明都指出：圭竇形是一個開口向下的「曲線」，以「圭」為形容詞，顯然意在強調「上尖下方」，呼應《九章算術》的「圭田」（等腰三角形）之形（圖二）。❿

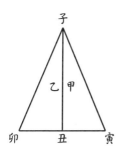

圖二：李潢《九章算術細草圖說》圭田圖

---

❿唐代李籍《九章算術音義》就指出：「圭田者，其形上銳，有如圭然。」

　　因此，羅雅谷與鄧玉函以圭竇形來中譯 parabolae，顯然試圖利用十七世紀明朝中國漢語傳統的「自然語言」，來描述其「開口向下」的曲線形狀。至於「開口向上」的拋物線（譬如，射水漂的運動路徑），當然無從知道如何稱呼了。

　　這種翻譯的進路，也可徵之於（非洲）索馬利亞的現代數學名詞之翻譯，譬如，在他們的數學課程中，橢圓被譯成 qabaal，原意是一種像圖三的木造橢球狀容器。拋物線譯為 saab，則是指一種像圖四由長樹枝編成的容器。這當然是自然語言的「不足」或甚至「欠缺」，而不得不採取的措施。不過，這種翻譯手法的代價，就是：由於這些拼音文字都指涉具有實際用途的立體器物，因此，學生在學習這些概念時，「認知轉換」可能就會出現自然語言的干擾，從而帶來額外的負擔。❶由此看來，數學語言與自然語言之連結可能帶來的利弊得失，必須逐案評估，無法一概而論才是。

圖三：索馬利亞語的 qabaal　　　圖四：索馬利亞語的 saab

---

❶索馬利亞從 1972 年開始，才有一套全國性的拉丁化音標系統，參考洪萬生，〈數學課程的文化衝擊〉。

三、拋射體的路徑

　　從實用觀點來看，圓錐曲線當然具有重要的學習價值。以橢圓為例，克卜勒的三大行星運動定律，就是最好的見證。再如雙曲線，則被應用在現代智慧手機的衛星定位系統 (GPS) 之中。至於本文的主角拋物線，則是被伽利略證明為拋射體 (projectile)，譬如砲彈的運動路徑（或軌跡），而成為數學與物理學（尤其是運動學）在十七世紀上半葉美妙結合的一個最佳見證。

　　數學史家卡茲對伽利略的這項劃時代成就,有著相當深刻的評價,值得我們在此引述。在《關於兩門新科學的對話》(*Dialogues concerning Two New Sciences*, 1638) 中,伽利略發現拋射體運動可以分解為水平等速運動及垂直加速度運動,讓我們參閱他的說法：

> 我設想把一個小球投擲到一個水平面上,如果所有的阻力忽略不計,且平面是無限延伸的……則這種等速運動將永遠保持不變;但如果平面有界且被置於高處,則當小球脫離高平面之後,由於永遠向前的等速運動和因小球自身重量而產生的垂直向下的等加速度運動的共同作用,便複合產生一種新的運動,我姑且稱其為拋射體運動。❶❷

然而,正如卡茲的評論,「伽利略的興趣不在（物理）定律本身,而是拋射體的運動軌跡 (trajectory)」。於是,他證明了下列定理：

---

❶❷引卡茲,《數學史通論》,頁 330。

由水平方向的等速運動和垂直向下的等加速運動複合生成的
拋射體運動，其路徑是一條半拋物線。[13]

我們接著來欣賞他的證明（1638 年的版本），這是他早在 1608 年利用
滾球實驗就已發現的事實，當時，他注意到水平方向的運動不受垂直
向下運動的影響，而這也成為他的證明之基本假設。

參考圖五這一條路徑 $BJFH$，[14]其中，$BC = CD = DE$ 代表相等的
時間間隔，由於拋射體運動在相等的時間間隔內，水平位移相等，同
時，垂直位移與時間的平方成正比。因此，對於此拋射體的路徑來說，
水平位移的平方比等於垂直位移的比，亦即，對此路徑上的任意兩點
F、H，下列比例式：

$$FG^2 : HL^2 = BG : BL$$

成立。由於伽利略熟悉阿波羅尼斯的《圓錐曲線論》(*Conics*)，因此，
他立即推得此一路徑即是一條拋物線（的半部）。

事實上，在《關於兩門新科學的對話》「第四天」中，伽利略就通
過薩耳維亞蒂 (Salviati) 這位代表他的角色，[15]向薩格利多 (Sagredo) 及
辛普里修 (Simplicio) 簡要介紹阿波羅尼亞斯　（按即阿波羅尼斯之另
譯，下同）的拋物線性質：

---

[13]這是伽利略的《關於兩門新科學的對話》「第四天」定理一、命題一之內容，頁 238。

[14]圖五是卡茲仿伽利略原著複製之圖。伽利略原圖見《關於兩門新科學的對話》，頁
241。

[15]其他兩個角色分別為薩格利多 (Sagredo) 及辛普里修 (Simplicio)。

我要讓你們從作者（按即伽利略）那裡理解它們；當他把自己這部著作給我看時，作者曾經很熱心地為我證明了拋物線的兩種主要性質，因為當時我手頭沒有阿波羅尼亞斯的書。這兩種性質就是現在的討論所唯一需要的，他的證明方式不要求任何預備知識。這些定理確實是阿波羅尼亞斯所給出的，但卻是在許多先導的定理以後才給出的，追溯那修訂裡需要費許多時間。我願意縮短它們的工作，其方法就是，純粹而簡單地根據拋物線的生成方式來導出第一性質，並根據第一種性質來直接證明第二種性質。[16]

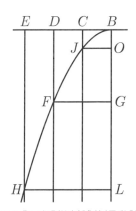

圖五：伽利略拋射體的運動路徑

圖六：伽利略畫像

上引文字所謂的「根據拋物線的生成方式」，是指回溯阿波羅尼斯從圓錐體切出拋物線及其（曲線）相關性質論證。在下文中，我們將再引述十九世紀物理學家譬如胡威立 (William Whewell, 1794–1866) 如何繼承伽利略的連結拋射體及拋物線。

---

[16] 引伽利略，《關於兩門新科學的對話》，頁 238–239。

　　伽利略還進一步證明以任何初始角（仰角）發射的砲彈之路徑全都是拋物線，而且，也針對不同的發射角，計算砲彈的高度與距離，因此，他當然知道初始角為 45 度時，其射程最遠。

　　這個事實早在 1537 年，塔塔利亞（圖七）就已經在他的《新科學》(Nova Scientia) 中披露，塔塔利亞甚至還指出：以互餘角發射的砲彈具有相同的射程。然而，圖八（該書插圖）充分顯示：塔塔利亞的確未知這些砲彈路徑是拋物線。

圖七：塔塔利亞畫像

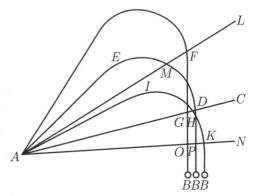

圖八：《新科學》拋射體路徑插圖

　　塔塔利亞這位三次方程公式解法優先權爭議的「苦主」，[17]畢竟缺乏伽利略的物理學識見，無法真正理解數學模型 (mathematical model) 發揮的功能。相形之下，伽利略有關「拋射體路徑 = 拋物線」的證明，在他所領航的近代科學 (modern science) 中，就顯得意義非凡。且

[17]塔塔利亞向卡丹諾叫陣數學競賽，不幸敗給對方徒弟費拉里 (Ferrari, 1522–1565)，最後被迫銷聲匿跡。有關三次方程公式解法的優先權爭議，請參考蘇惠玉，〈無法捨棄的 $\sqrt{-1}$〉及〈數學武林地位爭奪戰──三次方程式公式解的優先權之爭〉。

讓我們引述他的說法：

> 還沒有哪門嚴格的科學能用來研究重量、速度及變化莫測的
> 狀態。因此，要科學地處理這樣一些問題，就有必要對它們
> 進行抽象。我們還必須對在有阻力的情況下抽象出來的結論
> 進行論證和修正，以使它們也能適用於經驗所遇到的各種實
> 際情況。……確實，實際的拋射體路徑與精確的拋物線之間
> 的偏差，就幾乎難以察覺。🔞

針對這種「抽象化」的拋物線之「逼近」拋射體的路徑，伽利略認為
這條曲線並非扭曲現實世界，而是「看見素樸真理的一種手段」。

　　事實上，正如科學作家多尼克 (Edward Dolnick) 所指出：伽利略
還利用商店店家為貨物測量和稱重的比喻，解釋抽象的理想化數學世
界與現實世界的關聯。「就像會計要計算處理糖、絲綢和羊毛時，必須
扣除箱子、包裝和包裝填料一般，數學家……也必須先去除物質的障
礙。」此外，他甚至給出更有詩意的比喻，足見他對於抽象化之重視：
「乍看起來似乎是不可能的事實……會拋下遮掩的外衣，以赤裸和單
純的美麗站出來。」🔞

　　對照伽利略，塔塔利亞在研究彈道學 (ballistics) 這種「新科學」
時，圖八顯然再度「漏餡」：他無從掌握相關的數學模型（譬如拋物
線）及其抽象性之連結現實世界之功能或意義。不過，他的研究成果
的確忠實地「見證」中世紀物理學之遺緒 (legacy)，呼應亞里斯多德
學派有關運動現象之觀察。

🔞同註⑫，頁 331。
🔞本段參考及引述自多尼克，《宇宙的鐘擺》，頁 190–191。

亞里斯多德（Aristotle, 西元前 384–前 322）將運動分為兩大類：自然運動 (natural motion) 和受迫運動 (violent motion)。前者也是亞里斯多德宇宙論的核心概念，是物體向著自身的自然位置 (natural place) 之運動，譬如，重物的自然位置在地心，煙霧的自然位置在天空等等，因此，重物一旦不再受迫，就會落向地心；同理，煙霧不受屏蔽，就會飄向天空等等。至於任何指向非自然位置方向的運動，則都是受迫運動。

在受迫運動中，最讓學者感到困惑的，莫過於如何解釋拋射體運動之持續現象。因為根據亞里斯多德的一條基本原理：物體的運動總是由一個推動者 (mover) 所引起，根據直觀經驗，推動者一旦停止施力，那麼，物體就會停止運動。現在，拋射體已經脫離了拋物者（或推動者）而不再受力，為什麼還能持續運動下去？針對此一疑慮，亞里斯多德提出介質說，強調拋物者把力施於拋射體的同時，也把能量傳給了拋射體周圍的介質，這一能量從一個局部傳向另一個局部，拋射體總是被一部分能夠使它運動的介質包圍著。[20]

不過，無論這種介質包覆的情況如何，這個拋射體最終還是落到地面。至於其路徑，則或許由於拋物者所施力及其帶動介質之效用有時而盡，因此，中世紀哲學家或學者提出一種說法，其對應路徑很像圖八中的 *AFGOB* 那一條，先是類似拋物線爬升，通過了最高點之後，就垂直下落。所有這些路徑當然都不是拋物線！有關亞里斯多德學派的證詞，請參考本文第五節辛普里修的「自白」。

---

[20] 本段參考並略加改寫自林德伯格，《西方科學的起源》，頁 311。

四、圓錐截痕話說從頭

拋物線，乃至橢圓、雙曲線以及圓（還有相交直線）都是圓錐截痕 (conic section)，亦即，它們都是圓錐體 (cone) 經由一平面割「截」而成的（曲線）「痕」跡 (section)。古希臘數學家早已知之甚詳，尤其是最後阿波羅尼斯的系統化集大成。所謂集大成，是指阿波羅尼斯在前輩的研究上，讓每一條截痕（曲線）都統合在一個單一的架構之中，這是古希臘人留給後代最珍貴的數學遺產之一，非常值得我們大書特書。請不妨參考蘇惠玉老師的〈為何正焦弦？〉、〈圓錐曲線的命名〉，以及蘇俊鴻老師的〈「圓錐曲線雜談」教案分享〉。

事實上，阿波羅尼斯就是運用前人的「面積貼合」(application of area) 進路，使得由他始創的 parabola、ellipse 及 hyperbola 之命名，完全連結到截痕的一條線段上。這條線段　（其本身是一種參量 parameter）中文譯為「正焦弦」，譯自阿波羅尼斯的 $\rho\theta\iota\alpha$（希臘文），其對應的英譯是 upright side（豎直邊），數學史著述則習慣直接以它對應的拉丁文譯名 latus rectum 稱之。「當一個平面跟圓錐相截時，在這個截痕的圖形中，它的『正焦弦』這一段長度就已經固定了。」（引蘇惠玉語）這或許可以解釋何以高中數學評量會那麼喜歡正焦弦的計算。不過，如果正焦弦可用以刻畫圓錐曲線，那麼，正如蘇惠玉及蘇俊鴻兩位老師所強調的，在數學評量時，計算這個線段的長度，或許會變得比較有意義了。

現在，讓我們轉述阿波羅尼斯如何從圓錐體來「刻畫」拋物線及其正焦弦。這一個轉述主要根據 Hugh Neill 等人所編著的 *The History of Mathematics* 所改寫，這一本 HPM 專書是為（英國）高中學生的數學史課程而編寫，大有助於我們理解阿波羅尼斯對於拋物線的刻畫。

參考圖九。考慮一個頂點為 A、底圓 (circular base) 直徑為 BC 的圓錐體，（三角形） ABC 是通過此圓錐體頂點的垂直面之截痕 (vertical plane section)。令 DE 是與底圓直徑 BC 垂直、且與此直徑交於 G 點的一條弦。再令點 F 是 AB 線上的任一點，則 DFE 這個平面就定義了圓錐的一個截痕 (conic section)，而且 FG 線段就稱為這個截痕的直徑 (a diameter of the section)。現在，令線段 MN 是平行於圓錐底面的一個截痕（圓）之直徑，它與線段 FG 交於 L 點。如此，P 是與 DFE 平面相交的這個截痕圓周上的一個點。最後，令 FH 是通過 F 點且與圓錐底圓平行的截痕之直徑。換句話說，在圖九中，有兩個平行於圓錐底圓的截痕都是圓，一個直徑是 MN，另一個是 FH。

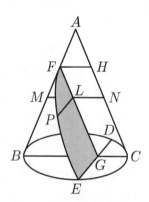

圖九：圓錐截痕中的拋物線

現在，如果 FG 平行於 AC，也就是 DFE 平面與圓錐母線 (generator) AC 平行，那麼，根據上述的作圖，$LN = FH$，而且 $LP^2 = LM \cdot LN$，以及 $LM = FL \cdot \dfrac{HF}{AH}$。因此，對任意平行於底圓的 MNP 截痕來說，

$$LP^2 = LM \cdot LN = (FL \cdot \frac{HF}{AH}) \cdot LN = k \cdot FL$$

其中 $k = \frac{(HF \cdot LN)}{AH} = \frac{HF^2}{AH}$。由於 *HF*、*AH* 這兩個線段與 *MN* 的位置無關，因此，k 是一個常數。根據阿波羅尼斯的說法，我們將這樣的截痕稱為拋物線，其中將「*LP* 為邊的正方形」貼合 (applied to) 到一條長度為 k 的線段上時，我們「剛好」得到橫標 *FL* (abscissa)。換言之，parabola 的本義就是「剛好貼合」。如引進現代坐標「重述」，那麼，$LP^2 = k \cdot FL$ 就可以「翻譯」如下：$y^2 = kx$，其中 k 這個參數所對應的線段（垂直於拋物線直徑或軸），就是我們現在所說的正焦弦（或豎直邊 upright side）。

我將上文的「重述」寄請蘇惠玉老師指教，她回電子郵件 (2021/1/18) 如下：

〔那一本書〕將阿波羅尼斯用比例做出的正焦弦線段，轉換到圓錐頂點與截痕頂點形成的三角形上 (*AFH*)，確實比較能看出它的不變性，不管是在單一截痕，或是圓錐截痕一起論述。阿波羅尼斯中正焦弦滿足的比例線段，也可透過相似轉換成本書中正焦弦符合的比例，也算是符合阿波羅尼斯證法的特色。不過，我覺得阿波羅尼斯應該想凸顯正焦弦的垂直性，所以他是以與直徑垂直做出正焦弦的。在那本書中看不到這樣的幾何特性。

在此，蘇惠玉所謂的那一本書，是指我們前文提及的（英國高中）數學史教科書，Hugh Neill 等人所編著的 *The History of Mathematics*。至於她與蘇俊鴻老師的解說，請千萬不要錯過前文所提及的三篇文章：〈為何正焦弦？〉、〈圓錐曲線的命名〉，以及〈「圓錐曲線雜談」教案分享〉。當然，如果有意「品嘗」阿波羅尼斯的「原汁原味」，那麼，李文林主編的《數學珍寶》中的第 20 章，就是最佳的「菜單」了。

五、拋物線的翻譯語境

　　羅雅谷的《測量全義》於 1631 年問世時，伽利略即將出版他（支持哥白尼日心說）的《關於兩個世界體系的對話》(*Dialogues concerning the Two Chief World Systems*, 1632)。伽利略因為此書而遭受宗教法庭審判。在居家軟禁期間，他（修訂）完成揭開近代科學序幕的《關於兩門新科學的對話》(1638)，並偷運到新教荷蘭出版。因此，出身義大利耶穌會的羅雅谷是否有機會得知、抑或刻意忽略拋射體與拋物線之關聯，顯然不無疑問。這是因為正如其他天主教會成員一樣，耶穌會士對於哥白尼日心說，同樣不假辭色，[21]從而他們對於正在服刑的伽利略之新作，恐怕也避之唯恐不及，儘管列入「禁書目錄」(Index) 的審查過程總是需要時間。

　　事實上，在《關於兩門新科學的對話》中，伽利略就藉由辛普里修（亞里斯多德學派的代言人）這個角色指出：

---

[21]根據天文史家金格瑞契的研究，儘管梵諦岡教廷早在 1616 年已經下令將哥白尼《天體運行論》掃入禁書目錄，但羅雅谷還是將其 1566 年的二版帶到明朝中國。參考金格瑞契，《追蹤哥白尼》，頁 177。

雖然我們的哲學家們曾經處理過拋射體的運動，但是我卻不記得他們曾經描述過拋射體的路程，只除了一般地提到那永遠是彎曲的，除非拋射是垂直向上的。[22]

可見，對於伽利略同時代的亞里斯多德學者（含耶穌會士）來說，「拋射體運動路徑＝拋物線」絕對是全新的「命題」或「事實」。因此，對羅雅谷這位身處大明王朝的耶穌會士來說，他應該是無從連結這種路徑與拋物線，即使他可能知曉阿波羅尼斯的《圓錐曲線論》。在這種情形下，羅雅谷以中文撰寫《測量全義》介紹圭竇形時，大概只能根據它的形狀（如圖一），尋求漢語中描述類似形狀的用詞，來「鑄造」或「敲定」數學名詞了。

至於 parabola 中譯成拋物線，應該始見於李善蘭分別與偉烈亞力、艾約瑟合作翻譯的《代微積拾級》(1859) 及《重學》(1859)。[23]在前書中，拋物線的引進與今日高中數學幾乎沒有什麼差異，作者羅密士 (Elias Loomis, 1811–1889) 乃是運用準線 (directrix) 及焦點「按代數方式」定義拋物線，並未提及它如何從圓錐割截出來。不過，拋物線與圓錐之關聯，倒是出現在《重學》之中，譬如，拋物線首見於《重學》卷十一第五款，其內容如下：

---

[22] 引伽利略，《關於兩門新科學的對話》，頁 238。

[23] 《代微積拾級》 英文原版是羅密士的 *Elements of Analytical Geometry and of the Differential and Integral Calculus*。該書共十八卷，前九卷內容是解析幾何（中譯本以「代數幾何」稱之），其次微分主題有七卷（卷十到十六），積分則只有兩卷（十七、十八卷）。因此，該書有一半篇幅內容為解析幾何，當然會對拋物線等圓錐曲線投注應有的注意，極類似今日美國出版的微積分教科書。參考洪萬生，〈《代微積拾級》：東亞第一本微積分書籍〉。

第五款　拋物線即圓錐上之單曲線。線上任取何點欲知其拋
　　　　速若干。

在中譯本作圖時，譯者李善蘭與艾約瑟確曾參考《代微積拾級》。這是
原（英）文所未見，請對照胡威立的同一命題的敘述：

182 Prop.　The curve described by a projectile is a parabola,
and the velocity of the projectile at any point is that acquired by
falling from the directrix of the parabola.[24]

　　偉烈亞力與艾約瑟 (Joseph Edkins, 1823–1905) 都是倫敦宣教會
(London Missionary Society) 派駐上海墨海書館的傳教士，負責聖經等
宗教書籍的中譯與出版。因此，在明清中國的漢語語境中，拋物線與
具有「物理學意義」的拋射體之連結，還是得仰賴西學之引進，尤其
是通過傑出算家與西方傳教士的合作，譬如前述的李善蘭及晚一個世
代的華蘅芳。

　　李善蘭在他的《火器真訣》(1858)「自識」說：

凡槍礮鉛子皆行拋物線，推算甚繁，見余所譯《重學》中，
欲求簡便之術，久未能得。冬夜少睡，復於枕上反覆思維，
忽悟可以平圓通之。因演為若干款，依款量算，命中不難矣。

---

[24] 引 William Whewell, *An Elementary Treatise on Mechanics*, p. 217.

這一個經驗談指出：以《重學》(*An Elementary Treatise on Mechanics*) 為例，[25]拋射體（槍礮鉛子）路徑都是拋物線之「推算甚繁」，於是，他改用圓的性質「通之」，說理可以更加簡便。[26]事實上，李善蘭的進路說明他高人一等的數學能力，頗能呼應伽利略的風範，可以在（抽象化或理想化的）數學層次上，處理現實的物理問題。

　　基於類似的「進路」，華蘅芳之說拋物線顯然更上層樓。他因《代微積拾級》引進拋物線等圓錐曲線之啟發，著述《拋物線說》(1883) 以表達他對此一主題的研究心得。至於其動機之一，是對李善蘭《火器真訣》之「**未能滿意**」。他的「自識」（撰於光緒十八年）值得引述如下：

　　　　憶余二十餘歲時，閱《代微積拾級》，粗知拋物線之梗概。而
　　　　《重學》中《圓錐曲線說》尚未譯出也。李君秋紉以所著《火
　　　　器真訣》見示，余覺未能滿意，因以積思所得者，筆之於書。
　　　　徐君雪村為余作圖，遂成此帙。置之密篋，未以示人，迄今
　　　　四十年矣。偶然檢及批閱一過，未忍棄去，故錄而存之。

事實上，華蘅芳研究拋物線的確頗有心得，譬如，他對拋物線的名詞釋義，即充分顯示他深入的理解程度：

---

[25] 本書作者是英國物理學家／哲學家胡威立 (William Whewell)。最早中譯本是 1859 年墨海書館所出版，應該也是華蘅芳一開始研讀的版本。至於附錄《曲線說》，則是 1866 年問世的金陵書局版，參考韓琦，〈李善蘭、艾約瑟譯胡威立《重學》之底本〉。也參考聶馥玲，《晚清經典力學的傳入》，頁 139。

[26] 參考劉鈍，〈別具一格的圖解法——介紹李善蘭的《火器真訣》〉。

欲知拋物線之形，可將一直竿任分其一段為若干等分。每分
之處各繫以線而使下垂，其下垂之線長短次第，悉依平方之
比例：

如第一分之線長一分

　第二分之線長四分

　第三分之線長九分

　第四分之線長一寸六分

　第五分之線長二寸五分

則將此竿任斜若干度置之。其竿之斜度，即拋力之角度；竿
之各分，即物應行之平速；各分之垂線，及物應墜之數。各
線之下端，即物所行過之各點。若將此各點聯之，即為拋物
線。[27]

請參考圖十，那是按《拋物線說》附圖所繪製。原圖是徐壽（徐雪村）
所作，[28]筆觸精準，充分展現華蘅芳結合數學與物理的抽象能力，而
不是求助於日常語言的模擬形狀。

---

[27]引華蘅芳，《拋物線說》，頁 17。

[28]徐壽與華蘅芳於 1861 年被薦舉進入曾國藩的安慶大營，與李善蘭共事，他們都是曾
　國藩的（算學、科技）幕客。

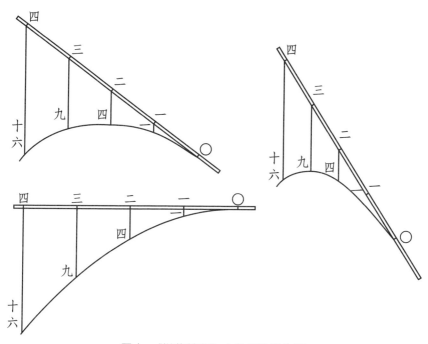

圖十：《拋物線說》中的拋物線作圖

我們還可以引述《拋物線說》的一個命題及其證明，來佐證華蘅芳對於拋物線的數學本質之「重視」：

拋力之角度不同，則所成之拋物線大小不同，所以，同一拋點可成無數拋物線，其大小均為同式之形。

無數拋物線雖大小各異，而心、頂之距恆為通徑四分之一，所以，俱為同式之形。[29]

---

[29] 引華蘅芳，《拋物線說》，頁 25a。

這裡所謂的「同式之形」是指相似形，「心」、「頂」依序為今日拋物線之焦點及頂點，至於「通徑」則是通過焦點、且與直徑垂直之弦（「過心點作橫線與直徑正交，謂之通徑」），亦即本文第四節所說的「正焦弦」。

總之，羅雅谷在敲定「圭竇形」時，其語境似乎並未包含物理學或運動學意義的拋射體，因此，他只能從圓錐截痕的「表象」去描述它的形狀。"parabola" 對他來說，可能還是離不開阿波羅尼斯的「面積貼合」(application of areas) 本義。在兩百多年之後，要不是李善蘭與華蘅芳因為立基於《重學》的物理面向之說明，而連結了拋物線及拋射體路徑，從而讓「拋物線」有了全新的語境內涵，那麼，晚清中算家是否、或又如何真正認識拋物線這一條圓錐曲線，恐怕還大有疑問。事實上，西方數學名詞中譯之難，史學家論述早已汗牛充棟，此處不贅。不過，與華蘅芳合作中譯多種西方數學書籍的傅蘭雅 (John Fryer) 之見證，道出了兩百多年之間類似的語文困境，倒是頗值得在此引述：

> 中國語言文字最難為西人所通，即通之，亦難將西書之精奧譯至中國。蓋中國文字最古、最生而最硬，若以之譯泰西格致與製造等事，幾成笑談。……況近來西國所有格致，門類甚多，名目尤繁，而中國並無其學與其名，焉能譯妥？誠屬不能越之難也！[30]

---

[30] 傅蘭雅，〈江南製造總局翻譯西書事略〉，轉引自楊志強，《學貫中西——李善蘭》。傅蘭雅與華蘅芳合譯的數學書籍有《代數術》、《微積溯源》、《決疑數學》等等，其中前兩本較之於李善蘭、偉烈亞力合譯的《代數學》與《代微積拾級》，更容易入手，為晚清算家所歡迎。

此外，當然也必須納入譯者的相關學養。明末清初曆算大師梅文鼎在他的《弧三角舉要》中，針對「直角三邊形」之中譯指出：

> 彼云直角三邊形，此云勾股，乃西國方言，譯書時不知此理，遂生分別。[31]

因此，他認為譯書者（當然包括利瑪竇、徐光啟等等）：

> 識有偏全，筆有工拙，語有淺深詳略，所載圖說，不無滲漏之端、影似之談與臆參之見，學者病之。[32]

六、結論：數學史的借鏡

　　數學史家李儼曾以〈中算家的圓錐曲線說〉為題，搜尋清代中算家的相關研究，其論文目次有二：依序為「圓錐曲線說的輸入」及「清代中算家的橢圓求周術研究」。拋物線主題並未包括在內，究其原因，或許由於橢圓與天文學研究息息相關，因此，在《曆象考成後編》(1742) 問世之後，橢圓的周長及相關理論遂成為後繼中算家的矚目焦點。譬如，前文提及的李善蘭，就出版有《橢圓正術解》、《橢圓新術》及《橢圓拾遺》等著作。

　　不過，如果我們將前文引述的三個「圖形描述」彙整如下：

---

[31] 引梅文鼎《弧三角舉要・自序》，收入郭書春，《中國科學技術典籍通彙：數學卷》四，頁 567。
[32] 同註[31]。

- 圭竇形（拋物線）：「頂不銳，近底之兩腰，稍平行。」
- 陶丘形（雙曲線）：「頂曲，漸下漸直，底兩旁，為銳角。」
- 擴圓形（橢圓形）：「長圓形者。一線作圈，而首至尾之徑，大於腰間徑。亦名曰瘦圈界。亦名擴圓」。

那麼，我們可以發現有關橢圓的描述，似乎比較容易理解。更何況，同上引文出處的《測天約說》中，還接續一段文字（前文註❽曾引述），似乎更能豐富我們的視覺想像：

或問此形何從生？答曰：如一長圓柱橫斷之，其斷處為兩面皆圓形。若斷處稍斜，其兩面必稍長。愈斜愈長。或稱卵形，亦近似。然卵兩端小大不等，非其類也。[33]

相形之下，拋物線就沒有這種「**優勢**」，更何況它與物理學之連結，還要等到 1850 年代《重學》之引進。

如果羅雅谷「熟悉」阿波羅尼斯的《圓錐曲線論》，那麼，他在撰寫《測量全義》時，還可以「選擇」將拋物線中譯成「面積貼合剛好」，從而橢圓、雙曲線當然依序就是「面積貼合不足」、「面積貼合超過」了。不過，如此一來，羅雅谷為了呼應他自己所強調的「法之所以然也」，大概就必須大費周章了。

總而言之，藉助於數學史，我們可以釐清拋物線的中譯語境，因為正如本文所論述，它從一個語境上頗令人感到陌生的「圭竇形」，到

---

[33] 鄧玉函，《測天約說》卷上，頁 3。又，編者是從（直）圓柱體切出橢圓形。

一個純解析幾何式的定義（譬如《代微積拾級》的引進方式），以及連結拋射體的拋物線 （譬如 《重學》 所引進的脈絡）， 在語源學 (etymology) 面向上散發了極為豐富的歷史與文化意義。另一方面，這個數學史進路的釐清還可望在教育現場中，為我們明確地指出數學語言與自然語言的連結處境。在教育的過程中，數學概念越來越抽象的形勢下，如何讓上述連結更具有學習意義，而不致淪落成為認知干擾，顯然是我們 HPM 推動者應該積極面對的教育議題。

後記

本文之撰寫過程中，得到張秉瑩、楊清源，及蘇惠玉等人的協助與諮詢，謹此申謝，不過，文責當然由我自負。又，本文初稿曾發表於 2021 臺灣數學史教育學會年會暨東亞數學史研討會，1/30/2021，臺北：臺灣師範大學數學系 M202。

13 108 數學課綱的隨想：
以數學史為切入點

一、前言

108 課綱已經公告，並且即將實施，儘管教科書審查作業還尚未全部完成。針對這一份課綱（「十二年國民基本教育課程綱要」關於「國民中小學暨普通型高級中等學校」）中的數學領域，[1]許多第一線的教師同仁提出十分建設性的評論，值得所有數學教育工作者參考借鑑。由於我缺乏中學現場的實際教學經驗，[2]因此，這一篇隨想或許只能聊供談助，尚請各方賢達不吝指教才是。

平心而論，這是我國自從有（數學）課綱以來，[3]課程制訂者（或發展者）首度將小一到高三年級（或 1–12 年級）的所有學習單元視為一個整體結構來對待，這當然是在呼應十二年國教的精神。基於此，

---

[1] 目次如下：壹、基本理念；貳、課程目標；參、時間分配；肆、核心素養；伍、學習重點：一、學習表現，二、學習內容；陸、實施要點：一、課程發展，二、教材編選，三、教學實施，四、教學資源，五、學習評量；柒、附錄：一、學習重點呼應核心素養參考示例，二、議題融入綱要，三、內容主題與分年雙向細目表。這是 2018 年 6 月公布版本。

[2] 我曾經在「教學實習」期間，擔任國中數學教師一年，不過，那是將近半個世紀的往事。

[3] 參考鄭章華主編，《數往知來　歷歷可數──中小學數學課程發展史》上、下冊，頁 522–564，新北：國立教育研究院。

任何數學教師或一般公民顯然都可以輕易看到國民在高中畢業前，應該學習的數學科目之全貌。這個創舉相當有助於我們針對 12 年國教的學習單元，進行一貫統整的系統規劃，從而將來任何人在進行調整或革新時，也有了比較清晰的單元知識之參照輪廓。

這是本課綱的特色之一，非常難能可貴，值得我們一起「按讚」！多年來，我曾經一再指出 《加州公立學校數學架構》 (*Mathematics Framework for California Public Schools: Kindergarten through Grade Twelve*) 的獨特意義。❹那一份課綱雖然有些細節並不怎麼能說服我，❺但是，它將 K–12 年級全部整合在一個架構之中，卻不能不說是一個重大的突破。這是因為如此一來，儘管中小學教師專業訓練（譬如「數學教材教法」 課程就不可能一體適用） 分流，❻各個階段的教師還是可以方便地掌握國民基本數學教育內容的全貌，從而對他們自己的教學實施有所啟發。

這份課綱還有一個值得在此註記的特色，那就是：數學史的堂皇「入憲」！它的「基本理念」（共五條）之第三條主張是：數學是一種人文素養，宜培養學生的文化美感。其中，數學課綱委員指出：

---

❹ 參考洪萬生，〈教改爭議聲中，證明所為何事？〉，《師大學報：科學教育類》49 (1) (2004): 1–14。美國其他課綱也呈現了類似的架構，不過，我比較沒有注意。

❺ 譬如，在 8–12 年級的幾何單元中，課綱設計者強調：有關圓形中等弧對等角的一些相當特出的定理，必須在介紹完幾何公理之後的三週內就呈現給學生。而這主要的目的是證明下列兩個定理：(1) 等腰三角形兩底角相等；(2) 一個三角形的外角等於兩個遠內角的和。不過，上述幾何知識架構會導致循環謬誤 (logical fallacy)，而有損該課綱所自豪的嚴密論證之美意。參考同上論文。

❻ 以臺灣師大數學系為例，我們不負責培育未來的國小數學教師，因此，也就不會開授「國民小學數學教材教法」課程。

　　人類各種族文明造就出不同的思維文化，例如，古代東方數
學偏向具象方式的歸納推理，而西方則傾向抽象方式的演繹
思考，數學史能夠幫助我們理解數學發展在不同時期與不同
文化的差異，更能協助教師釐清數學學習的主軸。所以適時
地在數學教學之中融入適當的數學史內容，可以提升數學教
學品質與學生的學習成效。(頁 1)

同時，藉由這種「認識數學的文化面向」之（數學史）進路，「不僅有
助於讓數學學習從工具性層次延伸到智識性層次，也更彰顯數學知識
的人文價值」。

　　事實上，這個「適時地在數學教學之中融入適當的數學史內容」
之策略，就是 HPM——「數學史與數學教學的關連」之研究——的基
本訴求。❼由於我多年以來一直都在推動 HPM 的教學與研究，❽而且，
對於數學教育來說，教學（pedagogy，美國習慣用 instruction）也無法
「切割」學生學習 (learning) 乃至於課綱 (curriculum)，因此，在本文
中，我打算從數學史或 HPM 切入，「隨興地」談論這個 108 數學課綱
的相關內容（以 2018 年 6 月公布的版本為準，以下引文頁碼都針對這

---

❼HPM 原是 International Study Group on the Relations between History and Pedagogy of
　Mathematics 這個國際研究群的簡稱，這一組織（隸屬於 ICMI）的主要目的，是研究
　數學史與數學教學之關連，因此，HPM 也代表了此一學門。最近我們創立的臺灣數
　學史教育學會，其英文名銜就是 Taiwanese Society for the History and Pedagogy of
　Mathematics。顧名思義，此一學會的使命就是積極面向中小學，提升中小學教師的
　HPM 素養。

❽我曾經在西元 2000 年 8 月 9–14 日，假臺灣師大承辦國際數學教育會議的 HPM 衛星
　會議。為此，我還得到國科會的贊助，在 1998 年 10 月創辦《HPM 通訊》並發行至
　今。

個文件），希望凸顯它的精神與價值，從而豐富我們對它的整體架構的想像，更有助於最終的付諸實施。

二、與總綱核心素養之連結

12 年國教的總綱核心素養共有三大面向：A——自主行動、B——溝通互動，以及 C——社會參與。其中，「C——社會參與」的第三個項目 C3 之主題為「多元文化與國際理解」。針對這個素養項目，總綱委員強調：國民「應具備自我文化認同的信念，並尊重與欣賞多元文化」，而且還可採取積極行動，「發展國際理解、多元文化價值觀與世界和平的胸懷」。

與此對應的普通型高中教育階段之「數學領域核心素養具體內涵」（編碼 S-U-C3），則是：

> 具備欣賞數學觀念或工具跨文化傳承的歷史與地理背景的視野，並瞭解其促成技術發展或文化差異的範例。（頁 5）

顯然，這些都是社會參與的必備（數學）核心素養，而其連結當然是上文提及的「理念三」：數學是一種人文素養，宜培養學生的文化美感。事實上，誠如我們在《當數學遇見文化》之中，所意在強調的數學文化現象：吾人雖然在不同的文化看見共同的數學，但是，數學也洋溢著不同文化的獨特風格。這種既全球又在地的特性，在數學知識活動上表現得最為淋漓盡致，而其絕佳切入點當然非歷史文化面向莫屬了。

現在，我們再考察本課綱附錄一「數學領域學習重點與核心素養呼應表參考示例」。針對「學習內容」：

N-10-6　數列、級數與遞迴關係：有限項遞迴數列，有限項等比級數，常用的求和公式，數學歸納法。（頁 61）

對照的「學習表現」之評量標準：

n-V-5　能察覺規律並以一般或遞迴方式表現，進而熟悉級數的操作。理解數學歸納法的意義，並能用於數學論證。（頁 61）

課綱委員呼應的數學領域核心素養，即如前文提及的「數 S-U-C3」。為了讓學生達成這樣的學習表現，又同時擁有這個核心素養，加一點（史）料似乎是必要的。蘇惠玉的《追本數源——你不知道的數學祕密》收入三篇相關的 HPM 文章，剛好可以作為（「課內」）閱讀的教材：

- 〈歷史悠久的兔子家族與最美的比例之關係〉
- 〈美妙的費氏數列與黃金分割比〉
- 〈數學歸納法的時光之旅〉

在這些論述中，蘇惠玉老師告訴我們如何連結大自然的美與數學（費氏數列或黃金分割），再進一步指出在人造的世界（特別是流行文化）中，這些數學概念又是如何地被應用，而成為文化創意的不可缺少元素。此外，她還指出：一旦吾人有機會出入歷史脈絡，那麼，數學歸納法的方法論意義，就會更加顯豁了。

　　當然，回歸到教學實施上，這些閱讀「教材」如何引進課堂？此一教學策略與「閱讀素養教育」議題（頁 63）如何結合？我們將另文討論。

三、教材編選與教學實施

　　在本課綱的「實施要點」中，其「教材編選」及「教學實施」都論及數學史、民族數學與數學家相關課題的引入。比方，針對「教材編選」，課綱委員就建議：

> 教科用書之編寫可適當編入數學史、民族數學及數學家介紹，已引發學生興趣、培養其欣賞數學發展的素養，並瞭解不同族群及性別者的成就與貢獻。鼓勵原住民重點學校之教材編選，適度與當地原住民文化結合，進行文化回應教學。（頁 54–55）

針對其「教學實施」，他們則強調：

> 教師在教學過程中可適當介紹數學史、民族數學及數學家，融入數學的人文觀、培養其欣賞數學發展的素養，但不可將這些內容納入評量。（頁 56）

　　不過，對我（身為專業數學史家及 HPM 推動者）來說，這個「善意的」提醒似乎沒有必要。我覺得任何一位數學教師，無論他（她）有沒有 HPM 素養，一定都會自行斟酌是否針對這些（融入的）數學

史教材，[9]在課堂上進行講解或討論。以畢氏定理（《幾何原本》版）vs. 弦圖（《周髀算經》版）為例（參見圖一），難道我們不應該提供一個「瞭解其促成技術發展或文化差異的範例」，給較不適應於制式學習 (conventional learning) 的學生嗎？更何況，此一「對比」在人文關懷之外，也洋溢了認知的旨趣，相信即使純就制式學習來考量，也不會視而不見才是。

　　上述這個涉及方法論 (methodology) 的文化風格之對比，也頗適合充當（回家）作業，目標不妨設定為提升數學閱讀與寫作的能力，但人文關懷面向則可引導學生討論此一命題的「稱謂」(naming)，究竟稱作畢氏定理？商高定理？或是勾股（弦）定理？哪一個名稱最恰當？等等。我在臺灣數學史教育學會成立大會的祝賀報告中，也提到一個數學「正名」作業，請參考圖二到圖四及下文說明。

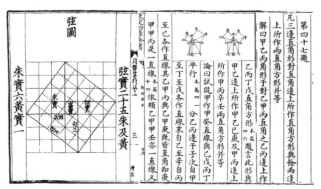

圖一：畢氏定理的兩種證法

---

❾這是教師的教學自主權，我們百分之百尊重！

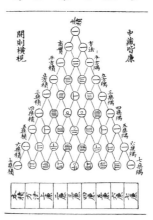

圖二：楊輝三角　　　　圖三：古法七乘方圖

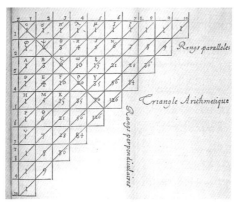

圖四：算術三角形

　　所謂的「楊輝三角」，是從《永樂大典》抄出的二項展開式之係數表，由於南宋數學家楊輝抄自北宋賈憲，因此，也有人稱之為「賈憲三角」。在中國元代，數學家朱世傑在他的《四元玉鑑》(1303) 中，稱

此三角形為「古法七乘方圖」。在這個圖形中，朱世傑還增列了斜線，明確地連結到他的經典的另一個主題：垛積術（高階等差級數求和）。至於巴斯卡三角，則出自法國天才數學家巴斯卡 (B. Pascal) 的《論算術三角形》，中文版本可參考李文林主編《數學珍寶》。我的作業如下：

> 分析並比較這三份文本的內容。並且綜合寫一篇報告，主題或可圍繞在這個三角形的稱謂，稱呼它是「楊輝三角」或「巴斯卡三角」，哪個比較合適？為什麼？

我也另外指出一些寫作的論述提點，讓讀者瞭解我們的思維「出入」脈絡：

> 巴斯卡如何研究這個三角形物件 (entity) 本身？他看到哪些數學家看不到的東西？又，外在脈絡或知識獵奇 (intellectual curiosity) 如何引導他的新發現？[10]

　　前面兩個作業的學習目標似乎有一點「高調」，不過，這也說明 HPM 評量議題的重要性。我在《數學起源：進入古代數學家的另類思考》(2019)——一本附有習題的數學史著作——推薦序中指出：如果我們引導學生採取如同古代數學家的一樣步驟解題，並且敦促他們在面對同樣困難時，去思考答案的合理性，「這就是欣賞古代學者的聰慧與創意之最佳途徑。我們發現學生欣然介入這種學習數學史的深入進

---

[10] 可參考蘇惠玉，〈數學歸納法的時光之旅〉及〈巴斯卡其人其事〉，收入蘇惠玉，《追本數源——你不知道的數學祕密》，頁 48–65。

路，以及他們經由古代、另類的解題進路之分析，而得以理解當今數學。」 因此，只要作業或習題設計得宜，就能讓學生分享數學史或 HPM 所引進的「另類」學習成效。

此外，我們臺灣 HPM 團隊更早翻譯的《溫柔數學史》(2008)，也是以中小學數學教師為目標讀者的 HPM 專書，其中每個素描（共 25 個）之後，都附有兩類作業：習題與專題。以素描 12（主題為畢氏定理）為例，它們的習題與專題之設計都很有創意，請參看如下各自一則的引述：

習題

- 本節素描提到歐幾里得證明了畢氏定理的一般化結果，可應用至直角三角形上的任意相似圖形。這是在《幾何原本》第六卷的命題 31。請你去找一本《幾何原本》，閱讀這個命題和它的證明。證明的內容是否依賴畢氏定理？（如果不是，那麼它就提供了畢氏定理的另一個證法，因為正方形是相似形的特例。）（《溫柔數學史》，頁 268）

專題

- 閱讀歐幾里得對畢氏定理的證明（在《幾何原本》第一卷命題 47）。接著請「溫柔地」改寫他的論證，使得難度適合高中生。（《溫柔數學史》，頁 270）

平心而論，這兩則作業除了涉及《幾何原本》(The Elements) 這部古典文本之外，它們的問題意識都相當「制式」，因此，絕對適合作為一般評量的作業來使用。我們來對照它們如何呼應「教材編選」及「教學實施」的提醒。「教材編選」強調：

　　教科用書的編寫應注意整體結構的有機結合，在題材呈現上
　　能反映出各數學觀念的內在連結。（頁 54）

　　同時，「教學實施」也期待教師認識到：

　　數學與其他領域／科目的差異，在於其結構層層累積，而其
　　發展既依賴直覺又需要推理。（頁 56）

我想一般的評量作業應該都可以設計到符合這些要求，不過，上引這
兩則作業似乎較能凸顯數學知識的這種結構性風貌 (structural
aspects)，尤其是縱深面的 （階層） 統整 (vertical integration of
hierarchical levels)，更是《幾何原本》的所以成為經典的標記了。至
於這些進路的引入，如何可以「自然地」連結到總綱核心素養 A2 的
「系統思考與解決問題」上，則有待進一步釐清。在此，先引述 A2
項目說明如下：

　　具體問體理解、思辨分析、推理批判的系統思考與後設思考
　　素養，並能行動與反思，以有效處理生活、生命問題。

何謂「系統思考」？我們從附錄一的參考示例（頁 59）對應的核心素
養「數-E-A2」、「數-J-A2」及「數 S-U-A2」之說明，完全看不出所以
然來。不過，我們以後會另撰他文，回來探討這個議題。

四、多元選修課程推薦

上一段最後的問題——比方，如何培養系統思考素養？——之所以難以處理，原因全在於參考（演）示例 (demonstrative example) 的欠缺。這個不足可望由多元選修課程來彌補。我們不揣鄙陋，在此推薦兩門多元選修課程，其學習目標都指向學習數學結構的「層層累積」特性。儘管不無紙上談兵之嫌，但是，拋磚引玉，或許可以激發更多容易實施的課程出來。

我推薦的這兩門課當然都與數學史有關。第一門課：「歐幾里得《幾何原本》及其哲學文化脈絡」。時間規劃：一學期 2 學分。教材主要根據《數學起源》(*The Historical Roots of Elementary Mathematics*) 第 5–6 章。至於實施方式：可協同歷史或哲學專業的老師合作教學。本文上一節已提及的《數學起源》，三位作者奔特、瓊斯，及貝迪恩特都出身荷蘭，三人推動 HPM 的歷史都十分悠久，誠如前述，他們的論述都表現了數學與數學史的雙重洞察力，而且主題是初等數學 (elementary mathematics)，因此，非常適合充當高中數學史教材。此處，我們稍加介紹其第 5–6 章內容，方便有意採用的老師參考。這第 5 章主題是「歐幾里得的哲學先驅」，目次則依序是「哲學與哲學家」、「柏拉圖」、「亞里斯多德和他有關敘述句的理論」、「概念與定義」，以及「特殊概念與未定義項」。所有這些都是歐幾里得編纂《幾何原本》的希臘哲學文化脈絡。事實上，柏拉圖及亞里斯多德的數學哲學 (philosophy of mathematics) 主張，在歐幾里得身上都得到具體實現的機會，我們只要對照第 6 章的前幾個目次如「定義」、「設準與共有概念」、「幾何作圖的意義」、「設準 III 的意圖」等等，就可以略窺一二。

　　我推薦的另一門課是「國中數學回顧與銜接」，一學期 2 學分。教材可根據《數學思辨之旅：拆解國中數學，建立數學素養與能力》來編輯。本書作者是永野裕之，他在〈序言〉中特別強調：「我必須先說清楚，本書主旨並不在於教大家要從頭學習國中數學。本書乃根據數學史，以國中數學為基礎，來探究學習數學的意義與價值。」因此，這一門「國中數學回顧與銜接」非常適合安排在高一上學期選修。我推薦的依據還可參考永野裕之對於本書的（普及）內容定位之簡介：本書將國中生學到的數學分成：幾何學（第 1 章）、代數學（第 2 章）、函數（第 3 章），及機率與統計學（資料的運用，第 4 章）四大領域。「各章前半部皆記述相關的數學史，後半部則統整希望讀者在該領域所應得的領悟，其中適時地穿插了『題目』，但本書基本上不是教科書，數學不好的讀者可以快速翻過艱澀的部分。當然，自認有能力的讀者，請務必要挑戰這些題目，體驗解題的樂趣。」

　　永野裕之的「提醒」，對於國中生要想「平順地」過渡銜接到高中階段，至關緊要。其實，在我們的「教材編選」要點中，課綱委員就十分殷切指出：「國民小學進入國民中學教育階段，為使學生適應學習場域與學習方式的轉換，應適當安排教材內容與教法，讓教師有機會協助學生銜接跨階段時學習狀態的落差。」（頁 54）不過，在同一條要點中，卻少了國中到高中的對等部分之論述。[11]有鑑於學生對於數學的學習態度之轉變都發生在高一或高二，[12]因此，我們在推動國、高中的階段銜接時，應該要有同等的關懷才是。

---

[11] 目前高一的銜接課程似乎都在補充一些國、高中之間漏掉的單元環節，而非在知識結構上，有意識地總結國中，面向高中。

[12] 這是我在臺大、臺師大任教數學通識時，非正式的詢問結果。

五、結論

　　拜新世紀全球公民素養訴求風潮之賜，數學史或 HPM 終於在我國的數學課綱中，找到一個應有的位置。至於數學史所以有此「榮遇」，顯然與國際之間 HPM 的熱潮息息相關。我們從西元 2000 年正式引進此一學門，一邊培訓中學教師的數學史專業，一邊與其他數學教育研究互通有無，無論在正規或非正規教育場合與實務中，我們都非常努力扮演「擦板球」的籃板角色。如今，數學史在數學教育實務中總算獲得肯定，這對所有數學史的愛好者來說，都是令人振奮的一件大事。因此，儘管 108 數學課綱受限於篇幅，其中有關數學史與總綱核心素養項目說明的連結，不免令人感覺意猶未盡，不過，我們相信一旦教師開始掌握 HPM 的洞識與進路，他（她）們對於其他相關的核心素養，也一定可以觸類旁通才是。

　　在本文中，我試圖就數學史在本課綱被期待的「功能」，分享一些基於我自身的研究與實務，這些經驗雖然並非直接關乎中學教學，然而，我長期在臺灣師大數學系四年級開授「數學史」課程，以及指導研究生（包含許多現職的教師）進行數學史／HPM 之研究，再加上這幾年還陸續為臺灣師大、臺灣大學開授「數學通識」課程，[13]因此，針對這些比較菁英的（大）學生如何回應 HPM 的教學進路，多少有一點了解。因此，本文所藉以說明或澄清 HPM 的幾個作業，確實是長期教學經驗累積而成。

---

[13]我曾為臺大開授「數學與文化：以數學小說閱讀為進路」，目前為臺灣師大開授（曾與謝佳叡、英家銘合作）「小說與電影中的數學思維」。

　　這些經驗當然也受惠於相關教學資源的多角度開發。我從 2006 年開始出版 HPM 方面的著作，譬如《此零非彼 0》，然而，似乎並沒有帶出什麼有意義的迴響。直到近十年來，HPM 的「被容受」程度，似乎已有了明顯的改變跡象。在這期間，由於閱讀運動的連帶效應，我們有機會透過著述及翻譯，出版多本具有普及風格的數學史著作，[14] 其中有些正如前述，甚至可以直接充當教材的 HPM 專書。事實上，當我們企圖將閱讀素養融入數學教學時，這些數學史書籍也是極適合普及閱讀使用的讀物。因此，將數學史融入教學的進路，也一定可以將十二年國教的「閱讀素養議題」融入數學教學，一舉兩得，我們將另文討論。

　　總之，HPM 的使命並不是要用「數學史」來取代「數學」。然而，它關乎多項的十二年國教的數學素養，因此，它的教育「正當性」已毋庸置疑。為今之計，我們應該好好運用數學史的進路之特性，除了「培養學生的文化美感」之外，也讓它極力想要凸顯的「系統思考」或「後設思考」，至少能成為學生數學思維能力的一個重要環節。

---

[14] 參考〈臺灣數學普及三十年〉，也收入本文集。

14 另類的學習：
漫畫微積分的特色課程

一、前言

數學家兼科普作家小島寬之在他的《世界第一簡單微積分》之中，特別說明 「為何讀完一冊漫畫後， 可取得比讀完一本小說更多的情報」。他的理由是：

> 漫畫是視覺化的資料，再加上其為「動畫」。所謂的微積分便是「記述動態現象」的數學。

因此，他認為「以漫畫來教學真是再適合不過了」。

對於學過微積分的人來說，微積分＝「危機」分？或者只是一些沒意義又折騰人的計算？這大概是許多人的共同「回憶」！對於在高中階段接觸微積分的人來說，這樣的感受或許更加刻骨銘心！這是因為通常這些課程單元安排在高中階段的尾聲，除了少數例外，教師或學生大都無法專注此一學問的鑽研，有意願進行一些相關的解題活動，應該是可遇不可求的期待。

基於這些現實因素，要是我們打算在高中數學特色課程中納入微積分，或是在數學通識課程中，採取比較另類（人文）的進路來開授微積分，那麼，投學生視覺文化之所好，引進漫畫微積分教材，或許是值得考慮的一個選項。

　　因此，在本文中，我將推薦兩本數學漫畫，亦即前述的《世界第一簡單微積分》，以及岡部恆治的《漫畫微積分入門》。這兩本漫畫各具特色，的確十分適合充當「特色」課程使用。當然，如果你選修的課程是「正規」（譬如，大一微積分）而非「特色」，那麼，這兩本漫畫都是非常值得研讀的補充教材。

二、小島寬之的《世界第一簡單微積分》

　　小島寬之 (Kojima Hiroyuki) 專長數理經濟學，這或許可以說明何以他的《世界第一簡單微積分》如此重視經濟學的案例。他出版多本數學普及書籍，只是譯成中文版的，不如岡部恆治來得多。讓我們引述本書的目次：

　　由這個目次來看，作者小島寬之主要依循一般微積分教材內容的結構，來編寫本書。比如說吧，他首先介紹函數，然後，依序微分、積分及其應用。最後，他甚至介紹多變數函數（本書譯作「多元函數」）偏微分及其在經濟學上的應用。

　　至於小島寬之的論述，則是處處以「逼近」為依歸，譬如，微分的關鍵意義就在於「一次或線性逼近」(linear approximation)。我們試看本書第 1 章的各節（子目次）：

1　類似函數的優點
2　來分析其誤差率
3　生活中也能活用的函數
4　近似一次函數的求法

其中，「近似一次函數」是指「用以逼近的一次或線性函數」，它的主要價值與意義，在於當我們「尋求想知道的是事物時，就可以用易於理解的函數來近似描述，即可看清事物。」質言之，這就是微分的本質意義：給定一個函數 $f(x)$，假設它在某一點 $x = x_0$ 可微，那麼，在該點的鄰域，我們就可以運用一次或線性函數來逼近。如以圖形表示，則坐標平面上的圖形 $y = f(x)$ 在點 $(x_0,\ f(x_0))$ 有切線 $y - f(x_0) = f'(x_0)(x - x_0)$ 存在。在本書第 1.4 節（第 1 章第 4 節）中，作者在此近似一次函數的求法中，先假設此一次函數為 $g(x) = kx + l$，然後求出斜率 $k = f'(x_0)$。這個進路——以「平直」來逼近「彎曲」——有其特殊的趣味，因為它是從逼近的觀點切入，而隨時提醒我們微分這個「新」運算（或新工具）的意義何在。

　　這種有關「逼近」的進路，接著也運用到第 3 章的「積分」上。作者在說明（定）積分的定義時，使用了近似一次函數的概念：

$$f(x) - f(x_0) \sim f'(x_0)(x - x_0)$$

其中，$f'(x_0)$ 為 $f(x)$ 在點 $x = x_0$ 的導數值。如此，若 $g(x)$ 為 $f(x)$ 的反導數，亦即 $g'(x) = f(x)$，則定積分 $\int_a^b f(x)dx$ 之近似值如下：

$$\int_a^b f(x)dx \sim g(b) - g(a)$$

而這正是微積分基本定理的「近似」版本。誠如作者所強調，本書「所有公式都以『一次近似』的想法為依據。你應該能逐漸瞭解原來『公式的意義』。」

　　另一方面，本書也從「逼近」進路引入泰勒展開式，以及多變數的微分（如偏微分、全微分），頗有數學普及策略的「霸氣」，一點都不擔心讀者不買單！這是作者所在意的「本書較以往漫畫書更具內涵」。在「前言」中，作者提及本書漫畫團隊來洽談本書之寫作時，他一開始拒絕，因為他發現市面上有許多「看漫畫學……」的書籍，「只因名為漫畫，所以內容大多充滿插圖、圖畫又大，多為虛有其表的書籍」。

　　直到他看到編輯團隊帶來的《世界第一簡單統計學》（中譯本亦由世茂出版），他的看法才大為改變，「因為該書與一般的書籍不同，即使把它當作漫畫來讀也很有趣。它不光是以插圖說明，甚至還具備了

故事性，令讀者能輕鬆閱讀。編輯者告訴我本書亦將以故事性來呈現，因此我接受了這個提案。」

　　現在，我們簡略說明本書之「故事性」。由於是漫畫書籍，因此，本書故事有角色三人：引間乘子、關翔及增井。他們是淺賀家報社算田町支社的三個記者，其中關翔是支社長，因企圖報導 K 企業——報社的贊助廠商——污染新聞而「發配」到此偏遠地區的支社，而引間乘子則是剛開始實習的記者。故事就從引間報到後，關翔鼓勵她說：算田町儘管偏僻，但卻是個好地方，很適合思考事實的環境。關翔強調：「某些事實和其他事實存在的某種關係。若不能先理解這種關係，就無法做出真實的報導。」於是，作者引進函數概念以打開本書序章，因為函數是微分與積分所運算的對象。

　　其他的故事情節，主要圍繞在微積分如何應用在經濟學上的例子，而這當然與他們三位記者所涉及經濟事務之報導息息相關。這些情節的安排，讓關翔得以將相關的微分與積分之方法引進，從而數學也得以在這樣的敘事中，發揮它應有的特色。試以泰勒展開式為例。關翔向引間解釋 K 企業對報社的贊助時，特別強調主要的獲益者是 K 大報社及 M 大報社，淺賀家報社所獲贊助金額「只是 3 次微分後的三次項那麼不起眼的錢吧」。

三、岡部恆治的《漫畫微積分入門》

　　岡部恆治 (Okabe Tsuneharu) 專長為拓樸學，目前任教於埼玉大學經濟系，是日本相當知名的數學普及作家，中文譯本（含本書在內）至少有七本，其中有幾本都以漫畫版出現。

　　為了介紹本書的內容，我們還是先考察它的目次：

　　從上引的目次來看，岡部大致按微積分歷史發展的順序，來說明這一門學問的趣味與用途。在他的「前言」中，岡部提及他受託撰寫微分和積分的書籍（直排式印刷），一時不知道如何是好。「因為直排形式完全不適合『數式計算』。」後來，他發現由於直排的體例要求，讓他「對微分和積分的印象有了一百八十度的轉變」。於是，他不再認為「微分和積分＝僅是計算的學問」，而是「樂趣十足，而且圖形豐富多變」。

本書登場人物有老師、建中、小秋、小凡、阿郎，以及神祕作者，所以，敘事應該以類似上數學課的方式進行。事實上，第一章開始就是由老師提出下列問題：如何計算捲筒衛生紙的長度？由於實際測量不能用在所有地方，因此，利用紙筆畫圖，就可以在模型上解題。這種從同心圓的面積求出捲筒衛生紙的長度的方法，就是運用積分——分解面積計算的概念，因為誠如作者所說，「我們把圓形分解為同心圓的圓周，然後再拉開計算」。同理，如將無芯衛生紙切開，擺在平坦的地面上，即可計算扇形面積。此外，本章還有一些有關圖形（圖表）的說明，尤其著重在與切線相關的部分，據以引進微分的概念。最後，在本章的章末「解說」這一節中，作者特別指出：「微分和積分並非只是計算的學問，而是減少計算的學問」。還有，更重要的，

> 根據微分和積分，還能找出扇形和三角形等的關聯性；甚至發現數列總和公式和三角形面積的相似性。不僅如此，在後面的章節中，許多圖形的量還能透過微分和積分來找出共同點。

「數學式相互關聯的！」這也是本章第三節的標題，藉以提醒讀者不要忘了微分與積分之關聯，而讓微積分基本定理（本書稱作「基本定律」）彰顯其價值與意義。

第二章主題是微分與積分的定義，不過，作者還藉由面積變化率的例子（頁 68–69），說明微積分基本定理的深刻意涵：積分的計算來自微分！

第三章主題是「微分法為何較晚出現？」為回答此一問題，作者認為不妨先了解微分是怎麼被發現的，從而「體認數學和社會動向絕

對有著密不可分的關係」。因此，在本章中，作者除了介紹微分前史的鋪路工程——坐標（或解析）幾何及其發明者費馬與笛卡兒之外，也在章末「解說」中，指出積分所指涉的概念不受坐標空間影響，然而，如無坐標概念，微分所指涉的曲線之切線斜率，就無從計算了。這是微分法在數學史上，較晚出現的原因之一。

第四章主題是「積分概念的發展」。作者從卡瓦列里原理（Cavalieri's principle）說起，接著回溯阿基米德的球體積公式之發現，再依序介紹沃利斯、巴羅等人的貢獻，以便為下一章（第五章）牛頓與萊布尼茲的各自獨立微積分發明鋪路。

第五章主題是「微分和積分的完成」，儘管牛頓與萊布尼茲有關微積分發明優先權的（相當於英國 vs. 歐洲大陸等級）爭辯，是數學史上的重大事件，不過，作者毋寧更在意強調：他們為什麼「同時發現」微積分呢？這是因為，正如作者所指出：牛頓和萊布尼茲的時代，正好適合發展微分和積分，而他們所以能「同時」發現（或更明確的說法，「多元」發現 multiple discoveries），是因為「剛好時機成熟」！不過，本章最值得欣賞的內容，不外乎「基本定律的意義」（第五章第九節）。在本章末的「解說」中，作者極富數學洞識地指出：

這項定律（按即微積分基本定理）的偉大之處在於連結計算簡單的微分，以及概念簡單的積分。連結迴異性質的事物能夠促進理論快速進展的道理，曾在第三章的「幾何學和代數學的統合」中做了說明。微分和積分也是同樣的道理。透過連結微分和積分，理論迅速發展。

至於其實例，則將見諸於本書第八章（化石年代的測定）、第九章（三次函數的形狀）和第十章（部分積分）。

　　第六章是以實例來計算微分和積分，其中包括如何佐證積分公式（按沃利斯的方法），以及如何實際計算體積。作者所選擇的體積例子，是「求兩圓柱交叉部分的體積」，這個交集在古代中國稱之為「牟合方蓋形」，是劉徽及祖沖之父子傳承完成球體積公式之發現與證明的依據。

　　第七、九章都涉及微積分高觀點回顧中學數學的進路，因此，我們將這兩章合併介紹。第七章主題是「以微分和積分來重新認識國中的面積及體積公式」。在本章中，作者指出：

> 第一章提及使用積分即可統一各種量，也明示扇形和三角形
> 的親戚關係；依此類推，三角形和錐體（圓錐、三角錐、四
> 角錐等）也是親戚關係。因此，根據卡瓦列里原理可以瞭解，
> 即使不用積分，依舊能夠解題；再加上「切開捲筒衛生紙的
> 方法論」，就能獲得完整的表面積計算方法。

　　至於第九章的主題，則是「重新檢視高中數學」。作者一開始就介紹圓面積公式＝半周半徑相乘，而其證明（頁 226）正是中國魏晉時期數學家劉徽的版本。針對這個版本，作者岡部評論說：「這裡其實使用了切開求面積的積分概念」。同時，他也提供一個現代版本（所謂的「捲筒衛生紙理論」）如下：設半徑為 x 的圓面積為 $S(x)$，對 x 微分，得 $S'(x) \sim \dfrac{S(x+h)-S(x)}{h}$。如將圓環形 $S(x+h)-S(x)$ 剪開（圖見頁 230），則

$$S'(x) \sim \frac{S(x+h) - S(x)}{h} = \frac{h \times 2\pi x}{h} = 2\pi x$$

現在，將 $S'(x)$ 積分回來，就可以得證 $S(x) = \pi x^2$。如將這個方法類推到三維，就可以體會作者在本章末「解說」中所備註的：

> 在高中課程中，半徑 r 的球體體積公式及球面表面積公式可以微分和積分互推。這並非純粹計算，而是能透過捲筒衛生紙理論，清楚確認其真正含意。

另一方面，本章還說明函數及其圖形之凹凸性，如何與此函數的導數之關連，用以研究二次、三次函數的行為，尤其是三次函數的對稱性。此一凹凸特性，也可用以證明牛頓法。

現在回到第八章。本章主要是有關微分和積分的應用例，包括（汽車）速度、加速度等相關問題，放射性半衰期問題，人造衛星的速度計算，甚至還有函數不連續性的應用等等。至於第十章，則是將微分和積分法應用在比較複雜的函數如三角函數、指數函數、對數函數，以及合成函數上。比較有趣的例子，是運用辛普森公式計算 π 的近似值。

最後，略談本書的故事性。正如前述，本書內容的安排，是讓一位老師來教授微積分課程。不過，相較於前書，本書的數學普及風格更加鮮明，而且也處處洋溢著岡部式的幽默，其中，一些與數學比喻相關的搞笑情節，甚至包括老師的自我解嘲，應該都可以讓讀者閱讀時放鬆心情，或許因而願意親近微分和積分的概念與方法，而獲得學習的效果。

四、兩書比較與教學建議

首先，兩位作者都精確掌握微積分的精髓——微積分基本定理之意義，並且在「一次（或線性）逼近」的進路下，提供親切易解的直觀論證。他們的範例式說明，對於我們深刻但可以非制式學習微積分的可能性，提供了極大的啟發！

其次，這兩本漫畫都有「老師」的角色。在前書《世界第一簡單微積分》中，關翔支社長扮演老師的角色，不過，他態度相當「嚴肅」，或許這是如他自己所說的，是對下屬引間乘子（實習記者）的「鍛鍊」。儘管如此，他的始終就地取譬，還是十分令人印象深刻。比如說吧，從函數概念開始，他所選擇的講解切入點，都是最熱門的新聞事件的相關案例，有一些甚至與他自己切身相關。因此，從故事情節的發展與微積分結構的展開來看，本書呈現手法都顯得自然流暢。

另一方面，就角色設定來看，《漫畫微積分入門》的「老師」就常常「出糗」而自我解嘲，不過，由於本書譬喻生動（如捲筒衛生紙、白蘿蔔切薄片及柔軟的洋蔥）、題材多元，以致人物互動增多而造成他們比較「分散的」思考或評論，因此，設計更多「笑點」來潤滑情節，可能也是本書繪者藤岡文世 (Fumioka Fumiyo) 的主要考量之一。

此外，《漫畫微積分入門》在某些章節之間的上下連貫並不是十分順暢，也可能與某些情節的「搞笑」有關。譬如，第三章第二、三節之間，在「幾何學和代數學的統合」這第三節出現之前，前文的第二節的脈絡說明就略顯不足。還有，根據數學史的研究成果，作者認為阿基米德是積分學的先驅之說也有待商榷，他在介紹法國數學大師柯西 (Cauchy, 1789–1857) 對分析學嚴密化的貢獻時，卻忘了同時提及德國的偉大數學家懷爾斯查司，不知何故？儘管如此，本書在「高觀點

統合」與「類比連結」（比如從二維平面到三維空間）兩個面向上獨樹一幟，值得我們效法與推薦。

現在，根據這兩本漫畫，我們將如何設計微積分教材？我建議：不妨考慮《世界第一簡單微積分》充當主要教材，然後，再輔以《漫畫微積分入門》的內容。在「比較制式」與「發散思考」進路之間，求取一個以學習為本位的微妙平衡。當然，如果你喜歡將這兩本書的角色互換，那也無妨！這其實只需要你設定好學習目標即可。

另一方面，我們也可以找一本微積分課本（中文為主），擷取一些章節及習題，但必須把握知識結構的完整（譬如，包括一次逼近以及微積分基本定理的意義等等），而且計算（題）分量要適可而止，然後，再將這兩本漫畫的題材編入，尤其要保留活潑生動的講述（或呈現）方式。如此，我們一定可以設計十分具有「特色」的高中微積分講義。當然，當我們進行編輯時，千萬要記住這兩本漫畫所強調的高觀點統合及類比連結之特色。我們唯有成功地「連結」高中乃至於國中數學經驗，才有可能讓微積分的學習，變成不再是一般人學習數學的最後創傷烙印。

五、結語

在本文中，我希望藉由這兩本漫畫，說明微積分的教與學除了制式的 (conventional) 教材（如一般的中英文版本微積分課本）、微積分知識的歷史進路（如蔡聰明的《微積分的歷史步道》）之外，還有數學普及風格的漫畫取材，凡此種種，都可以充當相輔相成的教學資源。其實，要是在正規密集的制式學習之後，再回過頭來研讀這兩本漫畫，一定可以更加深刻地理解微積分的內容、方法及意涵。

　　上述建議主要是基於制式教學微積分的觀點（不管是高中特色課程或大一微積分課程）而發。然而，如果我們教師可以運用特色課程，與學生分享一些有關微積分的另類心得，那麼，從這兩本漫畫取材，一定可以發現：原來微積分教學的「發生式的進路」(genetic approach)，也充滿了深刻的啟發！

　　「漫畫敘事」結合「直觀論證」也可以成為微積分教材的本質元素，這兩本漫畫就是最好的見證。

15 高觀點、HPM 與
拱心石課程

一、前言

在因應新時代的教師教育之新挑戰中，CBMS 對美國各大學數學系鄭重呼籲，希望他們負起數學教師專業發展的重責大任。[1]他們在 2001 年所提出的主要建言之一，就是：州立大學數學系應該

> 支持一個拱心石課程序列 (capstone course sequence) 的設計、發展與供應，在此一序列中，中學數學的概念性之困難、根本理念和技巧，都要從高觀點 (advanced standpoint) 加以檢視。[2]

按：CBMS(Conference Board of the Mathematical Sciences) 的總部設在明尼蘇達州聖保羅的 Macalester 學院，是由十八個專業學會所組成。[3]這個組織的目的，是為了促進這些學會之間的相互理解與合作，以便

---

[1]教師專業發展通常包括兩大面向：師資培育及在職進修。

[2]引 CBMS (2001), p. 123。他們認為這一課程理念對於未來教師之培育尤其有價值。此外，它對數學學習所提供廣泛的歷史文化視野以及洞察力，對於其他的數學主修學生也極有幫助。

[3]這些團體包括我們所熟悉的學會組織：AMS（美國數學學會），MAA（美國數學協會）及 NCTM（National Council of Teachers of Mathematics，國家數學教師協會）。

他們得以在提升研究、改善教育，以及擴展數學的用途等方面，以團隊方式相互奧援。❹

　　基於類似關懷，以及企圖呼應荷蘭數學 （教育） 大師弗羅敦塔 （Hans Freudentahl，ICMI 第八屆主席，任期 1967–1970） 的「垂直數學化」(vertical mathematisation) 之主張，我們曾經執行一個有關 「縱深統整」 的研究計畫，❺針對類似如下之問題進行研究：

> 九年如何「一貫」？國小圓面積公式 = 3.14 × 半徑 × 半徑，國中圓面積公式 = $\pi \times r \times r$ （r 為半徑），為什麼將 3.14 改成為 π？國中學生有此一問時，教師如何回答？教師需要有高觀點嗎？教師需要「垂直」思考的能力嗎？

或者，我們更應該追問：大學數學系微積分課程中有關圓面積公式的「重訪」，譬如，運用定積分 $2\int_{-r}^{r}\sqrt{r^2-x^2}\,dx$ 來計算或驗證半徑 r 的圓面積等於 πr^2，如何有助於此一問題的釐清與恰當回應？

　　當然，上述這個問題所以值得提出，乃是由於我們的中學數學教學評量，似乎總是被國中基測試題所左右，❻以致於雖然多數教師仍然非常堅持數學論證（譬如國中幾何證明）的重要性，但是，他們的

---

❹參考網址：https://www.cbmsweb.org/

❺參考洪萬生，《中小學數學教師學科知識的縱深統整：以結合 HPM 的探究為進路》(NSC 93-2521-S-003-015, 2004/08–2006/07/31)。參與的教師有王文珮、李建勳、英家銘、陳玉芬、陳啟文、陳春廷、傅聖國、黃清揚、羅春暉、蘇意雯、蘇俊鴻以及蘇惠玉。

❻在十二年國教實施之後，國中基測即將走入歷史，不過，數學的評量方式是否可以喘一口氣呢？我們且靜觀其變。

聲音在基測分數「錙銖必較」的對比下，往往顯得微不足道。在這種情況下，一般人的數學經驗不是恐懼，就是不知所云，「最好的」回憶，頂多如同下引某明星大學一位高材生的經驗談：高中（甚至國中）解題教學的「零碎化」！這出自她在閱讀《數學女孩：費馬最後定理》之後的反思：❼

> 看完這本書，闔上最後一頁時，我的第一個想法是：我高中的數學課都白費了！我會這樣想不是因為我完全不懂本書的數學內容；相反地，就是因為我可以理解大部分的內容，才會有這樣的愧疚。為什麼我都知道各個章節——畢氏定理、質數、倍數、公因數、複數、同餘等，以前對數學參考書上各種題型也瞭若指掌，可是卻從不知道原來他們都是可以串在一起的！說自己是數星星的人也許還太好聽了，還不如說自己是在房間裡看著天文書「念」星星的人，連真正的天空都從未好好仰望過。

按：這部數學小說由日本作家結城浩 (Hiroshi Yuki) 所創作，❽其中，他藉由勾勒費馬最後定理證明的推論「地圖」，而不斷強調高觀點的結構面向之重要性。

　　上引這位學生的心得，顯然是基於以數學知識結構為尚的《數學女孩》之啟發。對於數學教師或未來教師來說，我們究竟可以經由哪

---

❼這位學生選修我所開授的「數學與文化：以數學小說閱讀為進路」（臺大通識課程，2011 年秋季班）。

❽有關本小說內容簡介及評論，參考洪萬生，〈《數學女孩》的數學學習與結構美學〉，《數學的浪漫：數學小說閱讀筆記》，頁 151–164，新北：遠足文化出版社。

些進路，來強化或重建他們對於所授知識的結構完整性呢？我想解決或因應之道，就在於仿照克萊因（ICMI 第一屆主席，任期 1908–1920）的《高觀點下的初等數學》（*Elementary Mathematics from an Advanced Standpoint*）（古典的），或是（摩登的）CBMS 拱心石課程理念。再不然，我們的「縱深統整」計畫成果也不妨參照。以下，我們依序簡介克萊因的高觀點，CBMS 或 MAA （Mathematical Association of America，美國數學協會）的拱心石課程，微積分基本定理的拱心石意義，以及我們自己的「縱深統整」，俾便讀者參照比較，共同關切我們的數學教師培育與專業發展。

還有，在本文附錄中，我也想補充說明 CBMS 在 2012 年所發表的 *MET II*（*MET* 2.0 版）之內容。他們（主要是大學數學系教授）在累積了十年師資教育之具體經驗之後，重申且闡述 *MET* 的如下主題：

- （中小學）學校數學（應）擁有知識性的實質內涵。
- 對於教師來說，學校數學的精通是必要但非充分的數學知識。
- 教師所需要的數學知識迥然不同於其他行業。
- 數學教師的專業素養之成長可以且必須是一輩子的事。
  (CBMS 2012, p. xii)

這些主題的落實由於有了 CCSS（Common Core State Standards，各州共同核心標準）而可以實施得更加具體。儘管這一套標準目前並未獲得美國五十州的一致接受，[9]然而，基於此一標準，CBMS 針對課程

---

[9] 由於美國是聯邦制，故各州獨立行使教育權。

單元的「連結」(connection)，卻設定了比起前述拱心石課程序列更高的標準，值得我們參考借鏡。

二、從高觀點看初等數學

德國偉大數學家克萊因是十九世紀哥廷根學派的掌門人，他除了數學研究貢獻卓著之外，也是關注中小學數學教育的一位大師。事實上，他曾在 1908 年被選為國際數學教育委員會 (International Commission on Mathematics Instruction, ICMI) 主席，國際數學教育界為了紀念他，特別設置了克萊因獎 (Klein Medal)，以表彰學者從事（國際）數學教育研究的終身成就。

圖一：克萊因肖像

有關克萊因的教學風格，顏志成在他的〈哥廷根學派的領導人——克萊因〉一文中，曾指出克萊因：

對於上課的主題，他會介紹給學生很多可供參考的資料，他教學的原則是讓學生自己去證明定理，他只提示一些方法，並且認為要學好課程的話，在課堂上一小時，在課堂外就需

要花四小時來研讀 (Reid, 1986, p. 48)。此外，他講課擅長於綜觀全局，「他能在絕然不同的問題中，洞察到統一的思想，並有一種集中必要的材料來闡明其統一見解的藝術。」(Reid, 1986, p. 48)。而他的學生 R. Fricke 在他 70 歲生日的紀念文上，也同樣提到他的講義組織嚴謹、確實、清晰和優美，並且以統合的精神為基調，來介紹數學知識的方法，是非常受學生歡迎的。事實上，克萊因認為討論班可以刺激學術研究，討論班的主要課題，通常是他正從事研究的問題。在討論班上，他那豐富而多采的思想以及處理問題的方法，完整地傳給了學生。

這種進路，當然也體現在克萊因針對中學數學教育改革所提出的主張，譬如，1905 年他在 Meran 會議所公布的中學數學課程大綱，其實就有了相當真實的呼應：

- 教材的選擇與安排，應適應學生學習心理的自然發展。
- 融合數學的各個分支，密切地聯繫與其他各學科的關係。
- 不忽略邏輯訓練，實用方面也應置為重點，以便充分發展學生對自然界和人類社會諸現象之數學觀察能力。
- 為達到此等目的，應養成函數思想和空間觀察的能力，作為數學教授的基礎。

為了聯繫初等數學課程和高等數學之間的關係，克萊因在 1908 年出版了他的數學教育名著《高觀點下的初等數學》，利用算術、代數、分析以及幾何的例證，深入說明他的數學教育思想。

　　根據黃俊瑋的介紹，[10]克萊因以「中學數學教學講義」為目的，為中學數學教師們寫作此書，從現代數學的觀點出發，向數學老師以及數學心智成熟的學生們，介紹數學教學的內容及基礎。本書主要由其助手們，根據他在哥廷根大學的講課內容整理而成，（德文）原著分成了上卷「算術、代數、分析」以及下卷「幾何」。本書除了展示「數學家」的高觀點，進而統整初等數學知識之外，克萊因也順勢提出他有關數學教育的見解與主張。

　　譬如說吧，他在第一部分《算術》第四章介紹複數系時，就「先從歷史的觀點切入，卡當（按即卡丹諾）解三次方程式的過程，首次用到了虛數，並隨著它的『有用』而逐漸獲得廣泛的使用。接著引入我們一般中學課程之中所熟悉的複數，說明從純形式的觀點來看，複數的運算保持相容性。然後，便引領（讀者）從幾何圖形的角度，了解複數運算法則背後的幾何解釋。接著，再進一步將一般的複數推廣，特別是四元數，並介紹了四元數的乘法與幾何上的旋轉與伸展之間的聯結和意義。最後，則回歸到中學課程之中的複數教學上。在結束『算術』單元之前，並安插了一篇附錄，說明了數學的現代發展與一般結構。」

　　還有，他在第三部分《分析》部分中，介紹相關理論的歷史發展，並期望讀者能全面地了解對數的理論。他建議教科書宜從積分與面積的角度，來定義自然對數的概念，同時，他也指出：「透過雙曲線下的面積而引出對數，此方法與其它任何數學方法一樣嚴格，但其簡單和清晰程度則超過了其它方法。」接著，回歸中學裡的對數理論，他也

[10]參考黃俊瑋，〈《高觀點下的初等數學》第一卷算術・代數・分析之評論〉，《HPM 通訊》13 (9) (2010): 4–10。

批判了中學課程「很少考慮所教定理在大學是否有了推廣，而往往滿足於今天也許夠用，但不能適應後所需要的定義。」

　　儘管如此，他還是在這一個關聯中，批判了當時德國大學數學系的師資培育工作：

> 近年來，在大學數學教師及其他理科教師中間，對如何更好地培養未來中學師資產生了廣泛的興趣，這確實是一種新的現象。在此之前，長期以來，大學裡的人只關心他們的科學本身，從來不想一想中學的要求，甚至不考慮與中學數學的銜接。結果如何呢？新的大學生一入學，他面對的問題，好像與之前學過的東西一點也沒有聯繫似的。當然，他很快就忘記了中學階段學過的東西。但是，他們畢業後擔任教師，又突然發現他們必須按中學教師的教法，來教授傳統的初等數學。由於缺乏指導，他們很快就墜入相沿成習的教學方法，而他們所受的大學訓練，則至多成為一種愉快的回憶，對他們的教學毫無影響。因此，我的始終之一的任務，是向你們點出一般課程中，沒有充分指明的各個數學領域中種種問題的相互聯繫，尤其是強調這些問題與中學數學問題的關係。我希望通過這種方式使你們更易於掌握從大量放在你們面前的知識中，汲取促進數學的養料之能力。而你們進行學術研究的真正目標，我認為就在於掌握這種能力。

換言之，他的「高觀點看待初等數學」，是在中學數學與大學數學之間，進行一個垂直面上的連結與統整 (vertical connection and integration)，從數學家所在的或者是大學數學課程的「制高點」，將基

礎數學知識與高等數學進行結構上的統整與連結，並訓練中學教師能從這一宏觀的視野，來看待數學知識，如此，才可望更適切而順利地引領學生之相關學習與思維。

最後，針對所謂的「科學的教學法」(scientific pedagogy) 之意義，以及其與數學史之關連，克萊因為我們貢獻了極具前瞻性的 HPM 洞識：

> 按生物進化 biogenetic 之基本原則，即人發展之程序，與種族發展情形，大體相同。……余思算學教育至少在一般情形下，必遵守此原則，一如其他事理然。教育之力，應使青年粗具之才能，漸導入高深事理，而終於抽象之形式；人類自簡陋原始狀態努力進達高深知識所取之途徑，即今日所當循守者也。此項原則所以時時提出者，乃因常有近於煩瑣哲學派之人士，每自最普遍之觀念，為教學之起點，迴護其法為「唯一之科學方法」。此理由實全無根據。科學之教育云者，乃能導人作科學方式之思考，而決非於開始時，即置冷酷之科學形式系統於其前也。此種極自然之真正科學教育，推行上有一主要障礙，即為歷史知識之缺乏，……余信已使君等必能瞭然一切算學觀念之如何逐漸完成；此等觀念之初現，大低（抵）皆類乎預言，必經長期之推展始結晶成堅固之型態，如有系統之敘述中所習見者。余切望歷史知識對君等教學之方式上，有不可磨滅之影響焉。[11]

---

[11] 引自余介石、倪可權，《數之意義》，頁 17–18，臺北：臺灣商務印書館。

這一段「文言文式」的譯文，引自 1930 年代中國數學家余介石、倪可權的《數之意義》，這是他們從事數學教學之研究的貢獻，該書與《中等數學基本概念之高等觀點》等，都是余、倪他們多年在各屆暑期中等教師講習會講學之心得。⑫顯然，這是 HPM 的 1930 年代版本，其中他們所引述的克萊因之揭示發生學 (genetics)「重演法則」(recapitulation principle)：「人發展之程序，與種族發展情形，大體相同」(Ontogeny recapitulates phylogeny)，仍然被 1970 年代以降的 HPM 社群奉為圭臬，俾便論述數學史如何可以介入數學教學。此外，根據數學史經驗，數學「觀念之初現，大低（抵）皆類乎預言，必經長期之推展始結晶成堅固之型態，如有系統之敘述中所習見者」，因此，他非常懇切地期待數學教師都能擁有數學史的素養。

三、師資培育的拱心石課程理念

由 CBMS 主編、 MAA 於 2001 年出版的 《教師的數學教育》(*Mathematical Educations of Teachers, MET*) 針對大學數學系為未來教師所提供的數學課程，⑬可以轉述如下：

　　・一年級：微積分、統計學導論、支持性科學課程
　　　　　　(supportive science)

---

⑫引自何魯，〈何奎垣先生序〉，收入余介石、倪可權，《數之意義》，頁 1，臺北：臺灣商務印書館。

⑬1997 年，MAA 主導 MET 計畫。2001 年由 CBMS 公布教師培育計畫的重要文件：*The Mathematical Education of Teachers*。 此一文件最值得注意的是它將形容詞 mathematical 置於 education 之前，顯然意在呼應他們在內文中所強調的，國小五年級以上的數學課程，必須由數學主修的教師來擔綱。

• 二年級：微積分、線性代數、計算機科學概論
• 三年級：抽象代數、幾何學、離散數學與統計學
• 四年級：實變分析導論、拱心石與數學教育課程

其中，有關拱心石課程 (capstone course)，*MET* 之說明如下：

> 拱心石課程的理念對於未來教師特別有價值。不過，它那給
> 出廣袤的歷史文化之視野、數學學習之洞識以及科技之應用
> 等目的，應該也頗適用於其他數學主修的學生。

以函數單元為例，*MET* 指出拱心石與高觀點之連結。「儘管數學
主修學生在幾乎每門大學部課程都在使用函數，準教師還是被推薦應
該從高觀點重訪中學數學中的初等函數，至於其方式正如同他們從結
構觀點，重訪代數與數系運算一樣。事實上，像這樣對於函數及其在
數學中的統合角色之反思性研究，可以放在拱心石內容課程中的顯著
位置。」顯然，

> 函數的拱心石式研究 (capstone study of function) 可以再一次
> 地檢視數學成果中的計算數值與計算圖形工具之角色——這
> 是探索式研究與形式證明之連結的一個重要例子，而且，這
> 也給出了需要藉由真實的數學模型解決的複雜問題之大學
> （學習）經驗。(CBMS 2001, pp. 134–135)

因此，*MET* 建議此一有關函數的拱心石課程系列，應該涵蓋下列五個
面向：

- **歷史視野 (historical perspectives)**。函數一詞最早出現在十七世紀萊布尼茲的一份手稿，但是，其後的概念演化相當曲折，一直要到十九世紀晚期，才逐漸成形。因此，教師熟悉相關歷史，當然有助於理解學生的學習障礙。因此，對於教師（含在職與職前教師）專業發展來說，數學史與數學（教育）的拱心石課程當然十分重要。

- **共有概念 (common conceptions)**。近年來數學教育研究成果已經指出學生**學習函數**的困難之癥結所在，這種數學與心理學所結合的議題，提醒數學家與數學教育家在拱心石課程中，如何共同面對並合作訓練未來的教師。

- **應用 (applications)**。**函數**除了即有用於求解量化問題之外，在數學建模方面，也應該讓未來教師有機會體驗。

- **技術 (technology)**。圖形計算器與電腦在結合了**函數**之後，展現了它們在數學研究與解題方面的強大威力，儘管如何使用目前並無共識。對於中學數學教師而言，拱心石系列教學活動應該探索圖形計算器與電腦在分析學中的可能用處——從數值與圖形探索以及解題到代數、微積分和線性代數中的形式符號運算——並且，細心地考慮技術方法與形式推論方法之間的互動關係。

- **連結 (connections)**。**函數**在數學中幾乎無所不在，它更是連結各種相當分散領域之間的最佳角色。拱心石經驗凸顯了經由函數所引出來的連結，而這對於準教師而言，是相當有價值的洞識。

在上述技術的面向中，將兩種專業（數學與電腦）的連結中，最後「安放拱心石」的那個人或那些人絕對不可或缺，也是培養未來教

師必備的成員。[14]國內大學數學系如果有意承擔數學教師培育計畫，請務必省思相關的學術及教育資源是否充足。如其不然，則應該鼓勵有意進入師資培育管道的學生，跨校到師範大學選修相關科目。

四、微積分基本定理的拱心石角色

　　上一節所提及的拱心石課程大都是跨領域譬如數學史與數學（教育）、數學與數學教育心理、數學與電腦（或資訊科技）的結合。在本節中，我們將提及的微積分例子，則是同一學科的兩個次領域如微分學與積分學的結合。不過。在此一例證中，傑瑞‧金 (Jerry R. King) 有關拱心石的比喻，則更加形象化。在他的《社會組也學得好的數學十堂課》中，傑瑞‧金對於有關微積分基本定理的拱心石角色，說明得極為生動與深刻，值得引述如下：

> 微積分棲居數學世界，也因此它完全是由觀念組成的。不過，這些觀念是有構造的，彙總起來就為這門課題帶來形式和外觀。把這些觀念想成石塊，堆疊在一起就形成一道壯闊的拱門。拱門的兩支砥柱各有名字：左邊是積分學，右邊則是微分學。……微積分發明人的榮耀，名符其實大半歸於兩位數學家，英國的牛頓和德國的萊布尼茲。這兩人（幾乎同時）獨立作出成果，確認外表毫不相干的兩種觀念，其實存有密切關聯，一邊是面積，另一邊則是切線。他們構思出如今稱

---

[14]本系的左台益與陳創義兩位教授，恰好是最佳範例。左台益專長依序是數學與計算機科學，最後匯整到數學教育領域。陳創義雖然以純數學（尤其是幾何學領域）見長，但自修電腦結合中學數學教材，最終轉向數學教育。他們兩位的數學與電腦之素養都相當博雅，因此，在數學教育的參與和指導方面，都獨樹一格，令人印象深刻。

為微積分基本定理的體系，從而確立了兩邊的關聯……基本定理構成微積分拱門的拱頂石。有了這項定理，兩組觀念也才得以結合，從而制定出這門號稱微積分的科目。（傑瑞·金，頁 321–322）

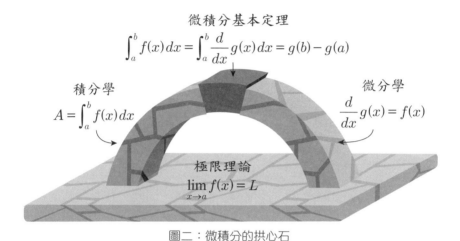

微積分基本定理

$$\int_a^b f(x)\,dx = \int_a^b \frac{d}{dx}g(x)\,dx = g(b) - g(a)$$

積分學

$$A = \int_a^b f(x)\,dx$$

微分學

$$\frac{d}{dx}g(x) = f(x)$$

極限理論

$$\lim_{x \to a} f(x) = L$$

圖二：微積分的拱心石

上述引文及其附圖（仿傑瑞·金原圖複製）是筆者僅見有關「拱心石之比喻」的最佳圖示。[15]顯然，由於微積分基本定理這個拱心石（或拱頂石）的關鍵位置，微積分學這個拱門建築結構體得以樹立，從而兩邊各自堆砌的石塊（分別是微分學與積分學的方法等等）不致塌陷下來。如果一般高中課程的微積分教學無法觸及此一基本定理，那麼，微積分對學生而言，真的只是一堆彼此毫無關連的計算技巧之

[15]極限理論其實還預設了實數完備性 (completeness)，簡要說明及精彩「卡通」圖示請參考楊志成，《數思漫想：漫畫帶你發現數學中的思考力、邏輯力、創造力》，頁 63–65。

組合罷了。平心而論，如果學生無從掌握此一定理在「認識論」與「方法論」兩個層面的深刻意義，那麼，當那些方法或技巧都忘掉了，有關微積分的學習經驗，或許就變成「春夢一場」，了無痕跡了。

五、縱深統整

　　前述有關圓面積公式的相關議題，我們在「縱深統整」的研究計畫中，曾組織國小、國中與高中數學教師，一起撰寫 HPM 學習單模組〈圓周率與圓面積〉。其設計構想如下：

　　⑴國小階段。這個階段強調具體操作，因此，值得布置測量直徑及圓周長的學習活動，讓學生透過動手操作，感受不論圓形物體的大小為何，圓周長與直徑的比值似乎總是某個區間變動（大約 2.5～3.5 之間），而「或可」歸納出圓周率為一定值。[16]顯然，正確的測量方法將影響學童是否能感受到「圓周率」的存在。因此，在學習圓周率之初，引導學生掌握正確的測量方法，是必要的先備技能。學習單的設計重點在測量方法上，讓學生測量的結果儘量不受測量技巧的影響。但對於圓周率為何取近似值 3.14，則似乎只能告知。

　　⑵國中階段。本階段則是從具體操作，進而歸納數學性質與並進行初步的公式推導。由於在國小教材中的圓面積或圓周長，是利用量度實作而得到，而非通過證明或說明，因此，對於相關公式之理解，恐怕並不深入。不過，若要說明或證明清楚又不可行（因為 π 就是很難說明白的一個概念），所以，圓面積公式的引入，務必細心周到。

---

[16] 有關這一點，我們無須過度自信。因為這必須預設學生相信自然界有秩序 (order) 或模式 (pattern) 存在。如果教師熟悉 GSP 或 GGB 的操作，那麼，即使是小學生也應該可以觀察到圓周長比上直徑為一定值。不過，為了說服學生這不是「偶然」現象，應該布置一些引導性問題，譬如 GSP 或 GGB 如何核證我們所熟悉的幾何性質等等。

我們的國中階段學習單提供了兩個教學活動。其中，活動一主要目的在於介紹中國古代劉徽所採用的圓面積公式之一：「半周半徑相乘得積步」。劉徽在證明此一圓面積公式時，設法將圓形轉換成以半周為從（長），半徑為廣（寬）的長方形，「故以半周乘半徑而為圓冪」。[17]再由活動二，吾人可以得知圓面積與半徑平方成固定的比（設為 A），於是圓面積為 Ar^2。[18]接下來，要求學生比對這兩個公式的等價性質：

$Ar^2 = \dfrac{C}{2} \times r \Rightarrow A = \dfrac{C}{2r}$，其中 C 為圓周長，r 為半徑。因此，A 等於周長除以直徑，也就是圓周率 (π)。最後，圓面積 $= Ar^2 = \pi r^2$，亦即是我們所熟知的形式。

(3)高中階段。在高中階段，數學能力的發展著重點之一，在於邏輯推理與抽象化能力的培養。由於圓面積公式的介紹與使用，是國小、國中階段就預定完成的教學目標，因此，對高中學生是已經具有的先備知識。然而，由於圓周率 π 值的特性，也使得教師在國小、國中階段對於它的介紹，被迫採取直接告知的方式。至於圓面積公式，則透過具有極限觀念（但隱而不談，也無法談）的圓之分割，採取直觀認知的教學方式。不過，隨著教育階段的提升，我們對學生的數學能力要求也隨著提高。在高中階段，教師應該主動「重訪」圓面積公式，譬如引進阿基米德的圓面積公式之證明，如能配合積分的計算單元，當然更好。

---

[17]參考〈哪一個圓面積公式「討喜」？〉，也收入本文集。

[18]歐幾里得《幾何原本》命題 XII.2 就是有關「圓面積」的公式：圓與圓之比相當於它們各自邊上所張拓出的正方形之比 (Circles are one to another as the squares on their diameters.)。不過，他並未從此一命題「跨越」到形如 Ar^2 的公式。此一任務似乎「必須」等到阿基米德才來完成。

　　由上述有關學習單設計的構想之說明可知，我們發展的模組，是緊扣著國小、國中及高中課程各自的教育目標，每份學習單各自能在其適當的學習階段中使用，並伴隨著相關的數學史文本。由於我們主要關懷「縱深」與「統整」，因此，學習單的設計都呼應了前一階段學生所具備的數學能力與知識，從而使得各張學習單之間環環相扣，而且具有垂直的連結性。

　　另一方面，我們也將相關數學的概念發展當作一個編寫的參照坐標。考察「圓周率與圓面積」的歷史發展，我們發現古代的數學家似乎採取了與上述不同的進路。以劉徽為例，他對《九章算術》卷一〈方田章〉的註解，是先論證了圓面積＝半周×半徑。緊接著，他使用割圓術逐步計算圓內接正 192 邊形的面積，作為圓面積的近似值，並根據前一公式，「反求」出圓周長，進而求出圓周率的近似值 $\frac{157}{50}$。相對地，阿基米德則是在《圓之測量》(*Measurement of a Circle*) 一書中，[19] 則先用歸謬法（或反證法）與窮盡法，嚴格證明「圓面積＝一個以圓半徑為高、圓周長為底的直角三角形的面積」（這實質與劉徽的圓面積公式相同）。接著，他根據此一公式，求出圓周率介於 $3+(\frac{10}{70})$ 與 $3+(\frac{10}{71})$ 之間。由劉徽與阿基米德的進路來看，他們都清楚知道圓周率是個「定值」或「常數」(constant)，但卻都是從證明圓面積公式

---

[19] 參考李儼，〈明清算家的割圓術研究〉，收入《李儼、錢寶琮科學史全集》第七卷，頁 266–274。此一經典文本曾經由《測量全義》（徐光啟與耶穌會傳教士合譯，1631）傳入明代中國，但始終未獲中國數學史家應有注意。其實，阿基米德在其中所採取的進路——譬如，先證明圓面積公式，再據以估計圓周率之近似值，都與劉徽一致。一旦忽略了此一「參照」，劉徽的進路就容易被「糾纏」到割圓術中，而難以「正確」掌握了。

出發，才進一步求出圓周長與圓周率（至於直徑，則是畫圓的先決條件，通常當作已知）。換言之，圓面積「公式」的存在是先決條件！

現在，對比教科書安排所隱含的概念結構與相關的歷史發展，則吾人或許可針對現行的教材安排可能出現的認知困擾，提供另一個觀照的角度。舉例來說，在國小階段由劉徽的割圓術出發，學生很容易直觀地看出「圓面積＝半周×半徑」。這樣的表示法不僅符合實際測量的情境，也與學生的面積概念吻合，亦即面積是兩個量相乘。因此，如再透過圓周長與直徑關係之公式，將之改寫成圓面積＝3.14×(半徑的平方)，則是否有其基於認知發展上安排的必要性？或許我們不妨等到國中階段，學生的數學能力更加成熟之後，再來介紹彼此關係的推演，說不定會更加適當才是。

總之，這份有關圓面積的學習單的確是高觀點思維的產物。我們依序從高中數學看國中數學，再從高中、國中數學看國小數學。儘管我們提出來的教案未必解決或澄清了所有的相關教學問題，不過，從高觀點俯瞰，我們至少看到問題之癥結所在。其實，如果高三的微積分單元願意分配一個小節，來講解如何利用定積分計算圓面積，再說明它與國中、小階段學過的圓面積公式之連結關係，那麼，數學的垂直（縱深）之建築結構（比喻）意義，應該可以大大地凸顯出來。無論如何，我們的學習單模組，顯然就是基於「圓的拱心石研究」(capstone study of circle) 來編寫了。

六、結論

　　在本文中，拱心石的比喻有時比較形象，譬如微積分基本定理的地位或角色，有時則呈現比較抽象的意涵，譬如，函數或圓的拱心石式之研究就是一個例證。無論哪一種情形，它都離不開高觀點的連結意義。而這當然是我們鄭重介紹克萊因高觀點以及弗羅敦塔的垂直數學化的主要原因。另一方面，由於高觀點也涉及歷史的「洞識」，譬如，在複數平面上重新詮釋坐標平面的問題之意義何在，因此，HPM 在這個關連中，終於有了堂而皇之的切入點。

　　總之，CBMS 所提議的拱心石系列課程，可以追溯到百年前的克萊因對於大學數學系應該如何培訓中學數學師資之主張，只是有些「修辭」(rhetoric) 比較時髦罷了。同時，拱心石課程也一樣離不開歷史視野，CBMS 一再地說明數學史或 HPM 對於訓練未來數學教師的不可或缺。這種針對中小學數學師資素養的強烈期待，可以見證他們在教師專業教師培育方面的力圖振作。至於成效如何，當然有待觀察。

附錄　*MET II* 補充說明

本文根據同名文章修訂改寫而成，原文刊於《HPM 通訊》(2012) 第五卷第六期。最近，我打算將本文收入本文集時，才發現 2001 年 CBMS 所公布的 *The Mathematical Educations of Teachers* （簡稱 *MET*），已經在 2012 年被晉升為 2.0 版的 *The Mathematical Educations of Teachers II* （簡稱 *MET II*），同時，發行單位也在 MAA 之外增列 AMS(American Mathematical Society)，足見美國數學家社群對此一文件的重視。

對我來說，由於這個新版已經不再使用「拱心石課程」這個概念，因此，我必須檢視本文這些舊有的主張是否仍然可以言之成理？無論如何，基於「各州共同核心標準」(Common Core State Standards, 簡稱 CCSS) 的主導作用，這份 *MET II* 也特別強調教師專業發展（不管是師資培育或在職進修）的重要性。

不過，從（大學）數學知識及主修必備 vs. 高中 (high school)、初中 (middle school) 及小學 (primary school) 教學實施的「連結」面向來看，CBMS 在 *MET II* 中，都以具體實例說明其意義，而且也對於「連結」的各種面向「火力全開」，一點都不點到為止。

以 （初中） 6–8 年級的幾何單元中的 「三角形三內角之和等於 180 度」為例，CBMS 就希望教師能 「以例子解說、非正規演示，以及提供證明」(Illustrate, informally demonstrate and prove that the sum of the angles in a triangle is always 180 degrees.)，進而

討論非正規演示及證明之間的區別，以及在演示中吾人可藉以提議證明步驟的多種方法（例如，將三個角撕下來再拼湊

在一起，或可提示畫補助線的策略）。(CBMS 2012, p. 44)

在這個脈絡中，CBMS 非常重視「非正規解說」vs.「嚴密證明」的對比，這同時也涉及「垂直」面向的連結，蘊含高觀點下的初中數學之學習，當然不在話下。事實上，這也是 CCSS 主導下的改革思維。[20]

再看一個連結案例 （高中層次）：一元二次方程式的配方法 (complete the square)。針對這個方法，高中數學課程所處理的，無非就是這個單元知識體的一種裝飾 (the merest decoration) 罷了。所以，CBMS 明確指出教師需要知道的，遠多於只知道如何配方而已，這些「內容」包括：

- 它將每一個一元二次方程式變成為 $x^2 = k$ 的形式，從而導出其解的一般公式。
- 它可延拓成為一元高次方程式中的相去次高次項的方法。
- 它允許我們將每個一元二次方程式的圖形（拋物線）平移，使得其頂點是坐標原點，從而我們得以證明所有這樣的圖形都相似。
- 它提供了簡化二元二次方程式的重要步驟，從而導出這些方程式的圖形之分類。(CBMS 2012, pp. 54–55)

可惜，上引這些內容高中課程「提不出來」，而大學數學系負責師資培育課程又「無從提出來」，那麼，所謂的「連結」（尤其是透過證明的

[20] 這個教學策略想必我們國內的教師並不陌生，要點在於有沒有 「釋出足夠」 時間，讓學生反思與討論。

「邏輯連結」）就變得十分重要，因為它可以觸發我們將所學的、表面上看可能是毫無關係的知識，連結成為一個融貫的整體知識結構 (a coherent body of connected results)。

這種融貫的結構連結在高中階段尤其受到重視。CBMS 針對師資培育中的高等數學科目，提出一個九學分的課程，聚焦在高觀點下的高中數學 (high school mathematics from an advanced standpoint)。在其他的數學主修科目中，他們也不斷地強調連結的必要性。譬如說吧，在抽象代數科目中，CBMS 指出「二次方程式公式解、卡丹諾方法，以及運用根式解四次方程式的算法，都可以從一個結構性的視野 (structural perspectives) 來發展，而視為伽羅瓦理論的預習 (preview)，如此一來，吾人便可為傳統高中數學中的分解因式及配方法之絕招，帶來些許融貫旨趣。」事實上，「這個融貫也就是 CCSS 高中標準的主要目標。」(CBMS 2012, p. 60)

顯然，在 *MET II* 這個數學師資培育及專業發展的新綱領中，參照 CCSS 的標準，CBMS 對於高中數學與大學數學的連結，都提出了遠比拱心石課程序列更深一層的要求。這種連結對於投入師資培育的大學數學系，帶來了全新的挑戰與願景。在一方面，他們可據以貢獻「教師教育」(education of teachers) 的重責大任，另一方面，他們的課程規劃與實作（比如在相關單元中，呼應高中數學內容），也將裨益主修數學的大學生，儘管他們日後未必參與中小學教學工作。

總之，無論是 *MET* 的拱心石系列課程或者是 *MET II* 的「連結」關懷，都主要在課程單元的「垂直提升」面向上，深刻地涉及 HPM 的實作。這種本質上連結到數學知識結構高觀點的俯瞰進路，對於數學教師培育及其專業發展，也引出非常深刻的啟發。這是美國數學教育改革的呼聲之一，值得我們 HPM 參考借鏡。

16 HPM 的最佳伴手禮：

推薦蘇惠玉的《追本數源》

蘇惠玉老師出版這本 HPM 專書，較之於我自己的著作出版，雀躍與期待絕對是有過之而無不及。這種心情就好比看到年輕後輩終於獨當一面，因而欣然分享二十幾年來，開拓 HPM 這個新興學門的價值與意義。

所謂 HPM，原是指一個國際研究群 International Study Group on the Relations between History and Pedagogy of Mathematics 的縮寫，後來，逐漸演變成為一個學門的簡稱。這個學門的主旨，是為了探索數學史與數學教學的關連。事實上，就學門的分類來說，它是橫跨數學史與數學教學（研究）的一門新興學問，也因此，它的理想目標要是連結到數學教育的現實，無非是數學史與數學教學的研究結果之互惠。

HPM 與我的直接關係要從 1996 年談起。當年夏天，我前往葡萄牙參加 HPM 1996 Braga。那是四年一度的 ICME (International Congress on Mathematics Education) 之衛星會議，在會場我得以認識 John Fauvel（英國數學史家）與 Jan van Maanen（荷蘭數學史家），他們分別是 1996–2000、2000–2004 年間的 HPM 主席。由於下一屆 ICME 2000 即將在東京舉行，所以，他們希望我承辦 HPM 2000。這是 HPM 的國際慣例，顯然大家都希望 ICME 與 HPM 分別在鄰近國家舉行。或許是基於數學史同行的某種默契吧，我沒有經過太多考量就承擔下來。

　　我當年所以決定接手，多半由於我年少時的數學普及夢想，所引發的數學史研究志業。記得我在 1981 年出版的《中國 π 的一頁滄桑》（數學史閱讀心得文集）自序中，就特別引述數學史家 Morris Kline 懷抱 HPM 精神的證詞：「循著歷史的軌跡介紹數學，這種方式是獲得理解、深入體會的最佳途徑。」現在，既然有這種機緣籌備此一盛會，就當作一種 HPM 實踐吧。

　　另一方面，我有把握屆時好多學生輩可以提交學術報告，撐起在地的所謂「主場優勢」，同時，他們也會樂意擔任 HPM 會議的志工。事實上，我的學術生涯最值得驕傲的一件事，就是在 1991 年榮獲科學史博士學位之後，有幸指導數十位非常優秀的研究生（如蘇惠玉等人）撰寫數學史相關論文，他們大都從大四開始選修我開授的「數學史課程」，因而深深地被這門學問所吸引。

　　西元 2000 年 8 月，HPM 2000 Taipei 如期舉行，也如預期地博得好評。不過，在所有的行政資源支援中，最具有意義的一項，就是我也從當時的國科會獲得些許補助，得以創辦《HPM 通訊》，❶藉以推動在地的 HPM，並分享 HPM 的研究成果以及相關資訊。至於這個刊物的主編，就邀請蘇惠玉擔任，從 1998 年 10 月一直到今天，她可以說是臺灣 HPM 的永遠志工。

　　由於惠玉的堅持與慧識，這份小眾刊物維持了我們臺灣 HPM 伙伴的學習動能。近二十年來，我們在數學史研究與 HPM 上的實踐，都在這個通訊上留下了珍貴的點點滴滴。業師道本周 (Joseph Dauben) 甚至以「通訊團隊」(Tongxun group) 稱呼我們這一組數學史的愛好者。事實上，有許多伙伴都是由於惠玉的不時敦促，而在這個刊物上

---

❶參考網址：http://math.ntnu.edu.tw/~horng/letter/hpmletter.htm

留下深具紀念性的文章，其中，當然包括惠玉本人的長期耕耘成果。❷

這些成果的精緻版本，其中就有部分收入這本《追本數源——你不知道的數學祕密》。全部的這 27 篇「你所不知道的數學祕密」，大致可分為四類。在這四類中，第一類所包括的單元（第 1–15 篇）有：

(1)數學概念：無理數、虛數、對數、費式數列、黃金分割比、向量（含複數）、巴斯卡三角形（含巴斯卡傳記）；

(2)數學公式：餘弦定律、海龍公式、歐拉最美的數學公式；

(3)數學理論：三角學、圓錐曲線、機率初步；

(4)數學方法：數學歸納法、三次方程式解法（及優先權之爭辯）、高斯消去法的預備。

其中，〈機率初步〉（第 9 篇）可以「抽出」與〈機率論發展的第二樂章〉（第 19 篇）及〈統計學的興起與發展〉（第 20 篇）並列，合為第二類。另外，第 16–18 篇主題都是天文學的數學模型，可單獨成為第三類。至於第 22–27 篇等 6 篇，則是有關微積分的故事，我將它們歸屬為第四類。

（我的）上述分類多少忽略了年代學因素，不過，如此會比較方便我們推薦這些材料作為「特定的」教學用途。基於此一考量，首先，我要鄭重推薦第二類，因為在這三篇文章中，惠玉從數學史切入，為我們呈現了機率與統計之關係的一個簡要輪廓，譬如，她評論說：「當數學家由觀察事件發生的機率，推論事件真實機率的近似值時，就需

---

❷蘇惠玉最近在《臺灣數學教育學刊》6 (1) (2019) 發表〈HPM 實踐在臺灣：以《HPM 通訊》為研究個案〉，總結了《HPM 通訊》在過去二十年間的學術及教育關懷，乃至它的貢獻，值得參考。

要用到統計了。」這對於想要釐清所謂的「統計思考」之意義的老師
（譬如我自己）來說，尤其是不可多得的參考教材。

另一方面，第四類文章可充當微積分特色課程之教材。惠玉從有
關無窮概念的問題談起，總共處理了它們的三個面向：芝諾悖論
(Zeno paradox)、潛在無窮與實在無窮（之對比），以及不可分量
(indivisible) 與無窮小量 (infinitesimal)。然後，再以另三則故事來說明
微積分的誕生，其中涉及數學家除了牛頓與萊布尼茲之外，還論及沃
利斯及費馬所扮演的過渡角色。不過，最重要的數學史洞識，莫過於
她引述數學史家卡茲的見解，說明何以我們會將牛頓與萊布尼茲並列
為微積分的發明人。這對於喜歡「提問」並「告知」「誰率先發明○○
○？」的人來說，[3]頗有「醍醐灌頂」之功！因為唯有深入（知識的
及歷史的）脈絡，我們才能判斷此類提問是否恰當？或者，即使問題
有意義，是否還適合簡單的回答？

再有，本書第三類文章針對「西方歷史上的數學與天文之關係」，
提出了非常詳盡的解說與圖示。惠玉深入相關原典史料所進行的論述
與敘事，說明她打算為這一類特色課程，提供一個相當前瞻的參照，
讓高中教師同行借鏡。她的故事始於托勒密（Claudius Ptolemy, 約 85–
165）的《大成》(Almagest)，經歷哥白尼天文學革命，終於克卜勒的
行星三大運動定律。針對克卜勒最終發現橢圓的天文（物理）意義，
惠玉給了十分動人的評論：「如果當初克卜勒沒能打破一千多年來對圓
形軌道在哲學、美學與宗教上的『盲目』信念，或許我們現在還體會
不到這個宇宙簡單、純粹與和諧之美。」

---

[3] 譬如「誰發明了代數學？」就曾經是大專聯考招生中外歷史科考題。其實，只要稍
　按數學史即可判斷此類「提問」完全無法切中 algebra 一詞的相關問題意識。參考洪
　萬生，〈誰發明了代數學？〉，《孔子與數學》，頁 157–168，臺北：明文書局。

　　最後，我們回到本書第一類文章。這一類所涉及的，都是 HPM「曝光率」最高的單元。也因此，這些故事要說得別出心裁，尤其需要數學史、HPM 的素養與功力，甚至是數學知識本身的洞察力。譬如說吧，惠玉在〈有意思的餘弦修正項〉（第 11 篇）一文中，針對畢氏定理 vs. 餘弦定理之對比，就提出了非常有趣的觀察：「一般定理的出現都有其脈絡，當數學家們發現了直角三角形三邊所作的正方形有著畢氏定理這樣的關係時，接下來感興趣的課題自然而然就是非直角三角形時是否保持一樣的關係？或是要作如何的修正？從特例到通例，從熟悉的已知推廣到未知，餘弦定理的出現脈絡為數學定理的發現做了個很好的示範。」❹

　　還有，在〈圓錐曲線的命名〉（第 15 篇）一文中，對比高中數學教材僅從代數面向來看待拋物線、橢圓與雙曲線，惠玉從「問題的起源、名稱的由來以及表徵方式」，重新考察這三個曲線，從而進一步發現「正焦弦」在「徒然」計算之外的重大意義。原來這個線段的長度，都出現在阿波羅尼斯圓錐截痕 (conic sections) 的表徵之中。因此，針對圓錐截痕的不同定義方式，她明確指出：「仔細觀察就可發現它們都有個相同不變的形式，那就是相等（parabola，拋物線）、超過（hyperbola，雙曲線）與短少（ellipse，橢圓）。藉由這個因性質而起的名字由來，圓錐截痕（圓錐曲線）的觀念得以整合成一體，而不再只是零碎的三個不相關曲線而已。」❺

---

❹ 這也是結構「連結」的極佳範例。所謂「修正項」是指餘弦定理如 $c^2 = a^2 + b^2 - 2ab\cos C$ 中的「$-2ab\cos C$」這一項。經由書中圖示更可以看到此一連結的幾何意義。

這個有關正焦弦的故事，在數學與數學史兩方面都深具洞識，是數學教師專業發展中不可多得的範例。惠玉在《HPM 通訊》發表後沒多久，我在 MAA 所發行的 *Convergence* 線上期刊上，[6]也發現類似的論述，「德不孤必有鄰」，充分見證惠玉、乃至於臺灣團隊伙伴的 HPM 之國際化視野。

　　總之，無論從教師專業實作成果，或是數學史甚至是 HPM 研究來看，本書都忠實地反映作者的深厚學養。它字字珠璣，筆調溫暖，而且洋溢著數學知識活動的練達反思。所有這些，都保證了它的 HPM 跨界（譬如國界）可能性。因此，本書將是 HPM 的最佳伴手，也是 HPM 伙伴獻給臺灣數學教育界的最佳禮物。透過它，我們一定可以想像數學教育的更美好未來！

---

[5]圓錐曲線初傳明季中國時（參見《測量全義》），拋物線、橢圓及雙曲線分別被譯為「圭竇形」、橢圓形及「陶丘形」，可見拋物線及雙曲線這兩個概念，完全不在當時中國人的文化或生活經驗之中。這個史實涉及數學語言傳播的文化意義，值得深入探索。

[6]MAA 是 Mathematical Association of America 的縮寫。*Convergence* 是由這個團體所發行的 HPM 線上期刊。

附記

　　以上推薦文撰於 2017/11/12，收入蘇惠玉《追本數源——你不知道的數學祕密》，三民書局 2018 年出版。現在收錄的版本略有修飾，還補上必要的腳註。不過，如果容許我在此補充一些比較「個人的」(personal) 反思，說不定讀者可以更加深入瞭解臺灣 HPM。

　　正如我在上述推薦文所說，我年輕時自修數學史，頗受史家 Morris Kline 影響。當年我協助林炎全等同窗好友共譯他的鉅著《數學史》(*Mathematical Thought from Ancient to Modern Times*) 時，記得最受用的一句話，就是前文我引述過的，他認為數學史之所以重要，乃是因為「循著歷史的軌跡介紹數學，這種方式是獲得瞭解、深入體會的最佳途徑」。

　　這句話的確是我年輕時體會最深的 HPM 金句。由於年少時志在數學普及，所以，從史實去探索（數學知識）普及的門道，並進一步掌握知識的發生或起源 (genesis)，看起來似乎是相當可行的途徑。因此，除了極少數數學史專門的「習作」之外，我絕大部分撰寫的文章，都是關乎數學普及的論述或敘事，至於其進路都直接或間接涉及 HPM。還有，與本文集題旨——數學故事讀說寫息息相關的，則是我大都透過寫作（普及文章或如何有助於中學數學教學等等），來促進或提升數學史學的理解。

　　這麼多年來，儘管我後來成為專業的數學史家（1991 年以降），然而，卻始終未改普及夙願。在 1980–2020 四十年之間，除了專業的數學史論著之外，我一直在出版普及形式或 HPM 訴求的文集（含與學生輩合撰），比如《中國 π 的一頁滄桑》(1981)、《少年趣味數學》(1991)、《從李約瑟出發》(1985/1999)、《孔子與數學》(1991/1999)、

《此零非彼 0》(2006)、《當數學遇見文化》(2009)、《摺摺稱奇：初登大雅之堂的摺紙數學》(2011)、《數說新語》(2014)、《數學的浪漫：數學小說閱讀筆記》(2017)，以及《窺探天機——你所不知道的數學家》(2018) 等等，如果再加上翻譯的普及書籍或數學小說，那麼，其數量就更加可觀。

　　然而，當我們在論述 HPM 如何有意義時，擁有第一線教學的現場經驗，絕對是必要的參照，畢竟引進 HPM 之目的，絕對不是為了「**教／學**」數學史，而是數學本身。由於我只有一年的國中教學資歷（身分是實習教師），我的 HPM 反思大都僅限於臺灣師大的數學史授課經驗，難免隔靴搔癢，無怪乎年輕世代蘇惠玉老師出版這一本 HPM 專書，會讓我同感激勵、與有榮焉。

2020/5/23

圖一：《追本數源》封面

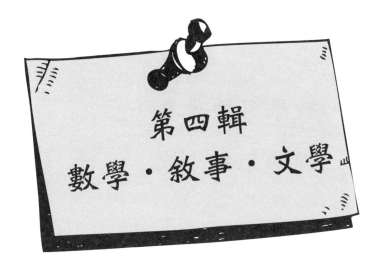

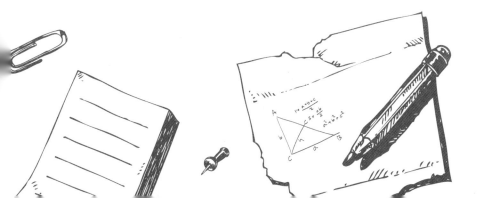

17 數學家的角色：
從傳記到小說

一、前言

數學小說 (mathematical fiction) 的敘事元素及其與數學史之連結，如何有助於數學學習成效之提升？這是一個結合數學普及閱讀活動的新興議題，為我們的研究與實作，找到了全新的切入點。

先是在 2012 年，我應邀參加 PME Taipei 國際研討會，❶以 "Narrative, Discourse and Mathematics Education: An Historian's Perspective" 為題，發表大會演講。其中，我舉大學數學通識教學為例，說明敘事（的詮釋面向）與論證（的認知面向），在數學教育過程中，是「如何可能」獲得同等程度的「實作」。四年之後，我前往法國參加 HPM Montpellier 國際研討會 (2016)，以 "Mathematical Narrative from History to Literature: A practice in liberal arts mathematics" 為題，❷專就數學小說的（文學）敘事功能，指出它們如何引發學生的數學學習的多元面向。❸

---

❶PME 是 Psychology of Mathematics Education（數學教育心理學的縮寫）。

❷我飛巴黎當天，因為碰上尼斯 (Nice) 遭遇恐攻，所以延誤到場，特別商請張秉瑩博士代為宣讀，謹此特別感謝她的義助。

❸事實上，我在該講中指出：數學小說的情節之「邏輯性」有時候會與數學知識的固有邏輯性「平行」，因此，閱讀該情節時，就會「不知不覺地」暴露在相關數學的推論脈絡之中，而讓閱讀活動有了數學認知的意義。

　　上述這兩場學術報告主題都離不開數學史或者 HPM　（Relations between History and Pedagogy，數學史與數學教學之關連）。不過，由於我的教學是以數學小說閱讀為進路，[4]因此，我的論述尤其意在指出：要是吾人充分利用數學小說的「數學敘事」(mathematical narrative)、甚至是「文學敘事」的特色，那麼，其潛在的教學（或主動學習）成效，將可豐富我們對於 HPM 的思考與想像。

　　在數學小說中，有一些作品是根據數學家傳記書寫的文學創作。這種創作分享了一個美妙的學術用詞 ── 文學再現 (literary representation)。[5]作家在「虛構」(fictional) 的情節中，敘說「真實」(true) 數學家角色的故事，往往需要引進與主角相關的數學知識活動，因而讓這種小說敘事「意外地」發揮了數學普及功能。[6]顯然，作家在將數學家傳記「轉換」成數學小說時，讓數學家的（傳記）故事成為讀者更容易親近數學的切入點。

---

[4]根據我在臺大、臺師大的通識教學心得。前者課程為「數學與文化：以數學小說閱讀為進路」，後者則為「小說與電影中的數學思維」，與謝佳叡、英家銘兩位年輕教授合開。

[5]在〈歷史敘事與文學再現：從一個女間諜之死看近代中國的性別與國族論述〉一文中，史家羅久蓉「試圖從歷史『真實』與『再現』兩個角度，探討（間諜）事件發生當時與之後官方與民間對此一事件不同的解讀與想像，以展現戰爭背景下性別與國族之間錯綜複雜的關係」。

[6]如果作家兼具數學家的角色，這常常不是意外發生，而是「刻意」為之。文學敘事的本事最終決定作家的創作是否成功。當然，隨意引進一個公式、一則算法，或者一則神童傳奇，而不襯托相關數學脈絡說明，是無法構成我們所謂的數學知識活動。

　　事實上，從故事 vs. 小說的對比可以看出人物角色所發揮的關鍵作用，邱于芸指出：「故事必須要讓人能夠解讀與體會其中的過程和事件發生的意義，●小說則是要能說明這些故事所代表的價值，而角色是探索價值的關鍵。」更明確地說，「任何事件的發展都要有行動主體，那就是角色，角色是帶領讀者進入故事世界中的重要媒介，透過角色才能引起讀者的共鳴。」因此，令人感動的故事內容，可以把讀者帶入故事情節之中，讓讀者隨著主角悲喜哭笑，感同身受「主角面對生命歷程中的各種考驗與磨難」。●

　　上述這種有關一般「小說 vs. 故事」對比中的角色之說明，當然也適用於「數學小說 vs. 數學家傳記」之對比。譬如說吧，1994 年證明費馬最後定理的懷爾斯 (Andrew Wiles) 之故事，●就相當「可歌可泣」，他的「英雄之旅」即使按一般敘事來刻畫，也非常令人感動。將來如有作家將他的傳記改寫成小說，讀者一定可以從中讀出此一故事所代表的數學探索之價值。

　　在本文中，我將以三本數學小說《太多幸福》、《蘇菲的日記》，以及《算法少女》為例，針對數學家（或「數學知識活動的參與者」(mathematical practitioner)）的角色功能，分享如下面向的反思心得：

---

❼佛斯特 (Edward Morgen Forster) 認為「故事是許多事件用時間串成的集合體」。參考邱于芸，《用故事改變世界》，頁 168–169，臺北：遠流出版公司。

❽參考並引述同註❼。

❾國內曾出版兩本中譯普及書籍：《費馬最後定理》（時報文化出版）及《費瑪最後定理》（臺灣商務印書館出版），其中都有相當篇幅有關懷爾斯的傳記。不過，比較完整的，應該就是 J. J. O'Connor, E. F. Robertson 所寫的傳記 "Andrew John Wiles": http://mathshistory.st–andrews.ac.uk/Biographies/Wiles.html

- 作家之轉換「傳記」為「小說」，我們究竟可以從文學再現得到哪些啟發？
- 在傳記或小說這兩種文類中，「數學家」究竟發揮了什麼角色功能？儘管傳記作家會針對其主題之角色的一生中最具有啟發性的那些插曲進行敘事。❿
- 這些心得對於我們 「重述」 (recount) 這些故事又有何助益？
- 如果我們想要將這些小說或傳記文本當作閱讀材料並進一步發表心得或評論，那麼，你又想提醒學生哪些較佳切入點？

此外，這三本小說的三位主角巧合地都是女性，其中有兩位還是少女。而且，那兩位少女小章與蘇菲都只有 13 歲，儘管後者的故事發展到 18 歲。同時，三位作家也都是女性，不過，她們對於性別平權意識大都只是點到為止，⓫有心的讀者應該可以「心意相通」才是！

二、數學小說 vs. 數學普及

數學小說（含電影、舞臺劇、漫畫及繪本等）既是一種（文學範疇中的）小說，也可歸屬於數學普及書寫。過去，數學小說常被歸類為科幻小說 (science fiction)。以科幻名家艾西莫夫 (Isaac Asimov) 的著作分類為例， 他的傑出科幻短篇小說選集 *Where Do We Go From Here?*（共十七篇），就收入 A. J. Deutsch 的數學小說〈名為莫比烏斯

---

❿ 參考邱于芸，《用故事改變世界》，頁 212。
⓫ 相對來說，《女數學家列傳》的作者 Lynn Osen 就有著清晰的女性主義訴求，因此，其中的蘇菲與桑雅的故事的平權「調性」，就不言可喻。

環的地鐵〉(A Subway Named Mobius, 1950)。對艾西莫夫來說，數學
小說顯然不是一個獨立的文類 (genre)。

　　數學小說成為一個全新的文類，是直到最近才出現的一個文化出
版現象。[12]在一開始，科普作家（含專業數學家）意在利用此一文類，
融數學的「真」與「美」為一體，進而分享數學知識之美感經驗。然
而，正如前述，數學小說不過是科幻小說的子類，直到過去二、三十
年來，數學小說才發展成熟，而成為一個不可忽視的全新文類。以
2005年製播的美國CBS電視臺熱門影集《數字搜查線》(Numb3rs) 為
例，兩位數學編劇顧問德福林 (Keith Devlin) 與洛頓 (Gary Lorden) 就
特別指出數學小說 vs. 科幻小說的「區別」：

> 思考這套影集有很多方式，最正確的是，就是拿它與好的科
> 幻小說比較：在很多案例中，《數字搜查線》對於數學在偵破
> 犯罪的一種特別應用，是未來可能、甚至也許會發生的事
> 情。[13]

顯然，本影集的製作單位並未將它宣傳定位為「科幻小說影集」，因為
奇幻元素 (fantasy) 根本不是賣點，儘管這兩位數學家顧問也認為：

---

[12]參考 Alex Kasman 的 mathematical fiction 網站：
　http://kasmana.people.cofc.edu/MATHFICT/
[13]引德福林與洛頓，《案發現場：FBI警探和數學家的天作之合》，頁244，新北：八旗
　文化出版社。這本書就是以前三季的故事為例，說明數學（家）在這部警匪影集中所
　扮演的角色。

在很多方面，這本書類似以正確物理化學知識為基礎的優秀
科幻小說。每週《數字搜查線》呈現一個戲劇性的故事，其
中真實的數學在敘事中扮演了關鍵角色。《數字搜查線》的製
片費勁地確保劇本中使用的數學是正確的，而且其應用都是
可能的。雖然觀眾看到的某些案例是虛構的，但它們的確可
能發生，而且某些案例未來非常可能發生。在本書中，你將
發現數學可以且正應用於打擊真實的犯罪上，並且捕捉真正
的罪犯。[14]

另一方面，根據我的粗陋觀察，日本傑出作家小川洋子在 2003 年
出版《博士熱愛的算式》，應該可以視為數學小說獨立成為一個文類的
忠實見證。2009 年，加拿大作家艾莉絲・孟若 (Alice Munro) 出版《太
多幸福》(*Too Much Happiness*)，更是對數學小說帶來了更多加持，那
是根據俄羅斯女數學家索菲亞・柯（卡）巴列夫斯基的傳記創作而成
的短篇小說。2013 年孟若榮獲諾貝爾文學獎桂冠，本短篇小說也成了
她最得意的代表作品之一。

由於《太多幸福》是孟若立基於傳記的一部小說，因此，在下文
第三節中，我將說明她如何將傳記轉變為小說，尤其著重她在敘事方
面的創意如何與數學知識連結。以此類推，第四、五節則依序是《蘇
菲的日記》、《算法少女》的相關說明。

---

[14] 同註[13]，頁 15。

三、從傳記到小說：以《太多幸福》為例

對臺灣讀者來說，索菲亞‧柯巴列夫斯基的傳記是由 Lynn Osen 的《女數學家列傳》(*Women in Mathematics*) 所引進，我們出版這本中譯版時，將這位女數學家的名字譯為桑雅‧卡巴列夫斯基（在該書中，英譯名為 Sonya Kovalevsky），那個傳記風格是以女性主義為進路的敘事。有關索菲亞的名字之英文拼法，還有 Sofia Kovalevskaia，那是數學史家 Ann Koblitz 所出版的傳記題名，請參考後文說明。

不過，小說家孟若創作《太多幸福》，卻是基於其他的因緣：

> 有天我在《大英百科全書》裡找資料的時候，發現了索菲亞‧柯巴列夫斯基（《太多幸福》的女主角）。這既是小說家又是數學家的身分，立時勾起我的興趣。

圖一：柯巴列夫斯基照片 (1880)

於是，孟若開始閱讀所有相關資料。顯然因此認識了《小麻雀：索菲亞‧柯巴列夫斯基傳》(*Little Sparrow: A Portrait of Sophia Kovalevsky*) 的作者甘迺迪 (Don H. Kennedy) 及其太太妮娜。由於妮娜是索菲亞表親的後裔，因而孟若有幸獲得「譯自俄文的大量文字，包括索菲亞的部分日記、書信，與無數的文字記錄。」這對於她的小說創作，顯然裨益良多。

　　事實上，儘管孟若在創作這篇小說的「謝辭」中，並未提及《女數學家列傳》，也未提及數學史家 Ann Koblitz 的經典著作 *A Convergence of Lives: Sofia Kovalevskaia — Scientist, Writer, Revolutionary*，但是，根據她的小說敘事，《女數學家列傳》所引述的一些柯巴列夫斯基生涯插曲，孟若並沒有錯過。譬如說吧，卡（柯）巴列夫斯基說明她自己協調「數學的理性」vs.「文學的感性」時，就指出：「很多人由於從來沒有機會通曉更多的數學，都把數學和算術弄混在一起，而認為它是一門枯燥乏味的科學。事實上，數學是一門需要大量想像力的科學。」她以當時一位數學家領袖的說法「要成為數學家，不可能不是心靈上的詩人」為證詞，強調：

> 詩人只是感知了一般人所沒有感知到的東西，他們看的也比一般人深。其實數學家所做的，不也是同樣的事？

緊接著，她以自己的智力活動為例，說明她如何依違數學 vs. 文學之間：

> 就我自己來說吧！我這一輩子始終無法決定，到底哪個偏好較大些，是數學呢？還是文學？只要我的心智逐漸為抽象的

玄思所苦，我的大腦就會立即偏向人生經驗的省察，偏向一些美好的文藝作品；反之，當生活中每一樣事開始令我感到無聊而提不起勁的時候，只有科學上那些永恆不朽的律則，才能吸引我的興致。

針對這個重要的插曲，小說家孟若的敘事頗有創意。在本小說一開始，作家孟若就引述索菲亞有關算術 vs. 數學的對比，這個引述在後文也有清楚的呼應，譬如她回憶恩師懷爾斯查司對她的初訪之印象：

他這輩子（他始終對「熱過頭」這情況非常小心，所以他坦承，要他說出下面這句話並不容易）——他這輩子就是在等這樣的學生踏進書房。一個能處處挑戰他的學生；一個不僅有能力跟上他的思路，更可能大幅超越他想法的後進。他在說出自己真正相信的事情之前必須三思——那就是，在一流的數學家的腦裡，必定有什麼類似直覺的東西，某種一瞬之光，能揭露始終存在的奧祕。這種人必須十分嚴謹、一絲不苟，但偉大的詩人也是如此。（引《太多幸福》，頁 373）

顯然，作家在這個情節中對比了數學家 vs. 詩人，強調直覺與嚴謹的智力辯證之意義。緊接著，作家又進一步詮釋：

他終於有勇氣對索菲亞把這些和盤托出時，他對她說：有些人一聽「詩人」這詞和數學連在一起便怒不可遏；也有人忙不迭附和這種觀念，卻解釋不了自己的想法何以混亂鬆散。（引《太多幸福》，頁 373–374）

　　這個引伸顯然針對索菲亞傳記所引述的數學家證詞：「要成為數學家，不可能不是心靈上的詩人」，儘管她並未指出這位數學家就是她的恩師，柏林學派大師懷爾斯查司。這位偉大數學家的名字在《女數學家列傳》中被譯為外爾斯特拉斯，這是數學史著作常見的中譯。

　　在索菲亞成為懷爾斯查司的入室弟子之後，小說家描述他們的師生關係時，有兩句話涉及懷爾斯查司的數學分析學 (mathematical analysis) 貢獻，值得我們引述如下，藉以印證小說家鋪陳數學於情節之中，讓師父的成就烘托徒弟的超凡數學才能：

> 懷爾斯查司所想的，顯然也成了她所想的——主要是橢圓函數與阿貝爾函數，以及根據這些函數的無窮級數表示法，所建構出的解析函數論。這個以他命名的理論是說，實數的每個有界無窮數列，都有一個收斂的子數列。她先是追隨他，後來開始質疑他，甚至有段時間超越了他。他們的關係隨之從師徒轉為數學同行，她也往往是刺激他深入研究的推手。（頁 376）

圖二：懷爾斯查司

在此，小說家指出懷爾斯查司的兩項傑出貢獻依序為：他運用冪級數展開式來定義解析函數 (analytic function)，[15]還有，他也發現並證明今日初等或高等微積分課本所稱呼的 Bolzano-Weierstrass 定理：實數的每個有界無窮數列，都有一個收斂的子數列。這是實數系的主要定理，在數學分析學 (mathematical analysis) 中至關重要！

四、從「傳記」到小說：以《蘇菲的日記》為例

根據女數學家傳記所創作的小說，還有《蘇菲的日記》。這是作者穆西亞拉克受蘇菲・熱爾曼傳記所啟發的一本數學小說。其故事虛構一位年輕的巴黎女孩在 1789–1794 年間如何可以自修數學，而成為頂尖的數學家。

由於它引自法國大革命的歷史之年代順序架構是真實的（作者甚至還引錄一張當時巴黎地圖），同時，它也描述了真正的歷史人物（譬如當代法國大數學家拉格蘭吉 (J. L. Lagrange) 等），因此，本書是一本歷史小說。另一方面，作者試圖捕捉其中呈現的人物及其時代的風貌與條件，以便在歷史脈絡中納入年輕的蘇菲所自學的數學（知識），並補充十八世紀數學史的一些插曲，因此，我們將它歸類為數學小說，實至名歸。

現在，我們不妨根據《女數學家列傳》及〈蘇菲・熱爾曼的傳記素描〉（載《蘇菲的日記》），引述蘇菲的生平事蹟二三事，以供我們評論《蘇菲的日記》這一本小說時之參照。

---

[15]這個定義等價於法國數學家柯西的版本，後者運用複變函數導數來定義。

　　筆者得識蘇菲其人其事，也完全是由於合譯《女數學家列傳》的機緣。[16]蘇菲的早年傳記插曲廣為人知的，有法國大革命爆發 (1789) 時，她如何遁入父親的書房，意外地閱讀數學史家孟都克拉 (J.-E. Montucla)《數學史》所描述的阿基米德傳奇故事，而大受啟發；又如她開始耽於閱讀而被母親沒收臥室蠟燭，再如她如何利用（男姓）假名魯布蘭 (M. le Blanc) 的名義，向任教於巴黎工藝學院的拉格蘭吉繳交一份有關分析學的期末報告；以及她如何在高斯出版《算學講話》(1801) 之後，與他通信討論數論研究的成果，甚至在 1807 年請求出征日耳曼的法國將領，務必要保護高斯的安全。

圖三：蘇菲・熱爾曼雕像素描　　圖四：蘇菲・熱爾曼紀念郵票 (2016)

　　所有這些插曲，在《蘇菲的日記》作者穆西亞拉克在「日記」之後，所提供的〈作者註記〉及〈蘇菲・熱爾曼的傳記素描〉中，都有極清楚的再現，足見這些「史料」都相當可靠。因此，如果讀者有意認識真實的蘇菲，那麼，上述這些傳記資料都非常值得參考借鏡。

---

[16]在那本傳記集子中，我們將 Sophie Germain 中譯成「蘇菲・姬曼」。

　　還有，作者為《蘇菲的日記》所設計的情節中，以數學的「療癒效果」最受矚目。她安排全書第三則日記 (1789/04/10)，讓蘇菲在法國大革命 （1789/07/14 爆發） 前夕進入爸爸的書房，找到前文提及的孟都克拉之《數學史》，其中所描述的阿基米德不知死之將至、還專注研究之「傳奇」，深深地打動了幼小蘇菲的心靈。在整部小說中，蘇菲所以能挨過革命狂潮的動盪不安，數學知識殿堂所提供的心靈庇護所，是主要的原因之一。

五、從「傳記」到兒童文學作品：以《算法少女》為例

　　算學文本《算法少女》三卷在 1775 年（安永四年）出現於日本江戶，編者署名為「攝州壺中隱者撰術，季女平氏輯」。根據數學史家三上義夫的考證，這一對父女即是千葉桃三及其女兒千葉章，至於他們在歷史上現身的證據，則是因為當時的俳句大師谷素外（署名「一陽井素外」）為本書撰寫後記。

　　1973 年，兒童文學作家遠藤寬子根據 《算法少女》 的一個手抄本，[17]以及其相關的和算 (wasan) 文獻，[18]創作一本題名相同的歷史小說。在後文中，為了說明方便，我們將以「《算法少女》(1775)」代表算法文本，以 「《算法少女》(1973)」 代表現代小說版。在 《算法少女》(1973) 中，遠藤寬子在江戶數學史的脈絡中敘事，情節豐富繽紛，人物刻畫溫暖又富含正義，是一部非常適合青少年閱讀的歷史小說名作。另一方面，從數學普及的觀點來看，我們閱讀這本小說，的確可以體會江戶時代的和算，究竟是如何在庶民之間流傳，同時，學習和算又有何樂趣等等，因此，本書的確是勵志文學類不可多得的佳作。

---

[17]印刷本可以參考小寺裕的和算の館 (http://www.wasan.jp/) 之收藏。

[18]譬如，作者就曾參考日本數學史家大矢真一、平山諦及下平和夫的著作。

　　小說版《算法少女》(1973) 的主角是十三歲的千葉章，她擁有出眾的數學能力，是町上醫師千葉桃三的女兒。醫師爸爸淡泊名利（自稱「壺中隱者」），閒暇時以研究算學自娛，更經常教導女兒小章學習算法。故事從安永四年 (1775) 揭開序幕。當年農曆四月八日，淺草寺舉行浴佛節盛典，關流徒弟前來供奉算額 (sangaku)。小章指出算額上的算題答案有誤，因而引起了當時的（關流）藩主的注意，而想要召見小章。小章竟因此捲入了當時的算法流派之爭，因為小章學習的是她父親所傳承的非主流「上方」算法。於是，在一場主要由關流策劃下的數學競賽中，她必須與另一位學習關流算法的少女一較長短！事實上，關流是由和算大師關孝和 (1642–1708) 所創立，是和算的主流學派，對於日本（本土）算學之發展，功不可沒。

圖五：千葉桃三《算法少女》自序首頁

圖六:《拾璣算法》卷之一首頁

　　這位藩主大名有馬賴徸 (1714–1784) 是九留米藩（今福岡縣）第七代領主。他曾托名豐田文景，出版《拾璣算法》，解答 150 個問題，其中包含關流的主要內容，首度將關流不外傳的「點竄術」公諸於世（參考圖六），使關流代數學廣為人知，從而促進和算的進步和普及。為了推廣和算，他在明和五年 (1768)，還招聘關流藤田貞資 (1734–1807) 為其藩的「算學師範」。藤田貞資在有馬贊助下，於 1781 年刊《精要算法》，其中他針對算學進行分類:「算數，有用之用，無用之用，無用之無用」，呼應日本算學發展的更加全面向度，在東亞數學史上堪稱創舉。[19]

　　這本小說提及的算學家還有鈴木彥助 (1747–1817)。他本名會田安明，創立最上流，曾追隨中西流的岡崎安之習算，可能也從本多利明處，得閱關流傳書。[20]1769 年，他前往江戶，投入幕府旗本鈴木清左

衛門家，改姓鈴木，擔任御普請。1785 年，他出版《改精算法》訂正
藤田貞資 《精要算法》 的錯誤 ， 拉開了與藤田貞資長達 20 年的論
戰。❹1787 年，因幕府役人調整，他被辭而成為浪人，又恢復本姓會
田，專心數學研究與數學教育工作。

儘管最上流與關流的長期論戰，關流還是吸引了傑出的和算家，
譬如上一段提及的本多利明 (1743–1821)。 他又名本田利明，出身關
流，但勇於學習蘭學和西學，是相當著名的實學思想家。1766 年，他
在江戶音羽一丁目開辦天算學私塾，傳授天文、地理和測量之學，是
幕末極有影響力的和算家之一。1809 年他受聘於加賀藩，俸祿為二十
人扶持。❷此外，《算法少女》 也介紹和算家鐮田俊清，他是宅間流
（活動於大阪地區） 二傳弟子，似乎也受到關流的影響。

鐮田俊清所參與的和算風潮，在《算法少女》(1775) 卷之中第五
問之「術日」後，千葉桃三給了一個備註如下：

壺中隱者曰：夫數之行於吾邦也，莫盛乎浪華（按即大阪舊
稱之一）。於是有鐮田氏、內田氏、中村氏、川北氏者，相繼
崛起乎享元之際，各自以術鳴於各處。人人自謂抱連城之璧，
家家自謂握懸黎之寶，是以異問種種，懸之神廟龍宮而觀焉。
許以千金，玉祠宮廟稻荷座摩清水籐井明王光寺等，無所不
然。於是遠近人士，雲集霧散。或誦或筆，非子張則安世也。

❹參考黃俊瑋，〈江戶日本的一場數學論戰〉，收入洪萬生主編，《數學的東亞穿越》，
頁 27–44。
❷一人扶持單位相當於每月男性給五合口糧，女性給三合 （一合等於十升），按月支
付。

可見，千葉桃三見證了江戶後期和算家的「相繼崛起」、「各自以術鳴於各處」，以及算額「懸之神廟龍宮」的盛況。此外，他也留下與「諸子相共唱和」的珍貴記錄：

> 余亦幸生於其時，得以諸子相共唱和，凡五十四條，集錄藏
> 於家。加討論潤色，獲雋永十五條，皆頗祕而不示人者也。
> 今年余歲適於耳順，忽忽竟日，冉冉窮年。桑榆之期，在於
> 須臾。因就十五條內，鈔出五條，以公諸嗜炙。天幸加年，
> 則其餘十條，亦所不隱也。

事實上，在本算學文本 (1775) 中，千葉桃三也不時在引述問題時，註記他所參考的資料來源。譬如，在本書卷之中第三問「答曰」之後，千葉桃三就指出：「此問鐮田俊清之門人細川某之所設也，蓋其本出乎嶋田氏，鐮田氏亦私淑而與有聞焉。」

以上是遠藤寬子在創作《算法少女》時，所掌握的和算家角色。顯然，她為了讓小章的故事更有「溫度」，以凸顯她的正義感，而「鋪陳」有馬賴徸擔任大名的九留米藩財政狀況，作為故事線的歷史脈絡。

久留米藩曾是年收 20 萬石米大藩，卻在十八世紀初期陷入財政危機。藩主有馬則維毅然進行財政改革，廢除只有家世的無能家老所掌控的和議政治，辭退 48 名高官，另聘善於理財的下級藩士來管理財政。於是，藩主採取激進措施，削減家臣待遇，並向農民徵收新稅。因此，在享保十三年 (1728)，不堪苛稅的農民終於爆發「一揆」（起義）。結果，有馬則維被迫讓位隱居（主君「押籠」），而由兒子有馬賴徸繼任新藩主。不幸，在寶曆四年 (1754)，藩內又爆發了一場農民暴動。這一次暴動的受害農民之孫子萬作，就成為小章仗義相助的對象。

原來萬作與妹妹由祖父伊之助帶領，從鄉下帶來村民請求赦免的陳情書，但苦無管道呈遞給藩主有馬賴徸，何況又有藩內大老的手下阻撓。最後，經由俳句大師谷素外的引薦，小章就是利用贈送父女合撰《算法少女》給藩主的機會，夾帶這一封陳情書，而有了圓滿的結局。

在這個小章的故事中，和算家及其流派、會田安明與關流（主角是藤田貞資）之論戰、有馬賴徸大名時期所發生的農民一揆，甚至於寺子屋或天算私塾庶民教育機構等等，都是歷史事實。至於千葉桃三、千葉章以及谷素外三人還有他們三人的互動，其真實性更是毋庸置疑。要將這些真實的人物及事件，運用虛構的情節將它們串連起來，而成為一個雋永的文學敘事作品，的確是作家的巨大挑戰。讓我們引述遠藤寬子在她的小說「前言」中，說明她如何構思出這個故事：

「父親曾說，他經常想起以前──」
反覆閱讀《算法少女》裡，這段據說是由小章撰寫的前言，[23]在仔細探究內容之後，不知不覺中，我內心便孕育出了一個有關《算法少女》的故事，就像用一條顏色相近的線，縫補老舊紡織品上幾乎褪色殆盡的花紋一樣。

至於《算法少女》問世的歷史背景，遠藤寬子則進一步指出：

《算法少女》的背景，也就是所謂的安永這個時代，已是江戶時代的後半期了。當時，在比武士還要低一階層的百姓庶

---

[23] 在《算法少女》前言中，父親的文章大部分是楷書的漢文（參見本文圖五），而女兒的文章則是以優美的和文變體假名夾雜著行書所寫成（參見本文圖七）。

民間，對於追求學術與知識的熱情，正如火如荼地燃燒。算
法的書籍，也在日本全國城鎮或鄉村廣為流傳。《算法少
女》──這本有關描述「學習數學的少女」的書籍，就是在
那個時代由老百姓出版的。

因此，由庶民階層（含浪人）透過可行的機制（如自辦寺子屋，自行
出版教科用書）來教育自己的子弟，顯然是小章回絕藩主招聘的主要
原因，這是因為她儘管小小年紀，卻已經將教育庶民子弟讀寫算，當
作安身立命之所在了。小章這個知識普及的關懷（即使是被虛構的），
或許可以呼應數學史家徐澤林所引述的一個識字率估計：江戶後期男
子達 40%–50%，女子達 15%，[24]而這也被史家認為是明治維新得以成
功的主要原因之一。

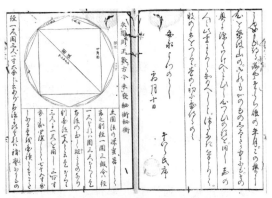

圖七：《算法少女》前言最後一頁及求圓周正數首頁

㉔參考徐澤林轉引：王桂，《日本教育史》，頁 85–91，吉林教育出版社。

六、敘事特色：數學小說 vs. 數學家傳記

這三部小說所據以創作的傳記，只有《太多幸福》的故事擁有最多可靠的情節，因為作者孟若讓女主角索菲亞因重感冒引發肺炎去世前的最後 41 天 (1891/01/01–1891/02/10) 時光裡，回顧她的一生行止。由於她的傳記內容相當完整，因此，絕大部分的情節都有所本，儘管小說中的對話顯然是杜撰的。

正如前述，本小說故事所涉及的真實時間只有 41 天，但是，空間變換則從義大利熱那亞搭火車往北，經法國尼斯、坎城、巴黎及德國柏林，最後回到她任教的瑞典斯德哥爾摩大學。到了巴黎時，她除了探視姊夫及外甥（參加巴黎人民公社的姊姊之遺孤）之外，還拜訪法國傑出數學家龐加萊 (Henri Poincare, 1854–1912)，聽他抱怨懷爾斯查司對他得獎論文審查的不公。她下一個打尖的城市是柏林，目的是藉此行之便拜訪恩師懷爾斯查司。在抵達之前，她陷入兒時俄羅斯的回憶、文青時代的「八卦」，以及她如何克服性別偏見得以出國留學，再因為天分及毅力，而成為柏林學派領袖懷爾斯查司的入室弟子。這個插曲是全篇的高潮，小說家孟若在「真」與「美」的數學比喻之間──譬如有關數學家 vs. 詩人的類比：「要成為數學家，不可能不是心靈上的詩人」時──取得絕妙的平衡，讓索菲亞的才氣得以自然流露，真是令人回味無窮。

這幾年來，我曾多次將此一小說與 Osen 的桑雅（索菲亞）傳記，在兩節課堂的規劃下，同時指定給修習大學數學通識課程的學生閱讀，他們的回饋意見是：這兩個文本應該互補，因為傳記提供傳主的一些基本資訊，譬如生平事蹟等等輪廓，至於小說呢，則透過作家的歷史「想像」，可以啟發我們深刻理解她的（數學）生涯之意義。

　　這一策略並不適用於《蘇菲的日記》這部中篇小說，通識兩節課時間畢竟杯水車薪，無法進行即時閱讀與討論。不過，如果時間足夠，譬如，我們可以讓學生有兩週時間閱讀，那麼，針對「數學與法國大革命」或「法國與十八世紀數學」的主題，這部小說就是絕佳的入門文本了。這些日記雖然都是虛構的故事，但涉及的人物（尤其是與蘇菲有過互動的數學家）都真實存在。因此，以本日記為例，虛構 vs. 史實的「對比」究竟可以帶給我們哪些面向的省思？或許作者穆西亞拉克的「自道」就是最佳的提醒：

> 作為一本歷史小說，引自法國大革命的歷史年代順序是真實的，同時它也描述了真實的歷史人物，然而它的主角（蘇菲）卻是虛構的，即使是由一位真實的人物所啟發。……作為一本數學小說，《蘇菲的日記》納入年輕的蘇菲所自學的數學，並在其中補入數學史的插曲。

　　總之，從「歷史小說＋數學小說」的對偶 (dual) 面向來看，蘇菲自學的數學有其時代的脈絡意義，因此，相對於蘇菲的傳記（以 Osen 的蘇菲傳記為例）之平鋪直敘，《蘇菲的日記》給了我們更豐富的數學史意義，何況其中所鋪陳的「真實」數學知識活動，更是讀者可據以學習（比如）歐拉數學的重要參考。

　　歐拉是數學普及作家的最愛，本書作者也不例外。同時，歐拉活躍的時代剛好在蘇菲之前。因此，在本書中，作者花了許多篇幅說明蘇菲如何被歐拉所吸引。這段插曲的起點是 1790 年 4 月 9 日，蘇菲接到康多塞侯爵 (Marquis de Condorcet) 送給她的禮物——歐拉的《無窮小分析導論》 (*Introductio in analysin infinitorum/Introduction to*

Infinitesimal Analysis)。這本書召喚蘇菲「開始發現和學習的（英雄）旅程」，的確，從那天開始到當年年底，蘇菲的日記幾乎每一則，都記載她自修這部十八世紀分析學經典的心得。

作者穆西亞拉克幼年頗有數學天分，後來成為航太科技專家，並開始自修數學史，因此，本書有很多敘事，理當有她自我學習經驗的投射與分享，這對於許多有心的讀者來說，應該心有戚戚焉才是。

從敘事的時間軸來看，蘇菲的日記始自 1789 年 4 月 1 日，當天是她 13 歲生日，完結於 1794 年 12 月 29 日，在五年多的時間內，法國政治與社會陷入大革命之後的極端動蕩不安。不過，隨著殘酷的政治事件不斷爆發，作者也相對容易掌握「蘇菲」被迫快速成長的心路歷程才是，而她自學的數學也隨之拓廣入深。同時，也由於敘事時間夠長，所以，作者可以按照蘇菲的成長，從容地講解（十七、十八世紀）數學。再有，由於蘇菲缺乏討論的對象，因此，日記顯然成為她自修（或對話）數學之絕佳「文類」。而這，當然也是本小說最值得指出之敘事特色。

相對來說，小章的故事時間不足一年，它從 1775 年（安永四年）農曆 4 月 8 日開始，直到當年 12 月（因閏月，又多了一個月），故事就結束了。至於在最後一章中，小章回覆萬作的信寫於 1795 年（寬政七年），其中，她只是在追溯萬作回到鄉下開設算法私塾之後，江戶所發生的一些趣聞。因此，《算法少女》(1973) 的時間軸大概延伸了十個月之久，由於幾乎沒有倒敘，角色與情節的安排必須相當緊湊，然而，作者還是可以針對她從《算法少女》(1775) 所引述的算學問題，進行有趣的解說，譬如，她在「重建」小章的算法私塾松葉屋的教學實況時，就從《算法少女》卷上引述第一題「富翁與僕人的米粒問題」：

某位富翁問他的僕人想要什麼，僕人回答，請在一月一日給我一粒米，之後每天加倍，直到十二月三十一日。富翁聽完後哈哈大笑說，你真是無欲無求的僕人啊！

以及第二題「三名商人問題」：

有三名商人，一個人去奧州，會在第十六天回來。第二個人去西國，會在第二十四天回來。第三個人去近國，會在第五天回來。三人在回來的隔天，都會再度前往相同的目的地。請問，這三個人在見面之後，要在第幾天，才能夠再度見面？

讓小章、山田多門（可能是托名的有馬家臣）與學生進行討論，[25]藉以顯露算法的真正意涵。山田對小章說：他「一直認為，所謂的學問，就只有聖賢的教諭（儒教），但最近看到妳的教學，我發現原來算法也是一門很深奧的學問。一般人很容易誤以為算法只是商人為了牟利而使用的卑劣技巧，這種想法還真非導正過來不可呀！」此外，當小章向本多利明請教算法時，後者除了向她展示學自荷蘭人的圓周率 π 的無窮級數展開式之外，也非常鄭重地指出：

世界上大概沒有比算法更要嚴格又正確的東西了。無論是身份地位多麼高貴的人，錯的答案就是錯的答案。這真是一門爽快的學問。算法絕對不是遊戲。……我透過荷蘭的書籍，

---

[25] 山田多門可能是有馬家武士，他被小章的私塾義舉所感動，有空時就過來義務協助語文教學。

漸漸地瞭解了西洋人的想法，他們是很重視算法的。他們之
所以會有這樣的想法，其實是因為他們擁有一種冷靜承認事
物正確性的價值觀。

基於這種數學知識價值觀的確認，作家遠藤寬子強化了小說敘事
的弱勢關懷的 「勵志」 基調，讓這本童話文學作品，有了自我解說
(self-explanatory) 的敘事特色，令人回味無窮。

七、數學家的角色

在這三本小說中，作者都將其各自主角刻畫為聰慧、專注及熱情
的女性或少女，而從未企圖將她們塑造為所謂的「天才」。一般人乃至
數學界對天才的描繪，即使她（他）們沒有精神健康層面上的困擾，
大概都類似 1998 年費爾茲獎得主高爾斯 (Timothy Gowers) 所指出的
人物類型。高爾斯說他在劍橋大學平均一、兩年內，總是可以看到一
位年輕的大學生，利用幾分鐘時間便輕而易舉地解出一個難題，而他
的老師卻往往必須花上好幾個小時，甚至更久的時間，才能完成。「碰
到這樣的人，我們所能做的就是往後站，然後崇拜他。」不過，他發
現擁有這種 「怪異的心智速度」 (freakish mental speed) 的天才，卻不
一定是最成功的數學家。

高爾斯的上述評論，是以證明費馬最後定理、但並非天才出身的
懷爾斯來當對照組。他認為懷爾斯的偉大成就所依賴的人格特質，並
未神祕到無法理解。不過，這當然無損懷爾斯在數學史上所奠定的不
朽聲名。高爾斯承認他無法精確瞭解懷爾斯究竟如何成功，但「懷爾
斯必定需要無上的勇氣、決心與毅力，同時，他也需要掌握前人的辛
苦耕耘成果，在正確的時機選對了數學研究領域，以及擁有罕見的擬

定策略之能力」。

　　高爾斯應該是想針對數學神童或天才進行「除魅」。這些常見於科普作品或數學小說的書寫手法，有時，為了增添聳動的「戲劇」效果，作家在重述或創造角色時，不免以心理疾病作為天才「窺探天機」的代價。[26]如此一來，我想高爾斯應該也會同意，這些書寫就欠缺了「勵志」的意義，無法讓一般（年幼）讀者心嚮往之，因此，或許所謂的（普及）閱讀，大概也就成為純粹的消遣了。

　　在此，且讓我簡要介紹 Daniel Dotson 的有關小說文類描畫數學家的研究報告。

　　Dotson 的報告 "Portrayal of Mathematicians in Fictional Works"（小說作品中的數學家之刻畫）發表於 2006 年，因此，他所研究的作品（含小說、電影、電視影集、舞臺劇等文類，但製片或寫作都主要訴求英語閱聽人）的出版日期就截至該年為止，但總數已高達 85 件之多。[27]其中，我們臺灣出版界曾出版中譯本或電影發行的，共計有如下作品：《牛津殺人定律》（*Oxford Murders*，電影）、《證明我愛你》（*Proof*，電影）、《數字搜查線》（*Numb3rs*，電視影集）、《侏羅紀公園》（*Jurassic Park*，電影）、《美麗境界》（*A Beautiful Mind*，電影）、《平面國》（*Flatland*，小說）、《遇見哥德巴赫猜想》（*Uncle Petros and Goldbach Conjecture*，小說）、《蘇菲的日記》（*Sophie's Diary*，小說），以及《心靈捕手》（*Good Will Hunting*，電影）。另一方面，根據女數學家傳記來創作的數學小說，除了《蘇菲的日記》之外，Dotson 還參

---

[26] 譬如電影《證明我愛你》（*Proof*）及《美麗境界》（*A Beautiful Mind*）中的男主角，最後都罹患嚴重的心理疾病。

[27] 更多的資訊可參考 Alex Kasman 的 Mathematical Fiction 網站，不過，他收入的作品已經涵蓋日文版的英譯。

考索菲亞‧柯巴列夫斯基的兩本小說： *Faufi Kovalevskaya* 及 *Sofya Kovalevskaya*，前者是索菲亞的女兒。可見，索菲亞的故事蠻受到作家的青睞。

　　為了分析數學家在這些作品中如何被呈現，Dotson 依序列出這八十五件作品的虛構角色／主角 (fictional characters/protagonists)、作品名稱及文類，並簡短描述其情節。然後，他擬定十項人格特質 (personality trait)，依據這些角色的行動、有關他們或者他們自己的陳述，分派給這些角色。這十項特質（主要以形容詞表示）如下：執迷、主要精神健康問題、退縮、勇敢、羞怯、社交無能、利用數學逃離現實、我行我素、自大、固執。其中，勇敢的人格特質占比最高，有 34 / 85 或 40.0% 之多，女性角色占比尤其高於男性。至於男性角色則在執迷、精神健康問題、羞怯等特質方面，遠高於女性。

　　儘管如此，Dotson 的研究結果指出：在這些文本中，多數數學家並未擁有負面的人格特質，此一結論顯然迥異於大眾主流文化（特別是好萊塢的電影製作所主導）之刻板印象——亦即，數學家都是一群才氣縱橫、但卻自絕於人群甚或有精神障礙的怪胎。[28]可見，我們目前對於數學家角色的敘事，還是可以從容地「勵志」，完全不需要從怪異的人格特質切入，而讓他（她）們引導讀者參與 (engage readers) 相關的數學知識活動，進一步達到數學普及的目的。

---

[28]大眾主流文化的「偏見」，請參考 Latterell, Carmen M., Janelle L. Wilson (2004), "Popular Cultural Portrayals of Those Who Do Mathematics", *Humanistic Mathematics Network Journal*, Article 7。2014 年費爾茲獎得主之一的曼朱爾‧巴爾加伐 （Manjul Bhargava，懷爾斯的徒弟）在籌拍《天才無限家》電影時，曾經徵詢數學家約翰‧納許（John Nash，1994 年諾貝爾經濟學獎得主）：電影《美麗境界》中的男主角（患有極嚴重的雙重人格之心理疾病）是不是你的化身，結果納許回答說：只有名字相同！

　　以上，我們針對數學小說主角的人格特質提供簡要的說明，並特別注意到這些素描與普及（甚至是淑世）關懷之連結。因此，索菲亞、蘇菲及小章的角色原型 (archetype) 也值得我們略加分析，或有助於理解作家的角色塑造。

　　根據皮爾森 (Carol S. Pearson) 的研究，[29]每一個故事都是由角色原型所發展出來的人生歷程，而這些原型則有如下 12 種（成對表列成六組）：天真者、孤兒、戰士、照顧者、追尋者、破壞者、愛人者、創造者、統治者、魔法師、智者、愚者。此外，皮爾森也發現：在吾人的六個生命歷程——童年期、青少年期、成年期、中年轉變期、成熟期、老年期中，都會有兩個似乎完全相反的原型出現，譬如說吧，在青少年時期（從青少年到二十多歲），「追尋者與愛人者原型開始出現影響。追尋者注重獨立自主，害怕團體與親密關係對自我發展造成壓力與窒息；而愛人者則是偏愛建立親密穩固的關係，透過愛人發現自我。這反映在追求自由與尋找情感歸屬之間的拉扯，愛情往往會產生限制與約束，而追尋者卻每每因為追求孤立而放棄親人與家庭。」[30]

　　以索菲亞、蘇菲及小章的角色原型為例，她們顯然都出自真實人物「複製」，不過，在青少年時期，她們「勇敢地」（同時）扮演著追尋者與愛人者的角色，運用數學的知識活動，「給愛人真正負責的承諾與對待」。此外，由於索菲亞的故事一直到 41 歲去世為止，因此，她的生命階段顯然也擴及成年期與中年轉變期，其中，戰士 vs. 照顧者、創造者 vs. 破壞者的對比在這兩個階段的原型表現，也相當清晰可見。當然，數學知識活動的介入如何讓她的生命「晚年」更顯得繽紛多彩，

---

[29]參考皮爾森，《影響你生命的 12 原型》，臺北：生命潛能出版社。參考邱于芸，《用故事改變世界》，頁 88–119。

[30]引邱于芸，《用故事改變世界》，頁 114。

也很值得我們深入分析才是。

　　現在，如果我們的分析是從敘事結構切入，[31]那麼，我們就可以應用普羅普 (Vladimir Propp, 1905–1970) 的角色功能概念。[32]普羅普認為人物的角色功能才是故事的基本要素，它們是由如下七個人物完成：壞人、捐贈者、幫助者、公主與父親（英雄追尋的目標或待完成之任務）、派送者（指出問題，分派英雄任務的角色）、主角（故事中的英雄），以及假主角。至於他們所參與的故事情節，則多半「有一個類似主軸劇情，決定所謂的開始、過程與結束等階段」。一開始，主角被召喚進入冒險的旅程，緊接著故事情節出現富有張力 (tension) 的初步勝利及害人阻撓的挫折，最後，主角獲得最後的勝利，出現圓滿的結局 (resolution)。[33]

　　不過，以本文所討論的三本（數學）小說來說，所謂的壞人及假主角可以說並不存在，儘管故事的「任務」（在童話中常被稱之為公主與父親），以及派送者、捐贈者及幫助者等角色，仍然清晰可辨。還有，這些小說少了壞人及假英雄，並沒有因而降低故事情節的張力，因為那些「空白」被數學知識活動添補上了。以《太多幸福》為例，小說家所描述的師徒情誼，就自然地結合了他們對於數學的真與美之

---

[31] 林芳玫與我曾經運用結構主義敘事分析進路，比較《博士熱愛的算式》及《遇見哥德巴赫猜想》兩部小說，我們發現：「數學小說的敘事風格，與作者所運用的數學知識息息相關，也因此演變成為一個嶄新的文類，為數學的『隱喻』(metaphor) 賦予了極有價值的意涵。」

[32] 普羅普針對俄羅斯 103 個童話故事，歸納出 31 種劇中人物的角色功能 (function)。以結構主義的敘事分析為工具，林芳玫與我曾針對《博士熱愛的算式》及《遇見哥德巴赫猜想》兩本小說進行敘事比較，請參考林芳玫、洪萬生，〈數學小說初探：以結構主義敘事分析比較兩本小說〉。

[33] 同註[32]，頁 186。

心領神受。在《蘇菲的日記》中，作者「重建／還原」法國大革命的極端動盪不安的社會脈絡，來襯托蘇菲自修歐拉數學，並從中尋得心靈庇護之所。至於《算法少女》，作者則讓小章現身說法，說明和算如何成為江戶大眾文化的一環。還有，捐贈者的角色在這三本小說中，也發揮了十分積極的功能。所謂捐贈者 (donor)，是指「幫助英雄成長，或賜予英雄神奇力量的物體」。在《太多幸福》中，那應該就是索菲亞的恩師懷爾斯查司，而且不只是他們初次見面時，後者所提供的測試難題。在《蘇菲的日記》中，捐贈者是康多塞侯爵 (Marquis de Condorcet)，他贈送歐拉的《無窮小分析引論》給蘇菲。至於《算法少女》，捐贈者則是谷素外，他慷慨解囊提供資金，出版父女合撰的《算法少女》。

八、結語

由於傳記是歷史敘事的一種文類，因此，我們在對比數學家傳記 vs. 數學小說時，不妨參考佛斯特（英國小說家／文藝評論家）對比歷史學家 vs. 小說家對於「傳主」的不同書寫進路：

> 歷史學家處理的是外在行為，他們看到的是歷史人物的言行；小說家的作用卻在於揭示內在生活的源泉，能告訴我們更多有關歷史人物不為人知的東西。[34]

針對這一段引言，邱于芸進一步說明歷史 vs. 小說之對比：「那些可以用肉眼觀察到的外在活動，以及從這種活動推論出了精神狀態，

---

[34] 同註[32]，頁 173。

均屬於歷史範疇；然而那些較為神祕、隱晦，包括熱情、夢想、歡樂、悲哀，以及一些無法言喻的內省活動，小說的特長便是表達出人類這一面。」[35]事實上，相較於（歷史）人物傳記，「在小說中我們不僅可以讀到事件的經過，還可以讀到事件的不同的觀點與面向，從表面到內心，從主角到配角，從內而外，鉅細靡遺地勾勒一個精彩動人的故事。」[36]不過，佛斯特也相信「故事的重點不是要改變讀者的觀點，而是要激起讀者接受故事內容與情節，並且讓讀者也能參與進入這些角色特質之中」。[37]

還有，由於「故事是許多事件用時間串成的組合體。每一個人物的生命故事都提供了百科全書般的豐富的可能性，大師的特色就是能夠從中只挑出幾個瞬間，卻藉此給我們展示其一生。」[38]因此，我們可以借用這個對比，來說明孟若《太多幸福》所呈現的價值及意義，因為她只運用了 41 天以及索菲亞的幾個事件或插曲，就充分展示了她一生波折但不凡的數學生涯。還有，穆西亞拉克運用蘇菲五年多的青少女成長期間的生命歷程，來描繪她如何自修數學成材。針對小章的故事，遠藤寬子則運用不到一年的光陰，來刻畫小章與生俱來的數學才氣，以及充滿熱情的淑世正義感。

上述所凸顯的故事情節張力，固然是文學敘事之所專擅。不過，就數學小說此一文類來說，作家的文學再現對於數學家角色的行動之刻畫，也　（可能不自覺地）　受惠於數學知識活動的　「思維自主」(autonomy of thought) 特性，而使得某些故事情節的發展，顯得更加合

---

[35]同註[32]，頁 174。
[36]同註[32]，頁 172。
[37]同註[32]，頁 170–171。
[38]同註[32]，頁 168。

情入理。因此，正如同我一貫所強調的，這些由職業作家所創作的數學小說，「意外地」擁有數學知識的普及功能。換言之，從數學家傳記到數學小說，作家戮力追求「美」之極致，「真」的境界自然顯豁！

　　現在，如果我們要在任何時機或場合重述這些故事，或者鼓勵學生發表這些傳記或小說的閱讀心得，那麼，擷取（閱聽者可以參與的）情節中的數學知識插曲 (episode)，既說故事又講數學，應該就是很好的切入點了。

18 數學女孩：

FLT(4) 與 1986 年風景

一、前言

$x^2 + y^2 = z^2$ 這個方程式有無窮多組正整數解，我們通稱為畢氏三元數組。這是高中數學習作問題。不過，我們在數學學習過程中，老師通常不會「追問」諸如 $x^n + y^n = z^n$ 在 $n \geq 3$ 的情況下，是否有解的問題。可是，大約 1637 年的費馬 (Pierre Fermat) 卻不作如是觀！他對 $n = 3, n = 4$ 的情況所留下的「謎樣」備註：

> 相反地，把一個數的立方分成另兩個數的立方和，把一個數的四次方分成另兩個數的四次方的和，或一般地，把一個數的高於 2 的任何次方分成兩個數的同次方的和，是不可能的。我確信已經找到一個極佳的證明，但是書本的空白處太窄，而無法寫下。

最後就成了所謂的「費馬最後定理」（Fermat Last Theorem，簡稱 FLT）之出處。問題是：費馬究竟憑什麼根據，說他自己「確信已經找到一個極佳的證明」？

事實上，英國數學家安德魯·懷爾斯於 1994 年成功地證明了此一定理之後，表示他的方法完全仰賴二十世紀的數學成果，因此，他認

為費馬可能「誤判」所自稱的證明之「效度」。這或許也解釋了何以一般數學普及作者說到此一定理時，大都「虛晃一招」，而無暇深究費馬「自白」的可信度。

　　然而，《數學女孩：費馬最後定理》(2011) 卻不打算就此罷休！在結城浩「數學女孩」小說系列中，這是相當特殊的一本數學普及作品。首先，它除了日文原版、中文版本之外，還有英文版本 *MATH GIRLS²: Fermat's Last Theorem*（英譯者為 Tony Gonzalez），以及漫畫版本（漫畫者為春日旬）。其次，在這個包括六本的系列書中，相較於其他五本來說，●本書（本系列第二本）的普及目標，比如簡要解說費馬最後定理如何證明，最難以企及，因為正如前引懷爾斯的說法，此一證明所需的預備數學知識，涉及代數數論 (algebraic number theory) 在二十世紀的重大發展成果。●因此，任何人要想在一本讀者群設定為中學生的普及著作中，略窺費馬最後定理的些許面貌，幾乎是科普書寫的不可能任務。

　　儘管如此，我還是想再大力推薦結城浩在本書所呈現的敘事策略，因為他非常紮實地說明費馬如何「證明」$x^4 + y^4 = z^4$ 沒有正整數解。這個證明的「還原」，讓我們比較容易「體會」有關費馬最後定理起源的一段歷史見證，那是本文一開始所引述的，費馬註解丟番圖的《數論》(*Arithmetica*) 命題 II.8 之後，●寫在書頁邊緣空白處的備註。

---

❶其他五本依序（按中譯本出版順序）為《數學少女》(2008)、《數學女孩：哥德爾不完備定理》(2012)、《數學女孩：隨機演算法》(2013)、《數學女孩：伽羅瓦理論》(2014)，以及《數學女孩：龐加萊猜想》(2019)。

❷其實，第六本《數學女孩：龐加萊猜想》也涉及極深刻數學前沿理論，很難普及化。

❸這個命題內容如下：將一個已知平方數分為兩個平方數之和。

圖一：《數學女孩：費馬最後定理》封面

誠如上述，費馬最後定理的現代表式如下：

若 $n \geq 3$，則 $x^n + y^n = z^n$ 沒有正整數解。

我們可改寫成更簡要的形式：若 $n \geq 3$，則 FLT(n) 成立。費馬或許藉由「簡單」的推論（其實丟番圖有關 FLT(2) 的「證明」也差不了多少）而得知 $n = 3$ 或 $n = 4$ 的情況無解，亦即 FLT(3) 或 FLT(4) 成立，才會大膽地猜測這個命題成立。

不過，任何數學上的猜測 (conjecture) 或科學上的預測 (prediction) 要「取信」於人（尤其是同行專家），都需要一些墊底的「本錢」，而不是信口開河。有鑑於此，我打算在本文中，引述結城浩的《數學女孩》如何展現費馬的本錢——證明 FLT(4) 成立，亦即 $x^4 + y^4 = z^4$ 沒有正整數解。同時，順便介紹作者的說故事手法，以供科普作家、中學師生或一般讀者參考借鏡。

二、費馬唯一詳盡解說的數論證明

「如果一個直角三角形的三邊是正整數 a、b、c，那麼，其面積 $\dfrac{ab}{2}$ 便不可能是平方數。」根據數學史家卡茲的研究，這是費馬曾經費心解說的唯一之數論命題。這一成果看起來不令人意外，因為費馬正是「利用」此一命題，而得以證明 FLT(4)。

事實上，這也是結城浩運用 《數學女孩：費馬最後定理》 第 8 章，詳盡解說費馬版的一個證明。緊接著在同章之中，他又據以介紹 FLT(4) 之證明。他提供的證法主要依據反證法（或歸謬證法），以及費馬發明的「無窮遞減法」(method of infinite descent)，再加上一點操作符號代數的不殫其煩，擁有中學初等數學知識背景者即可理解。這當然是結城浩的數學普及的敘事策略：選定主題、尋找有解說可能的情況或案例（譬如本例中的 FLT(4)），然後在一般的通則中，讓至少一個案例可以「演示」它的意義與趣味。如此，從費馬最後定理的脈絡來看，或許我們已經多少掌握其內容或證明之魅力了。

因此，凡是教師打算在各種「場合」中推薦給學生閱讀或與他們「共讀」，那麼，費馬究竟如何證明 FLT(4)，實在是非常經典的演示 (classical demonstration)，值得大力推薦，因為這可以讓讀者萌生若干「虛榮心」。再怎麼看，我們對它的最終證明為什麼「難如登天」，總會有些許感同身受吧。

現在，就讓我們來介紹結城浩如何說明本節一開始提及的費馬命題：

三個邊之邊長為自然數，而面積為平方數的直角三角形並不存在。

利用反證法，我們假設：

三個邊之邊長為自然數，而面積為平方數的直角三角形存在。

令 a, b, c 為此直角三角形三邊，c 為斜邊，則根據已知條件，$a^2 + b^2 = c^2$，且 $\dfrac{ab}{2}$ 為平方數，令其為 d^2。現在，將 a, b 化約為互質。若它們有最大公因數，令為 g，則 $a = gA, b = gB$，A, B 互質。經過簡單的計算與推論，我們可以將畢氏三元數 (Pythagorean Triples) a, b, c 化約成為「原始 (primitive) 畢氏三元數」A, B, C，同時，$\dfrac{ab}{2} = d^2$ 則可「化約」為 $AB = 2D^2$，其中 $d = gD$。

其次，由於 A, B, C 為原始畢氏三元數，且 A, B 互質，則存在自然數 m, n 使得 $A = m^2 - n^2, B = 2mn, C = m^2 + n^2$，其中 m, n 必須滿足下列條件：$m > n$，互質，且兩者之一只能有一個為奇數。

有了 m, n，我們可設法來表現 $AB = 2D^2$。將上一段的 A, B 與 m, n 的關係式帶入，可推得

$$mn(m + n)(m - n) = D^2$$

由於 m, n 互質，所以 $m + n$ 與 $m - n$ 也互質。還有，$m, n, m + n, m - n$ 也兩兩互質。再由於它們的乘積是 D^2，因此，這四個自然數「全都是平方數」！

　　既然如此，在解說他的論證的過程中，本小說中的「我」（第一人稱）不斷地「自言自語」，比如說吧，在他引進四個平方數來表示 m, n, $m+n$, $m-n$：

$$m \quad = e^2$$
$$n \quad = f^2$$
$$m+n = s^2$$
$$m-n = t^2$$

（其中 e, f, s, t 兩兩互質）之後，他就註記了如下心得：

　　這麼一來，又導入了新的變數。而且還一次四個。儘管如此，一定會進行得很順利。對算式的信賴，對算式的信賴⋯⋯。接下來，該轉往哪個方向前進呢？我翻閱著筆記不斷地反覆思考著。試著利用 e, f, s, t 來表現 m 看看好了。（頁 239）

　　再其次，由 $2n = s^2 - t^2$ 可導出如下式子：

$$2f^2 = (s+t)(s-t)$$

於是，「我」又進一步探討 f 與 $s+t$、$s-t$ 的關係。經過簡單的推論，我們可以發現：s、t 都是奇數，因而 $s+t$、$s-t$ 都是偶數，同時 s、t 互質。緊接著，再從上式的等價式子

$$f^2 = 2 \cdot \frac{s+t}{2} \cdot \frac{s-t}{2}$$

可以推得 $\dfrac{s+t}{2}$ 與 $\dfrac{s-t}{2}$ 有一者會是偶數，事實上，它會等於「2×平方數」，令為 $2u^2$，如此，另一個奇數的平方可以表為 v^2。另外，這兩個自然數也互質。

最後，再利用 u、v 來表現 $e^2 = m$：

$$e^2 = m = \frac{s^2 + t^2}{2} = 4u^2 + v^2$$

再令 $A_1 = 2u^2$, $B_1 = v^2$, $C_1 = e$，則

$$(A_1)^2 + (B_1)^2 = (C_1)^2$$

針對這個畢氏定理，我們也可以推得下列事實：

$$A_1 B_1 = 2(D_1)^2$$

其中，$D_1 = uv$。

最後，由於 $C = m^2 + n^2$，所以，$C > m = e^2 \geq e = C_1$。依此類推，我們可以得到「與出發點完全相同形式的關係式成立這個結果，就跟無限次的反覆進行相同的『分解』步驟沒兩樣，可以源源不絕的製造 $C_1, C_2, C_3, \cdots$。」由於如下自然數數列：

$$C_1 > C_2 > C_3 > \cdots > C_k > \cdots > 1$$

不可能無限遞減（利用費馬所發明的「無窮遞減法」），因此，此一矛盾導致一開始的假設——「直角三角形的面積為平方數」無法成立。得證。

在本小說中，結城浩將他的證明思路，比喻成一張「旅程的地圖」（圖二，文字引自頁254）。

至於所使用的「武器」則有如下列：

- 原始畢氏三元數的一般形
- 互質
- 和與差的乘積為平方差
- 乘積的形式
- 奇偶性
- 最大公因數
- 質因數分解
- 反證法
- 矛盾

旅程的地圖

 所欲證明的命題：面積不為平方數

   ↓反證法：假設所欲證明的命題不為真

 假設：面積為平方數

   ↓《利用算式來進行思考》

 忘記直角三角形，利用 a、b、c 來進行思考

   ↓「互質」

 利用 A、B、C 來進行思考「分子」

   ↓原始畢氏三元數的一般形

 利用 m、n 寫出 A、B、C、D 的「畢德哥拉果汁機」

   ↓「利用質因數分解來表示整數的構造」

 利用 e、f、s、t 來表示 m、n「原子與基本粒子的關係」

   ↓「和與差的乘積為平方差」

 利用 $s+t$ 與 $s-t$ 來表示 f「基本粒子之間的關係」

   ↓「利用質因數分解來表示整數的構造」

 利用 u 與 v 來表示 e「基本粒子與夸克的關係」

   ↓結果推導至矛盾

 製作形式形同的 A_1, B_1, C_1, D_1，讓 $C > C_1$

   ↓

  矛盾

   ↓

 假設不為真

   ↓

 證明結束：面積不為平方數

圖二：結城浩的「旅程的地圖」

這是本小說女主角之一的蒂蒂在與「我」(男主角,本小說第一人稱)討論之後,所盤點的證明「武器」清單。緊接著,她試圖釐清課堂學習 vs.「我」的證明之差異,以及說明「課堂學習」vs.「專案研究」(project research) 如何相輔相成:

> 我⋯⋯認為自己在上課的時候所學習到的數學,與從學長這裡所學習到的數學,是不一樣的。課堂上所學習的數學乾燥無聊極了,而從學長這裡學習到的數學卻活靈活現的相當有趣⋯⋯。可是,我或許有點搞錯了也說不定。課堂上的數學,可能比較像是武器的基本使用方式之類的東西。就像是劍道的揮舞動作,或者是手槍射擊動作一類的練習。所以,既平凡又無聊。可是,如果不在這種基本的小地方反覆仔細練習的話,一旦遇到了臨急危難的時候,便為時已晚恐要後悔莫及。(頁 256)

三、FLT(4):$x^4 + y^4 = z^4$ 沒有正整數解

現在,我們就來介紹結城浩對於 FLT(4) 證明之解說。利用反證法(或歸謬證法)。假設存在有自然數 a、b、c 滿足下列關係式:

$$a^4 + b^4 = c^4$$

令 $m = c^2$, $n = a^2$,從而令

$$A = m^2 - n^2$$
$$B = 2mn$$
$$C = m^2 + n^2$$

如此，A、B、C 可進一步改寫如下：

$$A = m^2 - n^2 = c^4 - a^4$$
$$B = 2mn = 2c^2a^2$$
$$C = m^2 + n^2 = c^4 + a^4$$

則由於 $c > a$，因此，A、B、C 也是自然數，而且

$$A^2 + B^2 = C^2$$

也成立。如此，「A、B、C 為構成直角三角形三邊邊長的自然數。C 為斜邊。」

其次，讓我們考慮這個直角三角形的面積 $\dfrac{AB}{2}$ 及其與 a、b、c 之關係：

$$\frac{AB}{2} = (c^4 - a^4)c^2a^2 = b^4c^2a^2 = (ab^2c)^2$$

這表示：以 A、B、C 為邊長的直角三角形之面積為一個平方數，這與費馬所證明的命題矛盾。因此，FLT(4) 得證！

顯然，這個證明的關鍵在於 A、B、C 的「定義」從何得來。不過，結城浩並未進一步說明。

四、FLT(3)：$x^3 + y^3 = z^3$ 沒有正整數解

相較於 FLT(4)，FLT(3) 的證明之難度或複雜度大了許多，也難怪結城浩「適可而止」，而未讓它出現於小說之中。我們此處簡略介紹的一些資訊，是取自歐拉的《代數指南》(*Vollstandige Anleitung zur Algebra*, 1770)。事實上，歐拉正是證明 FLT(3) 的數學家，儘管他的證明並未完備。

在此，我要摘述 Larry Freeman 在他的部落格中所提供的證明 (http://fermatslasttheorem.blogspot.tw/2005/05/fermats-last-theorem-proof-for-n3.html)，根據他的說法，此一證明主要參考數學史家 Harold Edwards 的 *Fermat's Last Theorem: A Genetic Introduction to Algebraic Number Theory*。

首先，假設存在有正整數 x, y, z 滿足 $x^3 + y^3 = z^3$，則我們可進一步設 x, y, z 為兩兩互質 (coprime)。基於此，則下列事實必然成立：

存在有正整數 p, q 使得 (a) p, q 互質；(b) p, q 一奇一偶；(c) $2p \cdot (p^2 + 3q^2)$ 為立方數。

（參考 http://fermatslasttheorem.blogspot.tw/2005/05/fermats-last-theorem-n-3-step-1.html）其次，我們再證明 $2p$ 與 $(p^2 + 3q^2)$ 的公因數不是 1 就是 3。無論是 1 或是 3，我們都可以找到比 x, y, z 這一組更小的正整數解，比如說是 x_1, y_1, z_1 好了。如此一來，我們就可以將上述論證應用到 x_1, y_1, z_1 這一組解上。依此類推，根據費馬的無窮遞減法，我們可以得到如下一組無窮遞減的正整數列：

$$z_1 > z_2 > z_3 > \cdots > 1$$

矛盾！得證 FLT(3)。

　　另一方面，儘管歐拉的證明並未完備，然而，在他的證明過程中，他還是運用到如下推論：

　　為了使 $p^2 + 3q^2$ 為立方數，就像我們以前所見的，我們只需設 $p + q\sqrt{-3} = (t + u\sqrt{-3})^3$，及 $p - q\sqrt{-3} = (t - u\sqrt{-3})^3$，即可得到 $p = t^3 - 9tu^2 = t(t^2 - 9u^2)$，及 $q = 3t^2u - 3u^3 = 3u(t^2 - u^2)$ …

在這個推論過程中，歐拉運用了後來稱之為高斯整數 (Gaussian integer) 的概念，並被高斯之後的數學家如法國數學家拉梅 (Gabriel Lame, 1795–1870) 及德國數學家庫默爾 (Ernst Kummer, 1810–1893) 所利用，而成為他們企圖證明費馬最後定理的主要切入點。

　　歐拉並未完備的證明出版於 1753 年。之後，德國數學家狄利克雷 (Peter Lejeune Dirichlet, 1805–1859) 與法國數學家勒讓得於 1825 年證明了 FLT(5)。狄利克雷又在 1832 年證明了 FLT(14)。還有，拉梅也在 1839 年成功地證明了 FLT(7)。

五、費馬最後定理的「形式」證明

　　在本小說第 10 章中，作者讓數學才女米爾迦 （女主角之一，「我」的同學）主導，邀請由梨（國中生，女主角之一，「我」的表妹）來解說費馬最後定理的「形式」證明。正如前文提及，「我」及學妹蒂蒂是本書另外兩位角色。作者如此安排讓國中生來「講解」FLT 的最後證明，從學習觀點來說，是很有巧思的情節安排，值得我們推許與深思。

不過，米爾迦首先引導大家搭乘時光機器「回到過去」，去觀賞「1986 年的風景」（如圖三，文字引自頁 299）。

1986年的風景

谷山・志村的猜想

【未獲得證明】每一個橢圓曲線都是一個模形式。

FLT(3)、FLT(4)、FLT(5)、FLT(7)

【完成了證明】當 $k = 3, 4, 5, 7$ 時，

滿足方程式 $x^k + y^k = z^k$ 的自然數解 x、y、z 並不存在。

弗維曲線

【完成了證明】只要有滿足方程式 $x^p + y^p = z^p$ 的自然數解 p、x、y、z 存在的話，弗維曲線就會存在。

（x、y、z 為自然數。$P \geq 3$ 為質數。）

弗維曲線與橢圓函數的關係

【完成了證明】弗維曲線為橢圓函數的一種。

弗維曲線與模形式的關係

【完成了證明】弗維曲線並不屬於模形式。

圖三：1986 年的風景

針對這個不可思議的「要求」，小說中的「我」在驚訝之餘，對於定理內容 vs. 定理之間的邏輯關聯，提出了相當深刻的反思：

我很喜歡算式。算式可以說是既具體又一貫的存在。解讀算式，理解結構，變化算式引導思考。只要有算式就能夠接受，沒有了算式就會感到不滿。（頁 300）

這是針對定理內容本身（以算式表達）的掌握需求。「可是——『費馬最後定理』 也未免太困難了點 。」 事實上 ， 即使是歐拉所證明的 FLT(3) 也比費馬所證明的 FLT(4) 困難得多 ， 更不必說其他算式或命題內容了。

> 儘管如此——米爾迦給的「1986 年的風景」裡所提示的邏輯卻相當簡單，讓我們容易便能追上。依循的是邏輯，而不是算式。可是，依循著邏輯前進這件事情卻讓我感到喜悅。那種感覺就像不去探查夜空裡頭的星星，只單純地享受觀賞星座的快樂。（頁 300）

作者還補充說明：學校的教學要求常常是「試證明這個」，而不是「要想清楚應該要證明的是什麼」。換言之，就是教學關懷未曾「強調」某些命題 （及其證明） 在相關知識整體結構中的重要性。

在本小說中，由梨所解說的「證明概略」如下引文：

「費馬最後定理」 證明的概略

使用反證法

1. 假設費馬定理並不成立。
2. 根據假設製造出弗維曲線。
3. 弗維曲線：弗維曲線雖然是橢圓曲線的一種，但卻不是模形式。
4. 意即：「有非模形式的半穩定橢圓曲線存在。」
5. 懷爾斯的定理：所有半穩定的橢圓曲線，都是模形式。
6. 意即：「非模形式的半穩定橢圓曲線並不存在。」

7. 上述的 4 與 6 相互矛盾。

8. 因此得證，費馬最後定理成立。

誠然，任何人如果只是掌握了這張「旅程的地圖」（頁 254），大概很難對 FLT 擁有踏實的感覺吧。不過，從觀察本小說所設定的故事情節來說，這應該是「最周到」的選擇，因為每個「風景」的近距離鑑賞乃至於深入理解，都需要高等數學的門檻。反過來，在數學知識普及活動中，至少「旅程的地圖」與「風景」的比喻，可以得到適當的敘事發揮，因而對於數學知識的理解，當然也不無幫助才是。

六、餘話

在本書中，除了第 8 章有關 FLT(4) 的證明（本文前述第三節）之外，作者也在第 2 章中，說明（原始）畢氏三元數的兩種求解方法。第二種方法證明：「原始畢氏三元數組有無窮多個」等價於「單位圓周上的有理點有無窮多個」。這是將「數論問題」轉換為「（解析）幾何問題」的一個範例，值得我們學習與模仿，因為這個「轉換」讓問題求解變得十分容易操作，見證了解析幾何在方法論上的精進意義。

至於第一種方法，則是將畢氏定理（代數）等式 $a^2 + b^2 = c^2$ 變換成 $b^2 = (c + a)(c - a)$。進一步推論，則存在有 A、B、C 三個自然數使得

$$c - a = 2A$$
$$b \quad = 2B$$
$$c + a = 2C$$

如此，$B^2 = AC$ 且 A 與 C 互質。再進一步推論，A 與 C 會變成平方數。現在，令 $C = m^2$, $A = n^2$，其中 m、n 為自然數，則滿足 $a^2 + b^2 = c^2$ 的 a、b、c 可以表示成下式：

$$a = m^2 - n^2$$
$$b = 2mn$$
$$c = m^2 + n^2$$

其中 m、n 互質，$m > n$，而且 m、n 為一奇一偶。這個原始畢氏三元數組一般形式的推導過程，也在本書第 8 章的論證中得到呼應，可見作者在第 2 章如此大費周章，的確是有周到的考量。

　　另一方面，本小說第 5 章主題是「可以分解的質數」。在本章中，作者意在引進高斯整數 $Z[i] = \{a + bi : a, b \in \mathbb{Z}\}$ ——一個抽象且 「超出」 高中數學範圍的概念， 為歐拉及其後數學家求證 FLT 之說明鋪路。儘管作者無法深入，但是，他對於質數的「進一步」分類，就已經大開高中生或一般讀者的眼界了。這是結城浩在他的數學女孩系列中，帶給我們始終如一的取材驚喜。數學普及書寫如何深入淺出，他為我們提供了最佳示範。

　　同樣的書寫進路，也出現在本小說第 7 章〈群・環・體〉。作者引進這些相當於大學數學系代數課程的（簡要）內容，當然是為第 10 章的代數數論之相關說明鋪路。儘管同樣無法深入，然而，作者還是「想方設法」，藉由數學才女米爾迦的說明，分享了他對抽象代數的理解：

不管是整數環也好，剩餘類環也好，兩者都滿足「環的公設」。可是，整數環與剩餘類環兩者之間的差異卻極大。整數環 Z，給人的印象是在數直線上為連續的點。而剩餘類環 Z/mZ，給人的印象則是像時鐘文字盤上所配置的點一樣，是呈圓環狀的。整數環 Z 為無限集合，而剩餘類環 Z/mZ 為有限集合。整數環 Z 擁有無限性，剩餘類環 Z/mZ 擁有週期性。兩者之間是如此的天差地別，卻同時都滿足了環的公設。也就是說，如果從環的公設推至定理的話，這個定理既適用於整數環 Z，也同樣適用於剩餘類環 Z/mZ。這是因為這兩者皆屬於環的緣故——這就是所謂的抽象代數。

七、結語

在本小說的〈推薦序〉中，我曾特別指出本書敘事的四個主要面向：

- 在人物個性的塑造與故事情節的設計上，作者結合了提問與解題活動，讓本書角色「現身說法」，發揮了敘事的親和力。
- 本書相關解題或證明活動總是呼應四個角色個性與數學經驗，而呈現數學知識活動多元面向之進路或方法。
- 作者也適時地從高觀點或抽象結構，來連結看似毫無關聯的數學分支，藉以提升相關數學的理解能力。
- 作者仿效網路「超連結」手法，讓小說角色藉由「旅程的地圖」以進行「形式推論」，強調數學結構面向之意義。

顯然，作者基於這四個面向以及章節主題，來安排人物角色與故事情節，這或許也可以解釋何以各章節主題都是「數學單元」與「人

物情事」 並陳，譬如，第 1 章第 8 節之題名依序為：「銀河」、「發現」、「找出受到同伴排擠的數字」、「時鐘巡迴」、「完全循環的條件」、「在哪裡循環？」、「超越人類的極限」，以及「真實樣貌是什麼，你們知道嗎？」同時，在人物角色的塑造上，第 1.1 節有關「銀河」的對話，就安排「我」與國中生表妹「由梨」，指出「數星星的人」vs.「勾勒星座的人」之對比。此外，他們也討論本章各節數學單元如何與質數息息相關。

至於本書第 8 章主題，正如本文第 2、3 節所討論，是介紹費馬的無窮遞減法，以及他如何證明 FLT(4)。在本章中，作者讓 4 個角色輪番上陣，敘說他們的相關數學心得，我們或可從本章各節題名略知一二：「費馬最後定理」、「蒂德拉（蒂蒂）的三角形」、「我的旅程」、「由梨的靈光乍現」，以及「米爾迦的證明」。事實上，本章一開頭，就由由梨提問：何謂費馬最後定理？再由「我」來略述其證明演進過程（但完整的內容最後要由米爾迦擔綱）。其次，由蒂蒂提出村木老師所給的問題：「三邊長為自然數，而面積為平方數的直角三角形，是否存在？」他們的討論著眼於問題的轉換。再其次，「我」開始求解此一問題，結果在週五奮戰整晚而徒勞無功。週六外出散心時，由於由梨的「靈光一閃」的提問，讓「我」終於找到解題的正軌。最後，由米爾迦出手，根據「我」證明出來的命題，「帥氣地」證明了 FLT(4)。當然，在「我」與由梨、蒂蒂討論時，他們都會觸及數學學習議題或心得，充分見證本書的數學普及意義。

當然，所有這些都回歸到角色的塑造上。有關本書人物介紹（除了「我」的自我介紹之外，還包括「我」對其他人物的描述），依序如下：

- 由梨：國中二年級生，「我」的表妹。「小我三歲，我們兩個從小玩在一起。而由梨也一直很仰慕與崇拜我。」（頁 1）

- 「我」（的自白）：「數星星的人」，「每次去圖書室，我都會帶著自己喜歡的書。通常大都是數學的書。還有筆記本和自動鉛筆。在那裡，推演算式，然後，沈思……。」（頁 2–3）

- 蒂蒂（或蒂德拉）：「高中一年級，是小我一屆的學妹，有著一頭短髮和大大的眼睛，嘴邊總是不時掛著微笑。我們常一起唸數學，是和我感情很要好的一個身材嬌小的女孩。雖然大部分的時間都是我在教她，但有時她也會突然靈光乍現地蹦出一些天馬行空的想法，偶爾讓我驚艷不已。」（頁 27）

- 米爾迦：「高二，是和我同班的才女，尤其擅長數學，可以說是個高手。一頭烏黑的長髮，臉上掛著一副金框眼鏡，擁有高挑的身材和美麗優雅的儀態。米爾迦只要一走近我，身邊的空氣就會立即緊張地凝結起來。」（頁 32）

以及在小說中未曾現身、「只給（題目）卡片」的數學老師：

- 村木老師：「我們的數學老師。雖然是個古怪的傢伙，但是他喜歡我和米爾迦，總是給我們出些耐人尋味的數學作業。雖然這些數學作業跟上課或考試的內容完全無關，但總能讓我們感到神清氣爽，精神為之一振。我和蒂蒂及米爾迦，對於能和這樣的村木老師交手比劃相當樂在其中。」（頁 32）

　　根據這些角色設定，可想而知，在他們參加費馬最後定理的「自由講座」（第 10 章）之後，主導其後反思的，當然非米爾迦莫屬了。

於是，她強調「在 FLT 的深處，請把眼光移向谷山・志村的猜想上」，然後，開始細數求證 FLT 的歷史，從問題本身，到基礎數論的時代，再到代數數論的時代，以迄於幾何數論的時代，而最終迎來 1986 年風景及懷爾斯。

　　總之，這是一本「故事中有故事」的數學小說。作者安排故事中的角色述說數學故事，從而企圖在脈絡中理解 FLT 證明的意義。至於其敘事手法，則是盡可能「還原」費馬和歐拉分別證明的 FLT(4) 和 FLT(3)，以佐證費馬在丟番圖《數論》書頁空白處的備註之意義。另一方面，作者也基於數學普及的深刻關懷，將他自己的研讀心得，藉由本書四位主角的對話與互動，而得以相當完美地呈現「另類」數學學習的價值與意義。

　　經由（數學）敘事 (narrative) 來學習數學，結城浩的《數學女孩》為我們樹立了典範。

19 數學經驗的敘事美學：
以歐拉算式 $e^{i\pi}+1=0$ 為例

一、前言

在數學普及著述（尤其是數學小說）中，歐拉算式 $e^{i\pi}+1=0$ 是一個最常見的等式，[1]它讓許多數學家、科普作家乃至於（職業）小說家痴迷不已。他們總是設法將它引進作品之中，成為數學知識如何優雅、或者故事情節如何有趣的不可或缺環節。譬如說吧，蘇惠玉老師在她的《追本數源——你不知道的數學祕密》中，就運用一整章（第21章）的篇幅，來介紹「歐拉與最美的數學公式」。其中，她特別指出：

> 歐拉令人讚嘆的才能中，還有一項是別的數學家很難望其項背的，即是對自己研究成果的堅定信念與無與倫比的數學直覺，這兩點充分體現在他著名的無窮級數求和與本篇文章要陳述的歐拉公式上。（蘇惠玉，頁 196）

事實上，她在臺灣開風氣之先，很早就大力推薦《博士熱愛的算式》，讓我們跟著喜愛這本主要基於 $e^{i\pi}+1=0$ 所創作的數學小說。

---

[1] 在本文中，歐拉算式專指 $e^{i\pi}+1=0$ 這個公式，呼應《博士熱愛的算式》之說法。

　　另一方面，有些國家在發行紀念郵票時，也會將此一公式的「源頭」形式納入，比如，圖一的紀念歐拉的郵票。這是 1957 年 4 月 17 日，瑞士為了紀念歐拉的 250 週年誕辰所發行的郵票。❷

　　此處所謂的「源頭」，是指此郵票中所展示的如下公式：

$$e^{i\varphi} = \cos\varphi + i\sin\varphi$$

而非大家所熟悉的 $e^{i\pi}+1=0$。事實上，後者是前者帶入 $\varphi = \pi$ 所得到的結果。為了方便敘述，我們在本文中將前者 $e^{i\varphi} = \cos\varphi + i\sin\varphi$ 稱為「歐拉公式」，至於後者 $e^{i\pi}+1=0$ 則仿作家小川洋子的《博士熱愛的算式》之說，而稱之為「歐拉算式」。

　　在本文中，我們除了引述這些有趣的郵票之外，還要說明數學普及作家以及數學小說家，如何在這個歐拉公式上「說故事」（或「做文章」）。但最重要的，我們也打算介紹歐拉如何導出他的公式。如此，我們對歐拉數學經驗的美學品味，或許就可以獲得更深一層的體會。最後，如果有人打算將這些敘事與「史料」引進教育現場（譬如大學數學通識或高中特色課程），我們也希望提供一些或可參酌使用的建議。

---

❷ 這張郵票中的拉丁文 Helvetia（赫爾維蒂婭）是瑞士聯邦的象徵。這一名稱和瑞士的官方名稱「赫爾維蒂婭邦聯」，都源於羅馬帝國征服瑞士高原之前當地的居民赫爾維蒂人。參考維基網頁。

圖一：歐拉紀念郵票，瑞士，1957 年

二、歐拉及其紀念郵票

歐拉出生於瑞士巴塞爾 (Basel)。他父親保羅 (Paul Euler) 是喀爾文教派牧師，年輕時曾經與約翰・白努利 (Johann Bernoulli, 1667–1748) 一起寄宿在雅各・白努利（Jacob Bernoulli, 1655–1705，約翰的哥哥）家中，從中學到一點基礎數學。因此，在學校教育無法提供數學課程時，父親是歐拉的數學啟蒙者。還有，也因為父親與白努利家族的關係，歐拉終其一生，都與這個數學家族維持濃厚的情誼。歐拉也因此有機會在約翰的指導之下研讀數學。

約翰發現歐拉的數學天賦之後，向歐拉的父親說項，讓他在 1723 年獲得碩士學位之後，放棄父親為他規劃的神職生涯，[❸]而專研數學。這時他才 16 歲。

1725 年，歐拉在數學上開始嶄露頭角。1727 年，還不到 20 歲的歐拉，就完成了一篇有關互反曲線 (reciprocal algebraic trajectories) 的論文，參加法國科學院的徵獎，結果榮獲第二名。這個榮耀讓白努利

[❸]歐拉父親的原先安排是有道理的，因為當時歐洲大學繼承中世紀傳統，大學之後的學習都與職業選擇有關，學生除了神學院之外，還可進入法學院與醫學院就學。

家族得以推薦他，到俄羅斯新創立的聖彼得堡科學院擔任生理學助理，他的任務是教授數學與力學的應用。歐拉沒有馬上赴任，因為他也申請巴塞爾大學物理學教授的職位。在因為他太年輕而被拒絕之後，歐拉前往聖彼得堡就任。後來，他先是轉任數學－物理部門研究員，再轉任數學部門的資深研究員。

　　這是 1733 年的故事，當時他的經濟條件改善而得以結婚。他們夫婦總共生了 13 個小孩，其中只有五個存活下來。不過，家庭的經濟負擔並未影響他的研究，可是，卻有可能重創他的視力。1738 年，他的右眼視力變差，幾近全盲（參考圖一、圖四畫像中的右眼）。此時，柏林科學院力邀他加入，於是，他在 1741 年轉任該院的研究員。

　　儘管附帶的公關服務工作頗為繁重，歐拉在柏林科學院的 25 年間，還是交出了大約 350 篇論文，以及出版主題遍及變分法、分析學、行星軌道、月球運動、彈道學，以及船隻建造等各色各樣書籍，當然也包括《給德意志公主的書信：泛談物理與哲學》，一本十分有名的科學普及著作。

　　不過，由於菲特烈大帝的過度干預科學院事務，以及另一方面，俄羅斯凱瑟琳二世的邀約，歐拉在 1763 年回到聖彼得堡科學院。不幸地，回俄羅斯沒多久，他的左眼因病使白內障加劇，雖然動了手術，但由於他疏於照顧，最後連左眼的視力也完全消失。禍不單行，1771 年他家中失火，所有數學手稿幾乎付之一炬。儘管如此，他始終樂觀以對。1783 年 9 月 18 日，他照常工作，下午五點忽然腦出血，於下午七點鐘安然去世。

　　有關歐拉的數學成就，可以參考《毛起來說 e》，其中，作者毛爾對於歐拉的研究成果，尤其是「e 正式現身」以及「e 的更多引伸」這

兩節，更是言簡意賅，是了解歐拉極有幫助的數學普及書寫，非常值得參考。當然，如果願意參考英文版傳記，那麼，方便且可靠的版本，莫過於 https://mathshistory.st-andrews.ac.uk/Biographies/Euler 網站中的 "Leonhard Euler"，由英國聖安德魯大學 (University of St Andrews) 數學家 J. J. O'Connor 及 E. F. Robertson 合撰。

接著，我們介紹有關歐拉的 5 張紀念郵票，它們是由瑞士、前蘇聯、前東德、以及南韓所發行。❹除了南韓之外，其他 3 個國家的發行，都與歐拉的生涯（出生、成長與任職）息息相關。儘管如此，這些郵票設計者所想像的歐拉及其數學貢獻，或許也是我們探討發行國的數學文化的一個切入點吧。

有關歐拉的紀念郵票，最早在 1957 年，瑞士（圖一）及前蘇聯（圖二）為了紀念歐拉 250 週年誕辰而發行。圖三由前東德 (DDR) 於 1983 年發行，紀念歐拉 200 週年逝世。圖四由瑞士於 2007 年發行，紀念歐拉 300 週年誕辰。圖五則由南韓於 2014 年發行，紀念國際數學家會議 (International Congress of Mathematician, ICM) 在首爾召開，其中歐拉肖像不在場，然而，七橋問題的不朽與普及意義，卻獲得彰顯！

圖二：前蘇聯發行，1957 年

---

❹參考網址：http://jeff560.tripod.com/stamps.html

　　在由前蘇聯所發行的這一張郵票中，我們可以發現除了歐拉的畫像之外，還有一棟相當雄偉的建築物，那應該是歐拉長期工作過的聖彼得堡科學院。至於由前東德於 1983 年（圖三）、瑞士於 2007 年（圖四）各自發行的紀念郵票，則除了歐拉的畫像之外，數學公式被歐拉定理取而代之。這個定理表示一個凸多面體的頂點數 (e)、稜數 (k) 及面數 (f) 的關係：$e-k+f=2$。❺後來，在代數拓樸學 (algebraic topology) 中，$e-k+f$ 稱為歐拉示性數 (Euler characteristic)，它是一個拓樸不變量，特別地，若一個多面體與球體同胚 (homeomorphic)，那麼，它的歐拉示性數就會等於 2。

圖三：前東德發行，1983 年

圖四：瑞士發行，2007 年

圖五：南韓發行，2014 年

---

❺利用這個定理，我們很容易證明只有五個正多面體（稱之為柏拉圖多面體）存在。那是《幾何原本》第 XIII 冊的主題，但是，利用歐拉定理來證明，則簡便多了。

　　另外，2014 年由南韓發行的紀念郵票（為了紀念國際數學家會議 (ICM) 在該國舉行），則以「哥尼斯堡七橋問題」為主題。這個本質上是（圖論）一筆畫的問題，也與拓樸學（歐拉當時稱之為「位置幾何學」）有關，源自歐拉在 1736 年發表的論文〈與位置幾何有關的一個問題的解〉，常被視為拓樸學與圖論的先聲。此外，此一問題也是數學普及著述的最愛，不過，讀者若有機會研讀歐拉的論文，❻一定更能貼近他的進路才是。

　　因此，我們在此介紹的郵票所引用的歐拉數學，依序是歐拉公式、歐拉定理（有關凸多面體）及七橋問題。這個順序似乎也呼應著數學普及的著眼點，從「菁英關懷」走向「普羅觀點」，對一般社會大眾，七橋問題顯然容易理解多了。同時，發行歐拉郵票的國家，也從他的（第一故鄉）瑞士、（第二故鄉）前蘇聯及（第三故鄉）前東德，擴及到南韓等等。

　　由於對一般讀者來說，第一張郵票最難以「親近」，因此，我們在下文中，除了介紹科普書寫（第三節）或小說創作中的歐拉算式（第四節）之外，也將（在第五節）引述歐拉如何導出 $e^{i\varphi} = \cos \varphi + i \sin \varphi$，讓我們一起向歐拉大師學習！

三、數學普及書寫中的歐拉算式

　　在數學圈裡，曾經有過一個純粹好玩的民意調查，徵得一百多位數學家票選出他（她）們心目中最漂亮的數學公式。這個算式何以具有如此魅力呢？或許我們可以徵之於數學普及作家的說法。事實上，

---

❻參考歐拉，〈論哥尼斯堡七橋問題〉，李文林主編，《數學珍寶：歷史文獻精選》，頁 617–626，臺北：九章出版社。

在本節中，我們將介紹 9 位數學普及作家在他們各自的著作中，針對歐拉算式所分享的美學品味。

這 9 位依序是毛爾、傑瑞‧金 (Jerry King)、大衛‧艾契森 (David Acheson)、齊斯‧德福林、威廉‧鄧漢 (William Dunham)、保羅‧霍夫曼 (Paul Hoffman)、亞瑟‧班傑明 (Arthur Benjamin)、永野裕之，以及大栗博司 (Hirosi Oguri)。

1. 毛爾：《毛起來說 *e*》

本書英文原名為 *e : The Story of A Number*，毛爾運用第 13 章 〈e^{ix}：「最有名的公式」〉來「襯托」*e* 的故事之豐富多元。本章一開始，他就引用卡斯納和紐曼的一段話，當成章前案語，來說明歐拉公式如何有名：

> 歐拉把棣美弗的一項發現，導成一個有名的公式：$e^{i\pi}$ +1=0，這可能是所有公式中最精簡又最著名的一個了⋯⋯ 不管是神祕主義者、科學家、哲學家和數學家，都對它引起高度的興趣。（頁 214）

不過，在本章中，毛爾除了指出歐拉的著作《無限小分析引論》，是數學史上「第一個點出 *e* 和 e^x 在分析中的核心角色」，從而藉以凸顯歐拉在分析學上的偉大貢獻。歐拉的成就當然不只此端，我們從他在本章中對於歐拉的生平事蹟之簡介即可得知。事實上，他對歐拉的數學研究之豐富多產的最深刻的比喻，是歐拉 vs. 莫札特的對比：

> 如果我們把白努利家族比喻作巴哈家族，那麼歐拉無疑是數

學界的莫札特，他的豐富成果估計可填滿至少七十冊書，到現在還沒全部出版完。（頁 214）

最後，當然是他對歐拉「算式」的謳歌與禮讚：

如果用 「了不起」 來形容 $e^{ix}=\cos x+i\sin x$ 與 $e^{-ix}=\cos x-i\sin x$ 二式，我們就得另外找更恰當的詞句來形容 $e^{i\pi}=-1$；它在所有數學公式中，鐵定可以列在「最美的公式」行列中。真的不誇張，如果把它改寫成 $e^{i\pi}+1=0$ 的形式，它就連結了數學中最重要的五個常數（也連結了三個最重要的數學運算——加法、乘法及指數運算）。

這五個常數分別代表了古典數學的四支主流：算術可以用 0 和 1 代表；代數用 i 代表；幾何用 π 代表；分析用 e 代表。無怪乎有許多人從歐拉公式中找出各種神祕意義。

（頁 227-228）

由於《毛起來說 e》的主題很大一部分與歐拉的貢獻有關，因此，如果讀者有機會閱讀本書，那麼，進入十八世紀西歐的數學脈絡，或許可以更深刻地體會歐拉算式或歐拉公式的「美學」意義。正如同歐拉將「虛」的 i^i 變成為「實」的 $e^{-(\frac{\pi}{2}+2k\pi)}$（$k=0, \pm1, \pm2, \cdots$），[7]毛爾也提點極為「夢幻」的算式或公式變得十分有用之歷史，為數學經驗的美學敘事，平添些許佳話。

針對歐拉對虛數研究的貢獻，毛爾在本書第 14 章中，也給出一個

---

[7]參考毛爾，《毛起來說 e》，頁 250。

極有洞識的備註，值得我們在此引述：

> 複變函數論是十九世紀數學的三大成就之一（另兩項是抽象
> 代數及非歐幾何學），這意味著微分學與積分學，已擴大到連
> 當年的牛頓及萊布尼茲都無法想像的領域。歐拉在 1750 年左
> 右做了探路者，之後在十九世紀，經由柯西、黎曼、懷爾斯
> 查司及其他人的貢獻，給了複變函數今天所享有的地位。
> （頁 254）

2. 傑瑞·金：《社會組也學得好的數學十堂課》

　　本書英文原名為 *Mathematics in 10 Lessons: The Grand Tour*，在第
五章中，傑瑞·金介紹實數與虛數的理論發展，最後，他在簡述複變
分析 (complex analysis) 的十九世紀發展之後，指出這門學問已經「枝
繁葉茂」，且「單憑其本身就夠格成為一門學科」。不過，「古典理論還
沒有消逝。（歐拉）大師的成果，依然迷醉人心，展現出深邃、優美的
特性。」這顯然是針對歐拉的古典複數理論——尤其是歐拉算式（或
方程式）來敘說的，請參看他的「白描」：

> 我該怎麼談方程式 (e)（按即 $e^{i\pi}+1=0$）而不致破壞它的美。
> 就讓我只陳述事實：方程式 (e) 含有：
> ・數學五個最重要的數：$1, 0, e, \pi$ 和 i
> ・最重要的關係：相等
> ・三種最重要的運算：加、乘和取冪。
> 此外，方程式 (e) 不含任何與它不相干之物，簡潔得令人屏
> 息，就像弗洛斯特的詩。歐拉見到這則方程式時寫到：「驚

人」。……當然，方程式 (e) 棲居複變分析範疇，那裡面有許多美的事物棲身。白天，優美在整個數學世界遊蕩。不過每到晚上，它都回家進入複數屋宇休眠。（頁 241–242）

3.大衛・艾契森：《掉進牛奶裡的 e 和玉米罐頭上的 π：從 1089 開始的 16 段不思議數學之旅》

本書英文原名為 *1089 and All That: A Journey into Mathematics*。作者大衛・艾契森為應用數學家。本書共有 16 章。在第 1 章中，作者從數目 1089 的驚奇談起，帶領讀者搭上這一趟數學之旅，一同欣賞數學中令人驚奇的定理、美妙的證明，以及偉大的應用。

本書第 16 章（亦即最後一章）主題是「實或虛」。作者試圖說明何以歐拉算式 $e^{i\pi} = -1$ 備受數學家寵愛。為此，虛數如何進入歷史舞臺，以及歐拉如何在他的（無窮小）分析學教科書中，將虛數與正餘弦函數的冪級數展開式等等連結，而得出同樣精彩的歐拉公式 $e^{i\theta} = \cos\theta + i\sin\theta$。現在，這班數學列車已經抵達終點站了。作者為了呼應他在我們上車前的叮嚀，亦即，讓我們一起欣賞數學中的令人驚奇定理、美妙的證明，以及偉大的應用，於是，他引述歐拉在 1748 年如何證明上述等式，藉以演示數學知識的這三個本質面向：

$$e^{i\theta} = \cos\theta + i\sin\theta$$

出自 1748 年的歐拉的這個了不起的公式，提供了一個適得其所的高點，讓我們圓滿地完結本書。

首先，我們是通過包括微積分、無窮級數和虛數等一堆相當老練的數學想法之連結，而獲得此一成就。

其次，這個公式具有很大的實用價值。真的，實質上任何有
關振動的工程或物理書籍都充斥著 e 與 $\sqrt{-1}$，而大大地簡化
了許多計算，這就是唯一的理由。

最後，藉由代入特殊值 $\theta=\pi$，並且參考頁 224 的 $\sin\pi=0$ 和
$\cos\pi=-1$，我們最終可以獲得 $e^{i\pi}=-1$。（頁 228–229）

最後，他再次強調他在本書中念茲在茲的數學知識之連結
(connection)：

儘管我們之中的任何人完全有權——那是當然！——提出非
常不同的意見，這個在 e、i 與 π 之間令人驚奇的結合，就是
那麼簡單地，被許多數學家視為整個數學領域迄今……最令
人驚嘆的結果。（頁 229）

4. 齊斯・德福林：《數學的語言》

本書英文原名為 *The Language of Mathematics: Making the
Invisible Visible*，在第三章中，德福林介紹了「歐拉公式大驚奇」：

一七四八年，歐拉公式發現了下列令人驚奇的等式：
$e^{ix}=\cos x+i\sin x$ 對任意實數 x 都成立。

這樣一個在三角函數、數學常數 e 以及 -1 的平方根（亦即
$\sqrt{-1}$）之間的緊密連結，已經足夠令人大感驚異了。誠然，
這樣的一個等式不可能只是單純的偶然事件；反倒是，我們
必定瞥見了這個大部分引伸在視覺之外的豐富、複雜且高度
抽象的數學模式。

德福林進一步指出歐拉公式還有其他庫存的驚奇。也就是，我們還可以得到 $e^{i\pi} + 1 = 0$，如此，「你將得到一個連結五個常見的數學常數 e, π, i, 0 與 1 的一個簡單方程式。」還有，這個方程式的「一個同樣驚人的面向，乃是在一個無理數（此處指 e）上做一個無理虛數的乘冪，結果竟然得出一個自然數。事實上，對虛數做虛數乘冪，也可以得到一個實數答案。」（頁 183–184）

其實，德福林在本書中一直念茲在茲的，莫過於說明：要是我們定義數學為一門研究模式的科學 (a science of pattern)，那麼，掌握模式思考，就必定有助於我們看見不可見的事物 (making the invisible visible)。當然，這是由於歐拉公式所代表的模式，連結了貌似無關的概念有以致之。而這個有關歐拉公式的插曲，足以見證「複數變成與數學許多部分連結的概念」，此後，誠如德福林所指出，數學家又進一步發現：「在複（變）分析與自然數之間存在了一個既深且廣的連結，這個發現是對數學抽象威力的另一個見證。」而最難以想像的，「複數微積分的技巧幫助了數論家去辨認並描述數目模式，而若無此技巧，它們必定就會永遠地隱藏了。」

5. 威廉・鄧漢：《數學教室 A to Z：數學證明難題和大師背後的故事》

本書英文原名為 *The Mathematical Universe: An Alphabetical Journey through the Great Proofs, Problems and Personalities*，作者威廉・鄧漢提供了二十六個主題（英文字母 A 到 Z，譬如第 A 章主題就是 "Arithmetic" 等等），其中有數學家、數學問題、公式及定理證明。[8]這樣的安排，無疑對全書敘事或論述的首尾一貫及前後呼應，

---

[8]有關本書書評，請參考黃俊瑋 (2009)，〈《數學教室 A to Z》：數學證明難題 & 大師背後的故事〉，臺灣數學博物館。

帶來頗大的挑戰。顯然，作者將歐拉算式引進，讓他得以對本書的一些「情節」，進行適當的串連，因此，0、1、π、e、i 這五個數全都回到舞臺，聯手謝幕：

$e^{i\pi}+1=0$

所有數學家很快就能看出這是種絕無僅有的方程式，原來這個式子，把整個數學界最重要的常數，全部串連起來。這裡不只有 0 和 1 擔綱演出，連（第 C 章的）π、（第 N 章）的 e，還有（第 Z 章的）i，全都回來聯手謝幕。這是貨真價實的群星會陣容。（頁 314）

按：上述引文中的第 C 章主題是「圓」(circle)、第 N 章「自然對數」(natural logarithm)，以及第 Z 章「複數 Z」$(z=x+iy)$。

6. 保羅・霍夫曼：《數字愛人：數學奇才艾狄胥的故事》

本書英文原名為 *The Man Who Loved Only Numbers*，是數學界傳奇人物保羅・艾狄胥的傳記。[9]在本書（第五章）中，作者保羅・霍夫曼特別強調數學知識的連結與數學家的洞察力 (insight)。其中，有關連結（或聯繫）的部分，他指出：

數學就是發現聯繫，尋找特殊問題和一般結果之間、一個概念和另一個貌似無關但實際上相互聯繫的概念之間的關係。任何有意義的數學概念都不是孤立的。（頁 189–190）

---

[9]參考洪宜亭，〈評論《數字愛人：數學奇才艾狄胥的故事》〉，臺灣數學博物館。

　　此外，他也以自然對數的基底 e 以及相關的歐拉算式為例，提供一個十分有趣的說明。而這一大段話，後來就成為作家小川洋子在她的經典小說《博士熱愛的算式》中，刻畫數學美的主要參考憑藉。這個算式也可算是該小說的「主角」，因為它，該小說主要角色的破碎人生，終於有了圓滿的連結。

　　為了在後文與《博士熱愛的算式》（第四節第 1 小節）相關情節之呼應，就讓我們引述這段十分精彩的「數學美學」敘事：

　　e 又是甚麼呢？就像 π 一樣，e 也是一個無限非循環小數。歐拉將 e 的值計算到小數點後的第 23 位：2.71828182845904523532 6028 …

　　該數可由下列無窮級數產生：

$$e = 1 + \frac{1}{1} + \frac{1}{(1 \times 2)} + \frac{1}{(1 \times 2 \times 3)} + \frac{1}{(1 \times 2 \times 3 \times 4)} + \cdots$$

　　表面上看來，e 這個數並不怎麼「自然」，其所以有這種叫法，是因為它在諸如生長和衰亡這些基本過程的數學模型中經常出現……

　　如果數學的成功是用揭示貌似無關的概念之間的深層聯繫來衡量的話，那麼歐拉應該拿頭獎。歐拉注意到 e 的 πi 次方加上 1 等於 0，這樣他大筆一揮就將 π、e、i（虛數，-1 的平方根）和最基本的數字 0 和 1 聯繫在一起，這恐怕是數學中最精煉和最著名的公式了。請注意歐拉公式 $e^{i\pi} + 1 = 0$ 在表現形式上是多麼的美，多麼地簡潔，它不僅充滿了數學的美感，而且還富有神祕的魅力。（頁 191–193）

7.亞瑟・班傑明：《數學大觀念：從數字到微積分，全面理解數學的 12 大觀念》

本書英文原名為 *The Magic of Math*，第 10 章主題就是「$e^{i\pi}+1=0$：i 和 e 的魔術」。作者亞瑟・班傑明一開始就指出：數學及科學期刊時不時會做意見調查，請讀者選出他們心目中最美麗的公式。排名第一的，當然是 $e^{i\pi}+1=0$。於是，他接著評論說：

> 大家有時候（將此式）稱之為「上帝的等式」，因為出現在此式中的或許是數學中最重要的五個數：0 和 1 是算術的基礎；π 是幾何學中最重要的數；e 是微積分中最重要的數；而 i 則可能是代數中最重要的數。更有甚者，這個等式還用上了基礎算術中的加法、乘法以及指數。我們對 0、1 和 π 的意義已經有了一些概念，而本章的目標則是探索無理數 e 以及虛數 i，好讓這個公式最後對我們而言就跟 $1+1=2$ 一樣簡單明瞭（或是說至少跟 $\cos 180°=-1$ 一樣容易）。（頁 302）

在本章最後一節中，作者將 e^x 的冪級數展開式中的實數 x 以 $i\theta$ 代入，而得到他所謂的「歐拉定理」$e^{i\theta}=\cos\theta+i\sin\theta$。（頁 326）

另一方面，作者早在第 8 章就已經探討 π，該章主題正是「π 的魔術」，至於在第 11 章，作者則利用微積分，說明 e^x、$\cos x$ 以及 $\sin x$ 的泰勒展開式之推導過程，於是，第 10 章「i 和 e 的魔術」就有了邏輯嚴密的依托。不過，所有這些都意在「好讓這個公式最後對我們而言就跟 $1+1=2$ 一樣簡單明瞭」。

8. 永野裕之：《喚醒你與生俱來的數學力：重整邏輯思考系統，激發數理分析潛能的七個關鍵概念》

　　在本書第 3 章中，永野裕之引領讀者「瞭解七個面向，激發內在數學潛能」。這七個面向依序是：整理、順序概念、轉換、抽象化、具體化、逆向思考，以及對數學的美感。針對這第七個面向，他認為：「發現並感受『數學之美』，就能在必要時刻反射性的發揮『數學式思考』的力量。」至於具體進路，則是在數學學習時，必須「講求合理性」、「利用對稱性」，並且「追求一致性」，才能培養我們「對數學的美感」之能力。

　　在「追求一致性」這一小節中，永野裕之邀請讀者欣賞歐拉公式及算式。針對前者，他指出：「這個數學式代表的涵義是：起源完全不同的指數函數 ($e^{i\theta}$) 和三角函數 ($\cos\theta$ 和 $\sin\theta$)，在複質數（按即當為複變數）的世界裡存在著密切的關係。」針對後者，他則是指出：「我們可以藉此看出 e（自然對數的底數）、i（虛數單位）、π（圓周率）、1（乘法的單位元）和 0（加法的單位元）這幾個非常重要的數之間的關聯，因此也更加凸顯此公式的重要……。對於學習數學的人來說，此公式之所以顯得如此美麗，原因不僅是因為它可以應用的範圍很廣，也因為它是一個結合了不同概念且形式非常簡單的數學式。」

　　最後，永野裕之在總結本章時，先強調科學家與數學家所謂宇宙真理的美，就如同歐拉公式的美一樣，「指的就是單純的一致性。」其次，他將這種美感經驗連結到「看穿事物本質」的數學精神上，[10]提醒讀者：

---

[10] 本書第 3 章第 4 小節主題，即是「以抽象化看穿事物的本質，從而將複雜現實簡化成單純模式」，頁 148–171。

當你認為自己發現了「本質」，但想確認它是不是真正的本質時，請檢視該本質是否可以用來統一說明大部分的情況。如果它只適用於特定情況，那肯定不是真正的本質。……想要統一說明、甚至想讓說明愈簡單愈好的慾望，是非常數學式的一種思維。而我認為人類的歷史已經為我們證明，這樣的思維正是帶領我們看穿事物本質的最佳功臣。（頁244）

9.大栗博司：《用數學的語言看世界：一位博士爸爸送給女兒的數學之書，發現數學真正的趣味、價值與美》

在本書（共有九話）第八話（主題：真實存在的「幻想的數」）一開始，作者就指出：

下面這個就是出現虛數的知名方程式之一：

$$e^{i\pi}+1=0$$

納皮爾數 e、圓周率 π、無論乘上任何數都依然是數本身且被稱為「乘法單位」的 1、無論加上任何數都依然是數本身且被稱為「加法單位」的 0 以及這一話的主角「虛數單位」，全都聚集在一個方程式裡了。小川洋子的《博士熱愛的算式》中，化解未亡人與看護者心中殘留的遺憾的，就是這項被寫在博士的筆記紙上的公式。這一話（按即本書第八話）的後半，會說明關於這個算式成立的理由及其所代表的意義。

（頁208）

然後，在本話結束時，作者進一步指出：歐拉所以發現這個公式，是萊布尼茲與約翰・伯努利（歐拉的老師）之間，[11]有關對數函數

$\log_e(-1)$ 的爭議所引起。不過，他們兩人都錯了，正確的答案是歐拉利用等式 $e^{i\pi} = -1$，而推得 $\log_e(-1) = \pi i$，如再考慮週期性，則一般答案為 $(2n+1)\pi i$。最後，歐拉寫下：「這些困難已經完全解除，對數的理論已經完全能夠防守全部的攻擊。」

基於本話的論述，作者追溯數學概念的歷史源頭，說明貌似無關事物之間的連結之意義，非常發人深省：

> 當數學愈來愈發達，就會發現，以前覺得毫不相關的事物之間，居然有意料之外的關聯性。三角函數誕生於從古希臘時代就開始研究的平面幾何。而指數函數是由布拉赫的天文學所觸發、納皮爾為了要簡化天文數字的計算開發的。從出生到成長、完全不相關的兩個函數，卻在「幻想的數」也就是複數的世界裡深刻地相連在一起。（頁 234–235）

還有，他還提及數學概念的自主性與近似柏拉圖主義的觀點：三角函數與指數函數，「與其說是人類所創造出的物品，不如說是像歐拉那樣的探險家，發現了在數學的世界中早已存在的事物。複數本來是人類幻想出來的數，但是在擺脫了人類所居住的現實世界獨自發展出的數學世界中，複數卻是確實存在的數。」

在上述九則引文中，毛爾（第 1 小節）、大衛‧艾契森（第 3 小節）、齊斯‧德福林（第 4 小節）、亞瑟‧班傑明（第 7 小節）、永野裕之 （第 8 小節） 以及大栗博司 （第 9 小節） 都強調了歐拉算式 $e^{i\pi} + 1 = 0$ 的 「內部連結」、它與歐拉公式 $e^{ix} = \cos x + i \sin x$ 的 「外部連

---

❶ 在《毛起來說 e》中，Bernoulli 中譯為「白努利」。

結」，乃至於後者如何有助於建立指數函數與正餘弦函數之連結，正如歐拉所見證：「怎樣能把虛指數量化為實弧的正弦和餘弦。」（參見本文第五節）

另一方面，傑瑞・金（第 2 小節）與威廉・鄧漢（第 5 小節）則只提及歐拉算式的數目（的內部）連結（比如「聯手謝幕」之比喻），而未連結到歐拉公式，使得敘事難以充分發揮。不過，這與作者所選擇的主題與材料有關，他們無法面面俱到，或許也顧及設想讀者群的閱讀興趣。

至於保羅・霍夫曼（第 6 小節）雖然未提及歐拉公式，但是，他在上引文字所在的章節中，不斷強調數學家的洞察力與數學概念的深層連結，這些情節的適當烘托，使得他在分享歐拉算式（或他所稱的公式）的美感經驗時，顯得頗為順理成章。無怪乎小川洋子閱讀此書（《數字愛人》）時，備受感動與啟發。請參見本文第四節第 1 小節。

四、數學小說家的美學敘事

除了數學普及作家之外，數學小說家也對歐拉公式及算式，引發了相當動人的「遐思」。在本節中，我們將介紹三位作家對於歐拉算式所發揮的敘事想像。這三位作家依序是小川洋子、結城浩以及朵拉・穆西亞拉克。由於他們的創作文類是數學小說 (mathematical fiction)，所以，我們將特別注意歐拉公式與他們的各自敘事之關聯。這種「合情入理」的安排，讓數學小說這種新文類得以彰顯獨特的價值與意義，不僅文學鑑賞如此，從數學教育觀點來看，也是如此。[12]

---

[12] 有關小說敘事情節與數學知識活動的連結（之必要），可參考洪萬生，《數學的浪漫：數學小說閱讀筆記》。

1. 小川洋子：《博士熱愛的算式》

前引大栗博司（本文第三節第 9 小節引述）曾提及「小川洋子的《博士熱愛的算式》中，化解未亡人與看護者心中殘留的遺憾的，就是這項被寫在博士的筆記紙上的公式。」在小川的這本小說中，此處所謂「未亡人」，是指博士的寡嫂，至於第一人稱的看護者（亦即管家，在日本稱為家政婦），則是被寡嫂聘請來看護記憶只有八十分鐘的博士。

博士寫下歐拉算式的紙條之插曲，是由於寡嫂嫉妒博士將管家及其兒子根號視為家人，而辭退管家之後，根號回來探視博士，讓寡嫂有了向管家直接興師問罪的機會。結果，在當面對質時，博士以紙條寫下這個算式交給寡嫂後，她的敵意頓時消解，原來這個算式是博士與寡嫂之間不倫戀的祕密愛情證詞。於是，管家再度接受聘約，回來照顧博士終老。

管家（學歷只有高職肄業）因為受過博士的數學啟蒙，對這個算式充滿了好奇心，遂決定到市立圖書館查閱，一探究竟。最後，她在一本有關費馬最後定理的數學普及書籍中，終於看到一模一樣的歐拉算式，而作者的敘事是從自然對數的底 e 開始的：

對於 e 的部份，根據歐拉的計算：

$e = 2.71828182845904523532 6028 \cdots$

永無止境持續下去，……但計算式比數字簡單多了。

$$e = 1 + \frac{1}{1} + \frac{1}{1 \times 2} + \frac{1}{1 \times 2 \times 3} + \frac{1}{1 \times 2 \times 3 \times 4} + \frac{1}{1 \times 2 \times 3 \times 4 \times 5} + \cdots$$

雖然簡單，卻更加深了 e 的謎團。

這個所謂的自然對數，一點都不自然。如果不用符號表示，

即使用再巨大的紙也無法寫完，用這種無法看到盡頭的數字為底，簡直太不自然了。……歐拉用了這個極不自然的概念，編織出一個公式。他從這些看似毫無關係的數字中，發現了彼此之間自然的關聯。

e 的 π 和 i 之積的次方再加上 1，就變成了 0。（頁 162–163）

於是，管家重新看著博士紙條上書寫的歐拉算式，抒發了極富詩意的敘事：

永無止境地循環下去的數字，和讓人難以捉摸的虛數畫出簡潔的軌跡，在某一點落地。雖然沒有圓的出現，但來自宇宙的 π 飄然地來到 e 的身旁，和害羞的 i 握著手。他們的身體緊緊地靠在一起，屏住呼吸，但有人加了 1 以後，世界就毫無預警地發生了巨大的變化，一切都歸於 0。歐拉公式就像是暗夜中閃現的一道流星；也像是刻在漆黑的洞窟裡的一行詩句。（頁 162–163）

　　正如我曾經指出，小川洋子的上述敘事深受保羅・霍夫曼影響。[13] 在本文第三節第 6 小節中，我們從《數字愛人》所引述的片段文字，就足以證明兩者有極高的相似度。事實上，小川洋子的日文原版所納入的參考文獻，就包括霍夫曼的《數字愛人》之日文譯版。另一方面，小川洋子所塑造的博士原型，可能就有數字愛人保羅・艾狄胥的身影。

---

[13] 參考洪萬生，〈《博士熱愛的算式》：數字愛人的故事〉，收入洪萬生，《數學的浪漫：數學小說閱讀筆記》，新北：遠足文化出版社。

2.結城浩：《數學少女》與《數學女孩：費馬最後定理》

　　《數學少女》是結城浩的第一本數學小說，他對歐拉的謳歌與禮讚可以說完全沒有保留。本書主題是分拆數 (partition of natural number)，但是，為了說明這個主題的研究方法，作者也經常舉例說明「跨界連結」的重要性。此外，數學到底是什麼？作者藉由該小說中的數學才女米爾迦說：

> 如康托爾所說「數學的本質是自由」，尤（歐）拉老師是自由的，他將無限大或無限小的概念靈活運用在自己的研究上，無論是圓周率的 π，虛數單位的 i 或是自然對數的底 e，都是尤（歐）拉老師開始使用的（符號）文字，老師在當時無法橫渡的河上架了一座橋，就像在柯（哥）尼斯堡上架設新橋一樣。（頁 262）

　　儘管在本小說中，作者並未引用歐拉算式，但是，他注意到歐拉靈活運用無限大或無限小的概念（參見本文第五節），已經有了極強烈的暗示。然後，在他的第二部數學小說《數學女孩：費馬最後定理》中，結城浩以該書第 9 章來介紹「最美麗的數學公式」。

　　在本章中，作者邀請年紀最小的由梨（國中生角色）介紹歐拉公式與歐拉算式：

$$e^{i\theta} = \cos\theta + i\sin\theta$$

這就是歐拉公式。首先，我們要把 i 這個虛數單位給忘掉，然後緊盯著這個公式一探究竟。這個公式的左邊呈現指數函數的形式，而右邊則呈三角函數的形式。……

歐拉公式利用等號，將指數函數與三角函數這兩大類，人們以為沒有什麼共同性的函數給緊密地結合起來了。真是不可思議呢！（頁 266–267）

最後，由梨再用 π 來取代上述公式中的 θ，而得到歐拉算式 $e^{i\pi}+1=0$。或許「只要仔細觀察指數函數 e^x 與三角函數 $\cos\theta$ 和 $\sin\theta$ 的泰勒展開式的話，就可以從中發現歐拉公式了。」（頁 282）當然，作者利用本章其他篇幅，清晰地說明歐拉如何在指數函數與三角函數之間，搭起一座連結的橋。儘管我們無從知道結城浩是否研讀過歐拉的相關文本（如本文第五節所引），但是，他將 $x=i\theta$「大膽代入」e^x 的泰勒（或冪級數）展開式，還是讓我們充分領會歐拉「基於全然信賴數學的力量」所做的「形式類比」(analogy in form)！

此外，雖然 $e^{i\pi}+1=0$ 是大家「公認」最美麗的數學公式，作者還是讓由梨說出她比較喜歡歐拉公式 $e^{i\theta}=\cos\theta+i\sin\theta$，因為「在這麼單純的一行公式當中，竟然塞滿了許多美麗的東西。」儘管她「還不是十分了解」。

3.朵拉・穆西亞拉克：《蘇菲的日記》

這本數學小說英文原名為 *Sophie's Diary: A Mathematical Novel*，作者朵拉・穆西亞拉克虛構了蘇菲・熱爾曼的日記，敘說蘇菲如何在法國大革命巴黎圍城的 5 年 (1789–1794) 間，憑藉著數學天賦與自修苦讀，而成為一代的數學家。

在日期為 1790 年 5 月 10 日的日記中，作者所安排的情節，是讓蘇菲分享她閱讀歐拉著作的深刻心得：

$(e^{i\pi}+1=0)$ 將五個獨特的基本數目，連結成一個極精緻的關係式：基本的整數 1 和 0、主要的數學符號 $+$ 和 $=$，以及特別的數字 e、i 和 π。我並不知道這個關係式是什麼意思，我只能想像這個美麗的等式所隱藏的祕密。……

歐拉精緻的等式是 $e^{ix}=\cos x+i\sin x$ 的特殊例子，而他也註明這個公式，可以用我最喜歡的函數之實數正弦和餘弦，來表示成為複指數形式。他利用棣美弗定理，推論出這個特殊的關係式，說明對於任何實數 x 和任何整數 n，正弦和餘弦會以下列形式連結：

$$(\cos x+i\sin x)^n=\cos nx+i\sin nx\quad（頁 78–80）$$

本書最後一則日記 (1794/12/29)，是蘇菲藉由數學史的回顧，禮讚歐拉的偉大貢獻：

歐拉或許是本世紀最偉大的數學家，他的成就是如此豐碩，以致於我根本數不清。數學家崇拜歐拉，說他幾乎在數學的每一個領域都做過研究，而且，他發展了微積分方法，拓展它的應用，有效地將數學推進到數學思想的一個新的境地。儘管歐拉一生大半時間半盲，最後十七年甚至全盲，他卻保有計算上近乎神奇的技能。在歐拉那些了不起的定理中，他導出了漂亮的方程式：$e^{i\pi}+1=0$，連結了數學的基本數目，這是一個啟發我良多的神聖公式，今天它仍讓我深深著迷。

上引結城浩與朵拉・穆西亞拉克對歐拉算式與公式的連結意義之說明，可以說是大同小異，只不過前者特別藉著由梨的心得，指出她

喜歡公式 $e^{ix}=\cos x+i\sin x$ 更甚於 $e^{i\pi}+1=0$。事實上，這個「比較」具有數學洞察力的意義。另一方面，小川洋子對歐拉公式的詩意想像 (poetic imagination)，則見證了她上乘的文學功夫，而在數學小說中獨樹一幟。

五、歐拉公式 $e^{i\varphi}=\cos\varphi+i\sin\varphi$ 的由來

在本節中，我們首先引述大栗博司《用數學的語言看世界》第八話第 6 節的內容，來說明「連結三角函數與指數函數的歐拉公式」。這些論證是前述引文（見本文第三節第 9 小節）的前置作業，其主要目的當然是歐拉公式的由來。

1.大栗博司的說明

在本小節中，大栗博司一開始就指出：「高中數學學習過的三角函數指數函數雖然是完全獨立發展出來的，但是藉由複數，竟然將這兩個函數之間的關係明朗化了。」至於其中的關鍵，則是因為指數函數的乘法法則 $e^{x_1}e^{x_2}=e^{x_1+x_2}$ 與三角函數的加法定理 $(\cos\theta_1+i\sin\theta_1)(\cos\theta_2+i\sin\theta_2)=\cos(\theta_1+\theta_2)+i\sin(\theta_1+\theta_2)$ 非常相似。

緊接著，他利用加法原理導出棣美弗公式 $(\cos\theta+i\sin\theta)^n=\cos n\theta+i\sin n\theta$。再改寫成下式：

$$\cos\theta+i\sin\theta=(\cos\frac{\theta}{n}+i\sin\frac{\theta}{n})^n$$

當 n 愈來愈大時，$\frac{\theta}{n}$ 就愈小，於是，

$$\cos(\frac{\theta}{n})\approx 1,\ \sin(\frac{\theta}{n})\approx\frac{\theta}{n}$$

從而可推得

$$\cos \theta + i \sin \theta = (\cos \frac{\theta}{n} + i \sin \frac{\theta}{n})^n \approx (1 + i \frac{\theta}{n})^n$$

現在，如果 n 趨近於無限大，則上式可以寫成：

$$\cos \theta + i \sin \theta = \lim_{n \to \infty} (1 + i \frac{\theta}{n})^n = e^{i\theta}$$

為了讓最後這個式子有意義，大栗博司根據指數函數 $e^x = \lim_{n \to \infty} (1 + \frac{x}{n})^n$ 的定義，將 x 從實數改成複數 $i\theta$，如此，極限式 $\lim_{n \to \infty} (1 + i \frac{\theta}{n})^n = e^{i\theta}$ 還是有意義。因此，歐拉公式 $e^{i\varphi} = \cos \varphi + i \sin \varphi$ 成立。

上述大栗博司對歐拉公式的推導與說明，應該是歐拉原版的改寫。請參看下一小節我們對歐拉進路的引述與說明。

2. 歐拉的推論

歐拉的 《無限小分析引論》 (*Introductio in Analysin infinitorum*, 1748) 是十八世紀的分析學經典。誠如數學史家李文林指出：「在數學史上，歐拉首先把函數放到了微積分的中心地位。他在《無限小分析引論》中明確宣稱『數學分析是關於函數的科學』，並對函數概念做了前所未有的深入考察，獲得了許多對分析的嚴格發展有重要意義的結果。」在本節我們從《無限小分析引論》所引述的論證，[14]可以發現：「歐拉在這裡揭示了指數函數、對數函數與三角函數的聯繫，給出了數學中初等函數的統一理論。」

由於歐拉的論證對現代讀者來說，已經相當清晰易讀，因此，在下文中，我將盡可能讓歐拉的史料「自己說話」，以便貼近歐拉的心智

---

[14] 參考李文林主編，《數學珍寶：歷史文獻精選》，頁 330–333。

活動，從而欣賞他的論證之「現代性」！

歐拉首先指出：

在對數與指數量之後，我們將研究圓弧及其正弦和餘弦，這不僅是因為它們構成了另一類超越量，而且也因為在引進虛數以後，它們恰好可以通過這些對數與指數量來得到。

（頁 330）

接著，他取圓半徑為 1，如此，π 就是半圓周長，或是 180 度弧的弧長。此時，令 z 為圓上的任意一段弧，以 $\sin z$、$\cos z$ 分別代表 z 弧的正弦及餘弦。由於 π 是 $180°$ 弧，所以，我們得到 $\sin 0 = 0,\ \cos 0 = 1$，以及 $\sin \dfrac{\pi}{2} = 1,\ \cos \dfrac{\pi}{2} = 0$。

接著，基於 $(\sin z)^2 + (\cos z)^2 = 1$，利用因式分解，得

$$(\cos z + \sqrt{-1}\,\sin z)(\cos z - \sqrt{-1}\,\sin z) = 1$$

針對這個等式，歐拉備註說：「其因式雖然是虛量，但在正弦與餘弦的組合與相乘中確有很大用處。」例如，他發現：

$$
\begin{aligned}
&(\cos z + \sqrt{-1}\,\sin z)(\cos y + \sqrt{-1}\,\sin y)\\
&= (\cos y \cos z - \sin y \sin z) + \sqrt{-1}(\cos y \sin z + \sin y \cos z)\\
&= \cos(y+z) + \sqrt{-1}\,\sin(y+z)
\end{aligned}
$$

同理，

$$(\cos y + \sqrt{-1}\sin y)(\cos z + \sqrt{-1}\sin z)$$
$$= \cos(y+z) - \sqrt{-1}\sin(y+z)$$

而且，

$$(\cos x \pm \sqrt{-1}\sin x)(\cos y \pm \sqrt{-1}\sin y)(\cos z \pm \sqrt{-1}\sin z)$$
$$= \cos(x+y+z) \pm \sqrt{-1}\sin(x+y+z)$$

於是，

$$(\cos z \pm \sqrt{-1}\sin z)^2 = \cos 2z \pm \sqrt{-1}\sin 2z$$
$$(\cos z \pm \sqrt{-1}\sin z)^3 = \cos 3z \pm \sqrt{-1}\sin 3z$$

以及一般地，

$$(\cos z \pm \sqrt{-1}\sin z)^n = \cos nz \pm \sqrt{-1}\sin nz$$

上引這些推導過程都是歐拉的原作，我們在此所以鉅細靡遺地引述，是希望讀者有機會體認他的思維之「現代性」(modernity)，也就是說，他的論證與現代的數學教師之教學進路，並沒有太大的差異。

　　由上述最後一個等式，歐拉推得

$$\cos nz = \frac{(\cos z + \sqrt{-1}\sin z)^n + (\cos z - \sqrt{-1}\sin z)^n}{2}$$

$$\sin nz = \frac{(\cos z + \sqrt{-1}\sin z)^n - (\cos z - \sqrt{-1}\sin z)^n}{2\sqrt{-1}}$$

如將這些二項式「展開」，可得

$$\cos nz = (\cos z)^n - \frac{n(n-1)}{1\cdot 2}(\cos z)^{n-2}(\sin z)^2 + \text{etc.}$$

$$\sin nz = \frac{n}{1}(\cos z)^{n-1}\sin z - \frac{n(n-1)(n-2)}{1\cdot 2\cdot 3}(\cos z)^{n-3}(\sin z)^3 + \text{etc.}$$

　　現在，我們終於來到歐拉最精彩的論證了。這個進路洋溢著十八世紀數學的「形式」推論風格，而歐拉則是最忠實的實踐者及最佳的見證者。

　　歐拉「設弧 z 為無限小，那麼我們就得到 $\sin z = z$ 和 $\cos z = 1$。現在設 n 為一無限大數，而弧 nz 卻具有限的大小。」再令 $nz = v$，則因 $\sin z = z = \dfrac{v}{n}$，我們將有

$$\cos v = 1 - \frac{v^2}{1\cdot 2} + \frac{v^4}{1\cdot 2\cdot 3\cdot 4} - \cdots \text{etc.}$$

$$\sin v = v - \frac{v^3}{1\cdot 2\cdot 3} + \frac{v^5}{1\cdot 2\cdot 3\cdot 4\cdot 5} - \cdots \text{etc.}$$

最後，在上述 $\cos nz$、$\sin nz$ 的等式中，正如前述，設弧 z 為無限小，

同時設 n 為一無限大數 i，[15]使得 iz 取有限值 v，於是我們有 $iz = v$ 和 $z = \dfrac{v}{i}$。將這些值代入後，我們得到

$$\cos v = \frac{(1 + \dfrac{v\sqrt{-1}}{i})^i + (1 - \dfrac{v\sqrt{-1}}{i})^i}{2}$$

$$\sin v = \frac{(1 + \dfrac{v\sqrt{-1}}{i})^i - (1 - \dfrac{v\sqrt{-1}}{i})^i}{2\sqrt{-1}}$$

已知 $(1 + \dfrac{z}{i})^i = e^z$，其中 e 表示「**雙曲對數的底**」，因此，如將 z 取作 iv，也取作 $-iv$，就會推得

$$\cos v = \frac{e^{v\sqrt{-1}} + e^{-v\sqrt{-1}}}{2}$$

$$\sin v = \frac{e^{v\sqrt{-1}} - e^{-v\sqrt{-1}}}{2\sqrt{-1}}$$

歐拉最後的結論是：

從這些公式，我們可以看到怎樣能把虛指數量化為實弧的正弦和餘弦。事實上，我們有

$$e^{v\sqrt{-1}} = \cos v + \sqrt{-1}\sin v$$

$$e^{-v\sqrt{-1}} = \cos v - \sqrt{-1}\sin v$$

---

[15]此處 i 是拉丁文 infinitus 的第一個字母，歐拉於 1777 年才設 $i = \sqrt{-1}$。

六、結語及建議

　　就筆者孤陋所知，許多作家從事數學普及書寫時，大概都設法將幾個「很夯的」主題納入，最受寵的莫過於生活周遭常見的費氏數列、（相關的）黃金比、容易操作「理解」的七橋問題，以及莫比烏斯紐帶 (Mobius strip) 等等，至於歐拉算式或公式，似乎是在西元 1990 年之後，才逐漸地受到科普作家的青睞。究其原因，或許它們都涉及微積分，科普作家自認解說功力有所不逮吧。事實上，從 1970 年代之後，[16]數學史家已經逐漸注意到歐拉數學進路的特殊意義。或許這對於數學普及書寫而言，是個極重要的提醒。

　　以臺灣科普出版為例，毛爾的《毛起來說 e》(2000) 的問世應該是個里程碑。在該書中，作者運用一整章（第 13 章〈e^{ix}：「最有名的公式」〉）的篇幅，對歐拉算式及公式，不僅進行了水平層次的跨界連結，同時，也縱深統整了歐拉的相關史料，讓這兩個式子站上數學普及舞臺的核心，從而成為大眾閱讀的矚目焦點。換句話說，《毛起來說 e》為這兩個公式找到了「邏輯位置」，也找到了「歷史位置」。至於本文論及的其他數學普及書籍，則是在各自主題敘事的情節中，為它們找到「適當位置」。

　　這個「定性」效果在小川洋子《博士熱愛的算式》及其同名電影版的推波助瀾之下，更是展現了新的風貌。現在，跟著小川溫暖的筆調，一般讀者總算敢於親炙「外表冰冷」的歐拉算式。這是小說家從容分享的數學美學經驗，而其最佳媒介正是歐拉算式。

　　因此，如果你想在一般的數學通識課程中，說明數學美學的經驗，

---

[16] 這個年代也是數學史成為一個專業學門的開端。

那麼，小川洋子的《博士熱愛的算式》及其同名電影的觀看（或賞析），就是我們大力推薦的必要選項。此外，吾人也可順勢推薦霍夫曼的《數字愛人》（保羅・艾狄胥的傳記），再另行補充歐拉如何導出「歐拉公式」的簡易版本（參酌本文第五節）。當然，如果歐拉算式或公式始終是主題，那麼，《數學女孩》及《蘇菲的日記》，應該可以滿足學生的「小說敘事」好奇心才是。

　　至就高中數學多元選修或特色課程來說，如果教師打算與學生分享數學的美學經驗，那麼，除了上一段的建議之外，你還可以推薦學生閱讀永野裕之的《喚醒你與生俱來的數學力》及大栗博司的《用數學的語言看世界》，並輔以德福林的《數學的語言》這部比較「大器」的著作。至於切入點當然是歐拉算式及公式（也就是，一開始的討論就是這兩個式子），一方面，鼓勵學生欣賞永野裕之所分享的多元學習經驗（含音樂），體會數學穿透事物本質才能展現的「單純一致性」；另一方面，則是讓「數學語言」發揮模式思考的最大美學效果。如此一來，學生對於數學知識活動的多元面向，或許可以獲得更深一層的體會了。

20 異軍突起的數學小說

在本文中，[1]我將首先介紹國內最近一些與數學小說相關的活動，藉以指出此一新文類在數學普及閱讀中所帶來的全新動力。其次，我還想進一步說明它的敘事元素及其與數學史之連結，如何有助於學習成效之提升與數學素養之培育。2016 年，我前往法國南部 Montpellier 參加 HPM 國際研討會 （2016 年 ICME 衛星會議），曾以 "Mathematical Narrative from History to Literature:A practice in liberal-arts mathematics" 為題，舉數學通識教學為例，延續我在 2012 年 PME 大會演講主題 "Narrative, Discourse and Mathematics Education: An Historian's Perspective"，說明數學小說所蘊含的（文學）敘事，也能引發學生的數學學習興趣。換句話說，在數學教學中融入數學史，固然是 HPM——數學史與數學教學之關連的一種典型進路，不過，如果充分利用數學小說的數學敘事甚至是文學敘事的特色，那麼，其潛在的教學（或主動學習）成效，也可視為 HPM 的一種延伸。

無論如何，數學小說閱讀是普及閱讀最能貼近學習經驗——不喜歡閱讀故事的學生顯然不多，因此，它的確是「學習數學的多元面向」之一。在本文中，我將以學術與教育資源、相關普及閱讀文化活動、數學普及讀物等面向，說明數學小說（敘事）在數學學習中可以發揮的價值與意義。

[1]本文部分內容取自簡報檔〈數學史‧HPM‧數學小說〉。該簡報檔發表於「2018 臺北上海 HPM 數學史與教學雙城論壇」(2018/5/10)，臺灣師範大學數學系。我要特別感謝主辦單位國立勤益科技大學的盛情邀約。

一、學術與教育資源

迄 2018 年 6 月 13 日檢索為止，數學家 Alex Kasman 的 Mathematical fiction (http://kasmana.people.cofc.edu/MATHFICT) 網站所收錄的數學小說，已經有 1269 篇之多（以作品有英譯版為主）。其中，Kasman 除了自己提供簡短的推薦文（或評論）之外，也歡迎讀者上網發表評論，以及針對數學知識內容 (mathematical content) 與文學品質 (literary quality) 兩個面向的評價。

最近，Kasman 針對不同層次的讀者群，如孩童或青少年讀者群等等，從他的網站中挑選書目，各自推薦了書單。茲引述如下。

在推薦給**孩童讀者**的 17 本小說中，就有我們熟悉的《數學天方夜譚》 (*The Man Who Counted : A Collection of Mathematical Adventures*) 一書。推薦給**青少年讀者** (young adults) 的 24 本之中，我們有中譯本出版的，就有 《爺爺的證明題》 (*A Certain Ambiguity: A Mathematical Novel*)、《數學邏輯奇幻之旅》 (*Logicomix: An Epic Search for Truth*)、《數學天方夜譚》，以及《數學女孩：費馬最後定理》(*Math Girls*)。

在推薦給**數學主修或研究生，甚至是數學家**的 38 本小說中，《爺爺的證明題》、《給年輕數學家的信》(*Letters to Young Mathematicians*)、《數學邏輯奇幻之旅》、《數學天方夜譚》、《數學女孩：費馬最後定理》、《牛津殺人規則》 (*Oxford Murders*)、《鸚鵡定理》 (*Parrot's Theorem*) ，以及 《遇見哥德巴赫猜想》 (*Uncle Petros and Goldbach Conjecture*) 等書有中譯版。

在推薦給**科幻「死忠」粉絲**的 32 本小說中，有中譯本的只有《接觸未來》（*Contact*，小說原著作者是 Carl Sagan）的電影版。

　　至於推薦給**一般知識分子**的 47 本小說中，有中譯本出版的作品如下：《深夜小狗神祕習題》(*The Curious Incident of the Dog in the Night-time*)、《嫌疑犯 X 的獻身》、《平面國》 (*Flatland: A Romance of Many Dimensions*)、《格列佛遊記》、《博士熱愛的算式》、《牛津殺人規則》、《證明我愛你》(*Proof*，電影版)，**❷**以及《遇見哥德巴赫猜想》。**❸**

　　上述這些有中譯本的推薦小說，絕大部分我們都寫過深度書評，並且發表於臺灣數學博物館「數學小說」專欄。**❹**在 2017 年，我還將其中的 22 篇改寫，結集成《數學的浪漫：數學小說閱讀筆記》出版。由於我們接觸日本小說有地利及文化之便，因此，我們所推薦的數學小說，就包括了 Alex Kasman 所不及的日本作品，這些作品涵蓋小說、電影、影集乃至漫畫，內容豐富多元，具有娛樂與教育的雙重價值。

　　2012 年 9 月，我應臺大通識教育中心之邀，特別將我教授的數學通識課程 「數學與文化：以數學小說閱讀為進路」 製作為開放性課程， **❺**以便與所有對數學小說有興趣的閱聽人分享， 請參考網址 http://ocw.aca.ntu.edu.tw/ntu-ocw/index.php/ocw/cou/101S126。從網站的點閱率來看，數學小說看起來還有極大的發揮空間，我們從下文幾個「面向社會大眾」的相關教育活動之迴響，或許可以得到些許驗證。

---

❷*Proof* 原是舞臺劇，臺灣綠光劇團也有中文版演出，劇名為「求證」。
❸以上推薦給各類讀者時多有重複，可見有許多小說的讀者是跨界的。
❹參考網址：https://www.hpmsociety.tw/mtm/topic/mathematical-fictions
❺黃俊瑋與黃美倫兩位老師協助製作，謹此申謝！

二、相關閱讀普及文化活動

　　「2017 臺積電盃青年尬科學」的主題「看見數學」，由臺大科學教育發展中心 (CASE) 主辦，它的宗旨是「從數學小說的閱讀過程中看見數學」。至於決賽前的徵文及初賽指定書目，則是《丈量世界》、《天地明察》、《平面國》、《爺爺的證明題》、《博士熱愛的算式》，以及《蘇菲的日記》等 6 本數學小說。此外，複賽與決賽指定影片是《數字搜查線》(Numb3rs) 第一季 13 集。參與這個活動的學生以高中生為主，但由於可自由組隊 （不限同一學校），也包括少數國中生。在 2017 年 9 月 9 日舉行決賽，最後從七支隊伍選出前三名，依序為由北一女、高雄新莊高中，以及建國中學等校學生組成。這個尬科學活動到去年為止，已經舉辦了六屆，2017 年這一屆首度以數學為主題。由於事先在北、中、南、東區各辦一場說明會，吸引頗多學校的注意。事實上，決賽當天，還有中部學校包車由校長帶隊前來觀摩比賽，足見數學普及閱讀已經逐漸受到中學師生的重視了。

　　2017 年另一個相關活動是全國技專院校「文以載數」創作獎，由勤益科技大學通識教育學院主辦 http://www.gen.ncut.edu.tw/files/40-1028-1222-1.php，文類包括詩與散文，參賽成員則是全國技專院校學生。這個活動已經主辦三屆，在技專院校系統的通識教學中，已經引發了不少迴響。其中，有一些的得獎作品還被推薦刊登在《數學傳播》上，讓讀者充分領會這些作者的數學文學想像，即使他們的數學經驗沒有那麼成熟。

　　由「數感實驗室」（主持人：臺灣師大賴以威教授）首度主辦的「2018 年數感盃青少年寫作競賽」剛在 2018 年 4 月 14 日頒獎落幕，這是「提供國中、高中職學生在培養數學素養後，一個絕佳的發揮舞

臺。本競賽鼓勵學生跨領域學習，運用數學知識，培養及展現邏輯思考與文字撰寫的能力，盼提升臺灣青少年科普寫作的風氣以及對數學的興趣」。這個活動正如「2017 臺積電盃青年尬科學」一樣，也引起中學教育界師生的廣泛關注，預料也將成為十二年國教的另類「宣傳」，請參閱網站 http://numeracy.club/events/writingaward2018。

三、數學普及讀物分類

正如前述，數學小說（含電影、舞臺劇、漫畫及繪本等）是一個新興的文類 (genre)，它既是一種（文學範疇中的）小說，也可歸屬於數學普及書寫。過去，由於創作量有限，因此，數學小說常被歸類為科幻小說 (science fiction)，比如說，A. J. Deutsch 的數學小說〈名為莫比烏斯環的地鐵〉(A Subway Named Mobius, 1950)，就被艾西莫夫收入 17 篇傑出的科幻短篇小說選集 Where Do We Go From Here? 之中。此外，數學詩（含散文）及數學繪本也被歸類為數學小說，儘管詩或散文有時純粹關乎想像而無涉敘事。

數學普及讀物還有一大類與傳統的趣味數學問題有關，目前這個文類又向（仿綜藝表演的）「數學魔術」、（美術勞作相關的）「摺紙玩數學」，或高等數學為張本的「藝術創作」等三個方面擴張，而讓數學知識活動有了全新的「遊戲」意義。在可預見的未來，魔術師、摺紙達人或藝術家將會介入數學教育現場，❻也讓我們得以想像教學評量在「獨斷的」紙筆測驗之外，還有極大的「另類」空間可以揮灑！

---

❻ 在此將摺紙達人（業餘的）與藝術家（職業的）分列，只是權宜之計，沒有不敬的意思。

　　除了上述兩大類之外，數學普及讀物還有大量涉及數學知識或概念的演化史，乃至於數學與文化的互動關係。這是從數學的歷史與文化面向來書寫的普及作品，作者大都從數學（文化）史取經，譬如毛爾的「毛起來說」系列，❼或是我們團隊合撰的《當數學遇見文化》（三民書局）及《數說新語》（開學文化出版社），在論述及敘事中分享數學及歷史的雙重洞察力，而呼應 HPM（數學史與數學教學之關連）的終極關懷。以這些作品為切入點，讀者應該可以印證數學的博雅素養。這種素養主要涉及數學史的基本功。事實上，由於數學小說的故事情節也多半涉及數學史，因此，適度地理解數學史實，似乎也成為「活化」閱讀數學小說的必備功夫。

四、結語

　　數學小說成為一個全新的文類，是最近才出現的一個文化現象。從一開始，科普作家（含專業數學家）開始融數學的「真」與「美」為一體，進而分享數學知識之美感經驗，然而，正如前述，數學小說不過是科幻小說的子類，直到過去二、三十年來，數學小說才發展成熟，而成為一個不可忽視的全新文類。

　　根據我自己的粗陋觀察，日本傑出作家小川洋子在 2003 年出版《博士熱愛的算式》（同名電影 2004 年發行），應該可以視為數學小說獨立成為一個文類的忠實見證。其次，加拿大作家艾莉絲‧孟若在 2009 年出版數學小說《太多幸福》(*Too Much Happiness*)，更是對於數學小說的「定位」，帶來了更多「加持」，該小說是根據俄羅斯女數學

---

❼例如，《毛起來說 *e*》、《毛起來說三角》，與《毛起來說無限》，以及《畢氏定理四千年》等書。

家索菲亞・柯巴列夫斯基的傳記創作而成的短篇小說。2013年孟若榮獲諾貝爾文學獎桂冠，本短篇小說也成了她最得意的代表作品之一。

最後，讓我們回到數學學習的議題上。以本文第二段提及的「學習數學的多元面向」所指涉的活動為例。這個句子至少有如下兩種「讀法」：

- 學習「數學的多元面向」
- 「學習數學」的多元面向

顯然，這兩種讀法意義不同，不過，前者可以自然地引伸後者，這是因為一旦吾人承認數學知識（結構）擁有多元面向，那麼，「有效的」學習數學就必須尋找新的進路來開展。[8]譬如說吧，數學小說閱讀，就是全新的進路之一。我相信，在帶領學生進行數學普及閱讀的情境中，數學小說的引入，一定可以打開非常開闊的「認知」與「情意」經驗之可能性。事實上，為了理解數學小說的「意在言外」（譬如數學敘事），有些學生被引導深入理解數學知識結構本身的意義，這是我從事數學通識教學多年最珍惜的經驗之一。[9]

---

[8]譬如，美國大學數學系的博士資格考試非常重視大學數學基本知識的綜合性理解 (comprehensive understanding)，因此，研究生準備應試時，就必須以融會貫通為首要目標。

[9]參考洪萬生，〈數學敘事與普及閱讀〉。

21 臺灣數學普及活動三十年

　　科學普及書籍出版在臺灣開始有「經濟規模」效應，應該是出自曾經是科學月刊社中堅分子林和、牟中原、李國偉及周成功之策劃。1990 年代，他們聯袂向天下文化出版社推薦，引進當時風行於英美出版界的科學人文書籍。這些以普及為目的出版品多半出自科學名家，其科學文化修辭 (rhetoric) 不難擄獲一般知識分子的品味。譬如說吧，戴森 (Freeman Dyson, 1923–2020) 的 《全方位的無限》 (*Infinite in All Directions*, 1991) 就是一個絕佳範本。儘管它已絕版，不過，天下文化網頁 (https://bookzone.cwgv.com.tw/books/details/BCS003) 還保存有關該書的推薦語：「普林斯頓高（級）研（究）院的戴森教授是科學界的通人，他以高超的智慧和過人的勇氣，跨越科學的門檻，思索宇宙與人類心智的緊密關連。」

　　這種訴諸科學博學通儒的「究天人之際」之胸懷，對於科普書籍的印行與推廣，自然帶來莫大的助益，或許這也可以解釋何以這三十年來，科普書籍在臺灣出版界所占的比重，始終不容低估。由於數學普及也在這個科學文化的推波助瀾之下受到矚目，因此，數學普及書籍的出版不僅連帶受惠，甚至有後來居上之勢。譬如，系出科幻小說 (science fiction) 的數學小說 (mathematical fiction) 顯然已經自成一個文類 (genre)，吸引了許多傑出職業作家投入，他們的創作不僅怡情養性，同時也發揮不可思議的「認知」效果，是普及閱讀不可多得的選擇。❶

在本文中，我將以過去近三十年來國內所出版的數學普及書籍為例，說明其書寫之面向或特色，聊供關心本土科普活動的有志之士參考借鏡。不過，我也將略論數學普及作家的主張，以及數學普及作品之分類，作為相關作品特色刻畫之依據。

一、數學普及的主張

數學普及 (popular mathematics) 的訴求對象，正如科學普及 (popular science) 一樣，是非（科學）專業的社會大眾。從務實的角度來看，這些大眾當然包括少數握有國家預算的決策菁英或其諮詢顧問，要是他們多少接受科學文化之薰陶，那麼，或許他們就會友善地對待科學研究預算。這其實也是二戰之後，史諾 (C. P. Snow) 那麼憂心所謂的兩種文化 (two cultures) 鴻溝的主要原因之一，因為當時英國內閣大臣及國會議員鮮少出身科學專業。因此，讓非科學專業人士分享科學文化的風雅，而在國家預算分配上嘉惠科學研究，顯然是這些科學名家十分在意的目標之一。其次，科學 vs. 迷信（或甚至目前大眾媒體資訊操弄所造成的理盲）的鮮明對比，一直也是科學文化旗手的主要修辭策略。不過，在數學普及文化訴求中，這個對比無法引發爭議，因為數學是非分明，「正信者」 (true believer) 的操作自然沒有什麼空間。

儘管如此，對於數學家兼數學普及作家來說，為了正當化國家社會資源的爭取，他們也必須採用普及手法以說明數學作為一個學門的意義、價值及用途。然而，由於數學知識的專業（內容極端抽象艱澀）遠非一般人可以企及，因此，正如史都華 (Ian Stewart) 指出，數學普

---

❶請參考洪萬生，《數學小說閱讀筆記》，新北：遠足文化出版社。

及 (popular mathematics) 在詞義 （一個形容詞，一個名詞） 連結上自我矛盾。同時，數學不時被貶抑、被低估乃至被誤解，像極了一種他所比喻的 「灰姑娘式的科學」 (Cinderella science)。 為了改善這種處境，史都華認為：「數學普及至少提供一種門徑，讓非專家無須拼鬥艱難無比的數學專門技巧，就得以體會數學從何而來？誰創造的？做什麼用的 ？ 它終將往何處去 ？ 這就像是聆聽音樂而無須學習作曲一樣。」❷

　　這種對於公民素養的數學博雅期許，並非全然出自數學家或一些科普作家的道德承擔或社會責任感，更多時候，或許是基於他們企圖分享的一種知識獵奇 (intellectual curiosity) 品味。這種書寫有時候甚至「超越」相關 （大學） 教科用書的品質，讓自學者可藉以掌握實質內容知識。譬如說吧，科普作家結城浩 （本業程式設計） 或物理學家大栗博司有關伽羅瓦理論 (Galois theory) 的論述與敘事，❸就是此一理論的絕佳教材，甚至連高中程度的讀者，都可以找到恰當理解的切入點。相形之下，史都華或李維歐 (Mario Livio) 的相關著作就多少顯得「語焉不詳」，❹無從對非專業者提供五次方程根式求解的實質內容知識。日本 vs. 英美作品這種 「推進」 數學普及的對比，非常值得我們參考與借鏡。

---

❷https://www.theguardian.com/books/2012/jan/18/ian-stewart-top-10-popular-mathematics

❸參考結城浩，《數學女孩：伽羅瓦理論》，新北：世茂出版公司；大栗博司，《用數學的語言看世界》，臺北：臉譜出版社。

❹參考 Ian Stewart 　（史都華）　, *Why Beauty is Truth: A History of Symmetry*, New York: Basic Books, 2007 ; 李維歐，《無解的方程式》 (*The Equations That Couldn't Be Solved*)，臺北：臉譜出版社。

上述這個面向，看起來是數學普及書籍所獨有。此外，數學小說這個新文類，也在傳統科幻小說創作的「強敵環伺」中脫穎而出。這是我們推動數學普及時必須高度重視的議題，在下一節中，我將略事說明。

二、數學普及讀物分類

數學普及讀物大致可分為三類。第一類是數學小說（含電影、舞臺劇、漫畫及繪本等），正如前述，它是一個新興的文類，既是一種（文學範疇中的）小說，也可歸屬於數學普及書寫。過去，由於創作量有限，因此，數學小說常被歸類為科幻小說，比如說，A. J. Deutsch 的數學小說 〈名為莫比烏斯環的地鐵〉 (A Subway Named Mobius, 1950)，就被艾西莫夫收入十七篇傑出的科幻短篇小說選集 Where Do We Go From Here? 之中。此外，數學詩（含散文）及數學繪本也被歸類為數學小說，儘管詩或散文有時純粹關乎想像而無涉敘事。

無論如何，數學小說成為一個全新的文類，是最近幾年才出現的一個文化現象。正如前述，數學小說不過是科幻小說的子類，直到過去二、三十年來，數學小說才發展成熟，而成為一個不可忽視的創作文類。根據我的粗陋觀察，日本傑出作家小川洋子在 2003 年出版《博士熱愛的算式》（同名電影版 2004 年發行），應該可以視為數學小說獨立成為一個文類的忠實見證。2009 年，加拿大作家艾莉絲・孟若出版《太多幸福》(Too Much Happiness)，對數學小說帶來了更多「加持」，那是根據俄羅斯女數學家索菲亞・柯巴列夫斯基的傳記創作而成的短篇小說。2013 年孟若榮獲諾貝爾文學獎桂冠，本短篇小說也成了她最得意的代表作品之一。

　　另一方面，數學普及讀物還有一大類與傳統的趣味數學問題有關，目前這個文類又向（仿綜藝表演的）「數學魔術」、（美術勞作相關的）「摺紙玩數學」，或以高等數學為張本的「藝術創作」等三個方面擴張，讓數學知識活動有了全新的「遊戲」意義。在可預見的未來，魔術師、摺紙達人或（數學）藝術家將會介入數學教育現場，❺也讓我們得以想像「制式教育」的教學評量在「獨斷的」紙筆測驗之外，還有極大的「另類」空間可以揮灑！在這個關聯中，或許我們也可以將親子教養主題的數學書籍歸入此類，因為這些著述意在「喚醒」為人父母的生活數學經驗，對於幼童的數學教育思考頗有啟發。

　　除了上述兩大類之外，數學普及讀物還有大量涉及數學知識或概念的演化史，乃至於數學與文化的互動關係。這是從數學的歷史與文化面向來書寫的普及作品，作者大都從數學（文化）史取經，在歷史文化脈絡中說明數學的價值及意義，譬如，毛爾、史特格茲 (Steven Strogatz)、史都華、艾倫伯格 (Jordan Eilenberg)、拉克哈特 (Paul Lockhart)、桑托伊 (Marcus du Sautoy)、德福林等英美數學家、小島寬之、岡部恆治等日本數學家，或如曹亮吉等本土數學家乃至我自己帶領的團隊成員，無不嘗試在普及論述及敘事中，分享他們有關數學及歷史的雙重洞察力。事實上，這些作品的確都洋溢著數學的博雅素養，其中涉及數學史的基本功夫，則是不爭的事實。

---

❺ 在此將摺紙達人（業餘的）與藝術家（職業的）分列，只是權宜之計，沒有不敬的意思。

三、數學普及的全新風貌

　　根據上文的簡要說明，以及我所撰寫的數十篇數學普及書籍深度評論，❻近三十年來，數學普及書籍的書寫與出版，的確呈現了如下特色：

- 主題訴求變得（比起一般科普）更加多元。譬如，以普及書寫來論述教育改革議題，❼或者以更貼近讀者心靈的手法，詳述某一理論（如伽羅瓦理論）內容全貌，對即使是專家讀者而言，也裨益良多。

- 數學小說異軍突起，職業作家積極投入，在故事情節 (plot) 中融入數學知識活動，讓此一文類也發揮知識普及的功能。

- 數學家採取數學文化史進路書寫時，對於數學史文獻（無論是原始典籍或史家研究報告）都相當得心應手，總能分享他們豐富多元的數學經驗。

- 前述英美數學普及作者有多位是傑出數學家，而且，在他們生涯早期即已投入普及書寫，或許他們在數學家養成階段即已發為宏願。❽

---

❻參考臺灣數學博物館舊網頁「科普特區・深度書評」(http://mathmuseum.tw/old)。

❼參考洛克哈特的《一個數學家的嘆息》及《這才是數學》。

❽史特格茲是康乃爾大學應用數學講座教授。史都華是英國皇家學會院士。艾倫伯格擁有創意寫作碩士學位。桑托伊是牛津大學數學系教授兼科普講座教授。德福林是南加州企業界的數學顧問，也是電視影集《數字搜查線》(*Numb3rs*) 的數學編導顧問。

　　由此可見，數學普及書寫及出版，已經成為國際數學文化創新中，不可或缺的一個重要環節。即使我們只是根據中譯本的少量資訊，但卻足以看出此一主流趨勢。我們的普及書籍大都仰賴英文或日文著作的中譯，顯然還不夠資格談論創新。不過，究竟該如何因應此一潮流，卻是我們的數學家社群及科學文化界必須共同面對的課題，我們責無旁貸。

參考文獻 ✏

· Biagioli, Mario (1989), "The Social Status of Italian Mathematicians", *History of Science* xxvii: 41–95.

· CBMS (Conference Board of the Mathematical Sciences) (2001), *The Mathematical Education of Teachers.* Accessed at http://www.cbmsweb.org/MET_Document/index.html.

· Courant, Richard and Herbert Robbins (revised by Ian Stewart) (1996), *What Is Mathematics?* New York/Oxford: Oxford University Press.

· Cullen, Christopher (2007), "The Suàn shù shū, 'Writings on reckoning': Rewriting the history of early Chinese mathematics in the light of an excavated manuscript", *Historia Mathematica* 34: 10–44.

· Dauben, Joseph (2008), "算數書 Suan Shu Shu: A Book on Numbers and Computations", *Archive for the History of Exact Sciences* 62: 91–178.

· De Morgan, Augustus (1831/1910), *On the Study and Difficulties of Mathematics.* Reprinted by Chicago: The Open Court Publishing Company.

· De Morgan, Augustus (1837), *Elements of Algebra* (second edition), London: Reprinted for Taylor and Walton.

· Dijksterhuis, E. J. (1987), *Archimedes*, Princeton, NJ: Princeton University Press.

· Dotson, Daniel (2006), "Portrayal of Mathematicians in Fictional Works", *Comparative Literature and Culture* 8 (4): Article 5. Accessed at http://docs.lib.purdue.edu/clcweb/vol8/iss4/5.

- Dunham, William (2005), *The Calculus Gallery: Masterpieces from Newton to Lebesgue*, Princeton, NJ: Princeton University Press.
- Fadiman, Clifton ed. (1958/1997), *Fantasia Mathematica*, New York: Copernicus Books.
- Fauvel, John & Jan van Maanen eds. (2000), *History in Mathematics Education: The ICMI Study*, Dordrecht/Boston/London: Kluwer Academic Publishers.
- Gauss, F. (1959), "On the Congruence of Numbers", David Smith E., ed., *A Source Book in Mathematics*, New York: Dover Publications, INC, pp. 107–111.
- Gowers, Timothy (2002), *Mathematics: A Very Short Introduction.* London: Oxford University Press.
- Grattan-Guinness, Ivor (1997), *The Rainbow of Mathematics*, London: Fontana Press.
- Grattan-Guinness, Ivor (2009), *Routes of Learning: Highways, Pathways, and Byways in the History of Mathematics*, Baltimore: Johns Hopkins University Press.
- Horng, Wann-Sheng (1991), *Li Shanlan: The Impact of Western Mathematics in China During the Late 19th Century.* Ph. D. thesis, City University of New York.
- Horng, Wann-Sheng (2000), "Euclid vs. Liu Hui: A pedagogical reflection", Victor Katz ed., *Using History to Mathematics Teaching: An International Perspective*, pp. 37–47.

- Horng, Wann-Sheng (2012), "Narrative, Discourse and Mathematics Education: An Historian's Perspective", PME 2012 Plenary speech, Taipei, Taiwan.
- Horng, Wann-Sheng (2016), "Mathematical Narrative from History to Literature: A practice in liberal-arts mathematics", presented to HPM 2016 Montpellier, France.
- Katz, Victor ed. (2000), *Using History to Mathematics Teaching: An International Perspective*. Washington, DC: Mathematical Association of America.
- Kleiner, Israel (2007), *A History of Abstract Algebra*, Boston/Basel/ Berlin: Birkhauser.
- Larry Freeman's blog: http://fermatslasttheorem.blogspot.tw/2005/05/fermats-last-theorem-proof-for-n3.html.
- Latterell, Carmen M., Janelle L. Wilson (2004), "Popular Cultural Portrayals of Those Who Do Mathematics", *Humanistic Mathematics Network Journal*, Article 7.
- Laubenbacher, Reinhrd, David Pengelley (1999), *Mathematical Expeditions: Chronicles by the Explorers*, New York/Berlin: Springer-Verlag.
- Libbrecht, Ulrich (2005), *Chinese Mathematics in the Thirteenth Century*, New York: Dover Publications, INC.
- Lin, Fang-Mei & Wann-Sheng Horng (draft), "Mathematics as a Literary Metaphor in Fiction Writing".

· Lloyd, G. E. R. (2004/2007), *Ancient Worlds, Modern Reflections: Philosophical Perspectives on Greek and Chinese Science and Culture*, New York: Oxford University Press.

· Lockhart, Paul (accessed on 5/5/2020), *A Mathematician's Lament* https://www.maa.org/external_archive/devlin/LockhartsLament.pdf.

· Neill, Hugh *et al.* (1994), *The History of Mathematics*, Essex: Longman Group Limited.

· O'Connor, J. J., E. F. Robertson (2020), "Archimedes of Syracuse", http://mathshistory.st-andrews.ac.uk/Biographies/Archimedes.html.

· Ore, Oystein (1988), *Number Theory and Its History*, New York: Dover Publications, INC.

· Osen, Lynn M. 著 (2001)，彭婉如、洪萬生譯，邱守蓉審定，《女數學家列傳》(*Women in Mathematics*)，臺北：九章出版社。

· Pycior, Helena (1987), "British Abstract Algebra: Development and early reception, 1750–1850", Ivor Grattan-Guinness ed., *History in Mathematics Education*, Paris: Belin.

· Reid, Constance (1986), *Hilbert-Courant*, New York: Springer-Verlag.

· Rogers, Leo (2008/2011), "A History of Negative Numbers", NRICH enrich mathematics https://nrich.maths.org/5961.Accessed on 10/8/2016.

· Sholes, Robert, James Phelan and Robert Kellogg (2006), *The Nature of Narrative*, New York: Oxford University Press.

· Stedall, Jacqueline (2012), *The History of Mathematics: A Very Short Introduction*, New York: Oxford University Press.

· Stewart, Ian (2006), *Letters to a Young Mathematician*, New York: Basic Books.

· Storr, Will (2019), *The Science of Story Telling*, London: Williams Collins.

· Struik, Dirk (1987), *A Concise History of Mathematics* (fourth revised edition), New York: Dover Publications, INC.

· Whewell, William (1834), *An Elementary Treatise on Mechanics.*

· Wilson, Janelle L., Carmen M. Latterell (2001), "Nerds? Or Nuts? Pop Culture Portrayals of Mathematicians", *ETC: A Review of General Semantics* 58 (2) (Summer 2001): 172–178.

· 千葉章、千葉桃三 (1775)，《算法少女》，2020/04/01 取自：http://www.wasan.jp/archive/sanposyojo.pdf。

· 大栗博司 (Hirosi Oguri) (2017)，許淑真譯，《用數學的語言看世界：一位博士爸爸送給女兒的數學之書，發現數學真正的趣味、價值與美》，臺北：臉譜出版社。

· 小川洋子 (2004/2009)，王蘊潔譯，《博士熱愛的算式》，臺北：麥田出版社。

· 小島寬之（2009 一刷，2015 六刷），林羿妏譯，《世界第一簡單微積分》，新北：世茂出版公司。

· 內茲 (Reviel Netz)、諾爾 (William Noel) (2007)，曹亮吉譯，《阿基米德寶典：失落的羊皮書》(*The Archimedes Codex*)，臺北：天下文化出版公司。

· 比爾・柏林霍夫 (William P.Berlinghoff)、佛南度・辜維亞 (Fernando Q.Gouvea) (2008)，洪萬生、英家銘暨 HPM 團隊譯，《溫柔數學史：從古埃及到超級電腦》 (*Math Through Ages:A Gentle History for Teachers and Others*)，臺北：五南圖書公司。

· 毛爾 (Eli Maor) (2000)，鄭惟厚譯，《毛起來說 *e*》，臺北：天下文化出版公司。

· 毛爾 (2015)，林炎全、洪萬生、黃俊瑋、蘇俊鴻譯，《畢氏定理四千年》(*The Pythagorean Theorem:A 4000-Year History*)，臺北：三民書局。

· 王渝生 (1990)，〈李善蘭研究〉，收入梅榮照主編，《明清數學史論文集》，頁 334–408，上海：江蘇教育出版社。

· 卡茲 (Victor J.Katz) (2004)，李文林等譯，《數學史通論》(*A History of Mathematics:An Introduction*, 2nd edition)，北京：高等教育出版社。

· 卡普蘭 (Robert Kaplan) (2002)，陳雅雲譯，《從零開始：追蹤零的符號與意義》(*The Nothing That Is:A Natural History of Zero*)，臺北：究竟出版社。

· 史都華 (Ian Steward) (2016)，畢馨云譯，《學數學，弄懂這 39 個數字就對了：用數學的語言看見這個世界的真實樣貌，180 張圖激發你無所不在的演算力》(*Professor Stewart's Incredible Numbers*)，臺北：臉譜出版社。

· 平山諦 (2005)，代欽譯，《東西數學物語》，上海：上海教育出版社。

· 永野裕之 (2014)，劉格安譯，《喚醒你與生俱來的數學力》，臺北：臉譜出版社。

· 永野裕之 (2017)，衛宮紘譯，洪萬生審訂，《數學思辨之旅：拆解國中數學，建立數學素養與能力》，新北：世茂出版公司。

· 多尼克 (Edward Dolnick) (2014)，《宇宙的鐘擺》 (*The Clockwork Universe: Isaac Newton, the Royal Society & the Birth of the Modern World*)，新北：夏日出版社。

- 朵拉・穆西亞拉克 (Dora Musielak) (2014)，洪萬生、洪贊天、黃俊瑋譯，《蘇菲的日記》(*Sophie's Diary*)，臺北：三民書局。
- 艾契森 (David Acheson) (2013)，洪萬生、洪碧芳、黃俊瑋譯，《掉進牛奶裡的 e 和玉米罐頭上的 π：從 1089 開始的 16 段不思議數學之旅》，臺北：臉譜出版社。
- 艾莉絲・孟若 (Alice Munro) (2015)，張茂芸譯，《太多幸福》(*Too Much Happiness*)，新北：木馬文化出版公司。
- 伽利略 (2019)，霍金英文版導讀，戈革中譯，《關於兩門新科學的對話》(*Dialogues concerning Two New Sciences*)，新北：大塊文化出版社。
- 余介石、倪可權 (1966)，《數之意義》，臺北：臺灣商務印書館。
- 克萊因 (Felix Klein) (2004)，舒湘芹、陳義章、楊欽梁譯，《高觀點下的初等數學》(*Elementary Mathematics from an Advanced Standpoint*) 第一卷算術・代數・分析，臺北：九章出版社。
- 吳福助 (1994)，《睡虎地秦簡論考》，臺北：文津出版社。
- 呂叔湘 (1992)，《中國文法要略》，臺北：文史哲出版社。
- 李文林主編 (2000)，《數學珍寶：歷史文獻精選》，臺北：九章出版社。
- 李善蘭 (1867)，《火器真訣》，李善蘭著，《則古昔齋算學》第十，金陵刻本。
- 李儼 (1947/1955/1998)，〈中算家的圓錐曲線說〉，《中算史論叢》第三集；《李儼、錢寶琮科學史全集》，頁 491–508，北京：科學出版社。
- 李儼 (1998)，〈大衍求一術的過去與未來〉，郭書春、劉鈍主編，《李儼、錢寶琮科學史全集》第六卷，頁 116–163，瀋陽：遼寧教育出版社。
- 狄摩根（笛摩根，Augustus De Morgan）(1859)，偉烈亞力、李善蘭譯，《代數學》，上海：墨海書館。

· 亞歷山大 (2015)，麥慧芬譯，《無限小：一個危險的數學理論如何形塑現代世界》，臺北：商周出版社。

· 奔特 (Lucas N.H.Bunt)、瓊斯 (Phillip S.Jones)、貝迪恩特 (Jack D.Bedient) (2019)，黃俊瑋等譯，《數學起源：進入古代數學家的另類思考》(*The Historical Roots of Elementary Mathematics*)，臺北：五南出版社。

· 岡部恆治（著）、藤岡文士（繪）(2008)，蔡青雯譯，《漫畫微積分入門：輕鬆學習、快樂理解微積分的第一本書》，臺北：臉譜出版社。

· 林芳玫、洪萬生 (2009)，〈數學小說初探：以結構主義敘事分析比較兩本小說〉，《科學教育學刊》17 (6): 531–549。

· 林倉億 (2013)，〈1665 年，牛頓和 e 相遇了嗎？〉，《HPM 通訊》16 (4): 1–10。

· 林德伯格 (David Lindberg) (2001)，《西方科學的起源》(*The Beginnings of Western Science*)，北京：中國對外翻譯出版公司。

· 邱于芸 (2014)，《用故事改變世界：文化脈絡與故事原型》，臺北：遠流出版公司。

· 金格瑞契 (Own Gingerich) (2007)，賴盈滿譯，《追蹤哥白尼》，臺北：遠流出版公司。

· 阿哈羅尼 (Ron Aharoni) (2018)，李國偉譯，《小學算術教什麼，怎麼教：家長須知，也是教師指南》(*Arithmetic for Parents:A Book for Grownups about Children's Mathematics*)，臺北：天下文化出版社。

· 阿圖羅·聖加利 (Arturo Sangalli) (2015)，蔡聰明譯，《畢達哥拉斯的復仇》(*Pythagoras's Revenge:A Mathematical Mystery*)，臺北：三民書局。

- 保羅・拉克哈特 (Paul Lockhart) (2013)，高翠霜譯，《一個數學家的嘆息：如何讓孩子好奇、想學習，走進數學的美麗世界》 (*A Mathematician's Lament*)，臺北：經濟新潮社。
- 保羅・拉克哈特 (2015)，畢馨云譯，《這才是數學：從不知道到想知道的探索之旅》(*Measurement*)，臺北：經濟新潮社。
- 洪宜亭 (2008)，〈評論《數字愛人：數學奇才艾狄胥的故事》〉，臺灣數學博物館。
- 洪萬生 (1982/1983)，〈重視證明的時代──魏晉南北朝的科技〉，洪萬生主編，《格物與成器》，頁 105–163，臺北：聯經出版公司。
- 洪萬生 (1999a)，〈HPM 隨筆（一）〉，《HPM 通訊》1 (2): 1–3。
- 洪萬生 (1999b)，《孔子與數學》，臺北：明文書局。
- 洪萬生 (2000a)，〈《算數書》初探〉，《師大學報：科學教育類》45 (2): 77–91。
- 洪萬生 (2000b)，〈《算數書》的幾則論證〉，《臺灣歷史學會通訊》第十一期：44–52。
- 洪萬生 (2002)，〈關於《算數書》體例的一個備註〉，《HPM 通訊》5 (10): 1–8。
- 洪萬生 (2004)，〈教改爭議聲中，證明所為何事？〉，《師大學報：科學教育類》49 (1): 1–14。
- 洪萬生 (2004)，《中小學數學教師學科知識的縱深統整：以結合 HPM 的探究為進路》(NSC 93-2521-S-003-015-, 2004/08–2006/07/31)。
- 洪萬生 (2006)，《此零非彼 0》，臺北：臺灣商務印書館。
- 洪萬生 (2007a)，〈好個阿基米德〉，《科學月刊》38(8):630–632。
- 洪萬生 (2007b)，〈傳統中算家論證的個案研究〉，《科學教育學刊》10 (4): 357–385。

- 洪萬生 (2009)，〈劉徽的墓碑怎麼刻？〉，洪萬生等著，《當數學遇見文化》，頁 54–71，臺北：三民書局。
- 洪萬生 (2010)，〈如果數學也可以像詩篇〉，傑瑞・金著，蔡承志譯，《社會組也學得好的數學十堂課》，臺灣數學博物館。
- 洪萬生 (2011a)，〈推薦序：數學小說的極致載道〉，結城浩著，《數學女孩：費馬最後定理》，新北：世茂出版公司。
- 洪萬生 (2012)，〈高觀點、HPM 與拱心石課程〉，《HPM 通訊》 15 (6): 1–10。
- 洪萬生 (2013a)，〈數學列車 1089 號啟程〉，艾契森著，洪萬生、洪碧芳、黃俊瑋譯，《掉進牛奶裡的 e 和玉米罐頭上的 π：從 1089 開始的 16 段不思議數學之旅》，臺北：臉譜出版社。
- 洪萬生 (2013b)，〈去掉條條框框，看見數學的本質〉（推薦序），保羅・拉克哈特著，畢馨云譯，《這才是數學：從不知道到想知道的探索之旅》，臺北：經濟新潮社。
- 洪萬生 (2015)，〈大破大立──難得一見的數學教育好書〉（推薦序），保羅・拉克哈特著，高翠霜譯，《一個數學家的嘆息：如何讓孩子好奇、想學習，走進數學的美麗世界》，臺北：經濟新潮社。
- 洪萬生 (2016a)，〈無窮小掀起大劇變：評論無限小：一個危險的數學理論如何型塑現代世界〉，《數理人文》第 8 期 (2016/04/15)，82–94。
- 洪萬生 (2016b)，〈正負術及其在韓日之流傳：以黃胤錫 vs. 建部賢弘為例〉，數學史研討會，京都大學數理解析研究所，2016/8/29–2016/9/2。

- 洪萬生 (2017a)，〈《蘇菲的日記》：女數學家傳記的另一種書寫〉，《數學的浪漫：數學小說閱讀筆記》，頁 165–180，新北：遠足文化出版社。

- 洪萬生 (2017b)，〈資本主義與十七世紀歐洲數學：以會計史上的數學家為例〉，《教育部高中數學學科中心電子報》第 126 期。

- 洪萬生 (2017c)，《數學的浪漫：數學小說閱讀筆記》，新北：遠足文化出版社。

- 洪萬生 (2018a)，〈臺灣數學普及活動三十年〉，Open Book 閱讀誌 https://www.openbook.org.tw/reviewer/19516，2018 年 8 月 7 日，也收入本文集。

- 洪萬生 (2018b)，〈異軍突起的數學小說〉，《HPM 通訊》21(6):1–5，也收入本文集。

- 洪萬生 (2019)，〈數學閱讀與寫作：新世紀的 HPM 使命〉，臺灣數學史教育學會創立祝賀報告（簡報檔），2019/01/19 發表於臺灣師範大學數學系 M212。

- 洪萬生 (2020)，〈數學閱讀與寫作：一個 HPM 的註腳〉，未刊稿。

- 洪萬生、林倉億、蘇惠玉、蘇俊鴻 (2006)，《數之起源：中國數學史開章《筭數書》》，臺北：臺灣商務印書館。

- 洪萬生、英家銘、蘇意雯、蘇惠玉、楊瓊茹、劉柏宏 (2009)，《當數學遇見文化》，臺北：三民書局。

- 洪萬生、蘇俊鴻 (2008)，〈利用 HPM 來概念化數學教師教育：以畢氏定理和餘弦定律之統整為例〉，《數學教育研討會 2008：數學思考與解題》，2008 年 4 月 29–30 日，香港：香港教育學院。

- 洪萬生、蘇惠玉、蘇俊鴻、郭慶章 (2014)，《數說新語》，臺北：開學文化出版社。

- 洪萬生主編 (2011b)，《摺摺稱奇：初登大雅之堂的摺紙數學》，臺北：三民書局。
- 洪萬生主編 (2018c)，《窺探天機——你所不知道的數學家》，臺北：三民書局。
- 洪萬生主編 (2018d)，《數學的東亞穿越》，臺北：開學文化出版社。
- 胡威立 (William Whewell) (1859)，李善蘭、艾約瑟譯，《重學》，《叢書集成續編》第八二冊，臺北：新文豐出版公司。
- 倪為霖 (1897)，《筆算个初學》，網路檢索：accessed at http://210.240.194.97/memory/TGB/thak.asp?id=3 、 http://210.240.194.97/memory/TGB/thak.asp?id=4 on 10/27/2021。
- 唐書志 (1998)，〈負數迷思〉，《HPM 通訊》第一卷第二期。
- 孫子 (1981)，《孫子算經》，《宋刻算經六種》，上海：上海古籍出版社。
- 徐澤林譯注 (2008)，《和算選粹》，北京：科學出版社。
- 班傑明 (Arthur Benjamin) (2017)，王君儒譯，《數學大觀念：從數字到微積分，全面理解數學的 12 大觀念》，臺北：貓頭鷹出版社。
- 秦九韶 (1993)，《數書九章》，郭書春主編，《中國科學技術典籍通彙・數學篇》（一），頁 439–724，鄭州市：河南教育出版社。
- 偉烈亞力 (Alexander Wylie) (1853/1886)，《數學啟蒙》，著易堂仿聚珍版印。
- 張家山漢簡「算數書」研究會編 (2006)，《漢簡『算數書』寫真版》，東京：朋友書店。
- 張海潮 (2011)，〈從代數到算術：獻給國中小的老師〉，《數學傳播》35 (4): 49–51。

・張敦仁 (1993)，《求一算術》，郭書春主編，《中國科學技術典籍通彙・數學篇》（五），頁 95–139，鄭州市：河南教育出版社。

・郭書春 (2013)，《古代世界數學泰斗劉徽》，濟南：山東科學技術出版社。

・郭書春、劉鈍（點校）(2001)，《算經十書》，臺北：九章出版社。

・郭書春主編 (2010a)，《中國科學技術史・數學卷》，北京：科學出版社。

・郭書春譯注 (2010b)，《九章算術譯注》，上海：上海古籍出版社。

・陳玉芬 (2018)，〈數學閱讀策略教學初探〉，《HPM 通訊》21 (5): 1–8。

・陳鳳珠 (2001)，《清代算學家駱騰鳳及其算學研究》，臺北：國立臺灣師範大學數學系碩士論文。

・傑瑞・金 (Jerry R.King) (2010)，蔡承志譯，《社會組也學得好的數學十堂課》(*Mathematics in 10 Lessons: The Grand Tour*)，臺北：商周出版社。

・彭浩 (2001)，《張家山漢簡《算數書》注釋》，北京：科學出版社。

・斯坦 (2004)，陳可崗譯，《阿基米德幹了什麼好事！》，臺北：天下文化出版公司。（本書英文版：Stein, Sherman (1999), *Archimedes: What Did He Do Besides Cry Eureka?* Washington, DC: MAA.）

・曾多聞 (2018)，《美國讀寫教育改革教我們的六件事》，新北：字畝文化事業有限公司。

・結城浩 (2008)，莊世雍譯，《數學少女》，高雄：青文出版社。

・結城浩 (2011)，鍾霓譯，《數學女孩：費馬最後定理》，新北：世茂出版社。

- 結城浩 (2021)，衛宮紘譯，《數學女孩》，新北：世茂出版社。（本書舊中譯版書名為《數學少女》）
- 華蘅芳 (1882)，《學算筆談》。
- 華蘅芳 (1883)，《拋物線說》，收入《算草叢存》。
- 黃宗憲 (1993)，《求一術通解》，郭書春主編，《中國科學技術典籍通彙·數學篇》（五），頁 1119–1144，鄭州市：河南教育出版社。
- 黃俊瑋 (2009)，〈《數學教室 A to Z》：數學證明難題 & 大師背後的故事〉，臺灣數學博物館。
- 黃俊瑋 (2010)，〈《高觀點下的初等數學》第一卷算術·代數·分析之評論〉，《HPM 通訊》13(9):4–10，網址：https://math.ntnu.edu.tw/~horng/letter/1309.pdf。
- 黃俊瑋 (2018)，〈江戶日本的一場數學論戰〉，洪萬生主編，《數學的東亞穿越》，頁 27–44，臺北：開學文化出版社。
- 楊自強 (2006)，《學貫中西——李善蘭傳》，杭州：浙江人民出版社。
- 楊志成 (Chih C.Yang) (2020)，陳玉芬等譯，《數思漫想：漫畫帶你發現數學中的思考力、邏輯力、創造力》 (*A Cartoon Primer of Modern Mathematics*)，臺北：三民書局。
- 楊瓊茹 (2009)，〈求一與占卜〉，洪萬生等著，《當數學遇見文化》，頁 72–83，臺北：三民書局。
- 楊瓊茹 (2009)，〈剪管術 vs. 天算頌〉，洪萬生等著，《當數學遇見文化》，頁 151–160，臺北：三民書局。
- 葉李華主編 (2004)，《科幻研究：學術論文集》，新竹：國立交通大學出版社。
- 鄒大海 (2008)，〈出土簡牘與中國早期數學史〉，《人文與社會》學報 2 (2): 71–98。

- 維爾納・錫費 (Werner Siefer) (2019)，《敘事本能：為什麼大腦愛編故事》(*Der Erzahlinstinkt*)，臺北：如果出版社。
- 遠藤寬子 (2009)，《算法少女》，臺北：小知堂文化出版社。
- 劉鈍 (1984)，〈別具一格的圖解法——介紹李善蘭的《火器真訣》〉，《力學與實踐》1984 (3): 60–63。
- 德福林 (Keith Devlin) (2011)，洪萬生、洪贊天、蘇意雯、英家銘譯，《數學的語言》(*The Language of Mathematics: Making the Invisible Visible*)，臺北：商周出版社。
- 蔡聰明 (2011)，《從算術到代數：讓 x 噴出，大放光明》，臺北：三民書局。
- 蔡聰明 (2013)，《微積分的歷史步道》（二版），臺北：三民書局。
- 鄧玉函 (1631/2009)，《測天約說》，徐光啟編纂、潘鼐匯編，《崇禎曆書》，上海：上海古籍出版社。
- 鄧漢 (William Dunham) (2009)，蔡承志譯，《數學教室 A to Z》，臺北：商周出版社。
- 鄭章華主編 (2018)，《數往知來　歷歷可數——中小學數學課程發展史》上、下冊，新北：國立教育研究院。
- 霍夫曼 (Paul Hoffman) (2001)，米緒軍、章曉燕、繆衛東譯，《數字愛人：數學奇才艾狄胥的故事》，臺北：臺灣商務印書館。
- 篠田幹男 (2004)，陳昭蓉譯，《圖形的探險》，臺北：天下遠見出版有限公司。
- 韓琦 (2009)，〈李善蘭、艾約瑟譯胡威立《重學》之底本〉，《或問》(WAKUMON) No. 17:101–111，網址：http://www2.ipcku.kansai-u.ac.jp/~shkky/wakumon/wakumon-data/no-17/09han.pdf。

· 轟馥玲 (2013)，《晚清經典力學的傳入：以《重學》為中心的比較研究》，濟南：山東教育出版社。

· 顏志成 (2003)，〈哥廷根學派的領導人——克萊因 (Felix Klein)〉，《HPM 通訊》第 6 卷第 4 期，網址：https://math.ntnu.edu.tw/~horng/letter/vol6no4b.htm。

· 羅久蓉 (2003)，〈歷史敘事與文學再現：從一個女間諜之死看近代中國的性別與國族論述〉，《近代中國婦女史研究》第 11 期 (2003/12)：47–98。

· 羅雅谷 (1631/2009)，《測量全義》，徐光啟編纂、潘鼐匯編，《崇禎曆書》，上海：上海古籍出版社。

· 蘇俊鴻 (2004)，〈「圓錐曲線雜談」教案分享〉，《HPM 通訊》7 (7): 1–4。

· 蘇惠玉 (2014)，〈為何正焦弦？〉，洪萬生、蘇惠玉、蘇俊鴻、郭慶章，《數說新語》，頁 171–178，臺北：開學文化出版社。

· 蘇惠玉 (2015)，〈數形合一：解析幾何的意義〉，洪萬生、蘇惠玉、蘇俊鴻、郭慶章，《數說新語》，頁 163–170，臺北：開學文化出版社。

· 蘇惠玉 (2018)，《追本數源——你不知道的數學秘密》，臺北：三民書局。

· 蘇意雯 (2009)，〈遺題繼承，串起中日數學史〉，洪萬生等著，《當數學遇見文化》，頁 172–183，臺北：三民書局。

· 蘇意雯等 (2000)，〈《算數書》校勘〉，《HPM 通訊》3 (11): 1–20。

· 蘇意雯等 (2013)，〈《數》簡校勘〉，《HPM 通訊》15 (11): 1–32。

圖片出處

- 第 1 篇圖一：UNSW /Andrew Kelly
- 第 1 篇圖三：Jeff Miller, Images of Mathematicians on Postage Stamps
- 第 2 篇圖一：Jeff Miller, Images of Mathematicians on Postage Stamps
- 第 2 篇圖二：參考岡部恆治著、藤岡文世繪，《漫畫微積分入門》，
  頁 103
- 第 3 篇圖六：Wikimedia Commons
- 第 3 篇圖七：Wikimedia Commons
- 第 4 篇圖一：国立国会図書館デジタルコレクション
  https://dl.ndl.go.jp/info:ndljp/pid/3508165
- 第 4 篇圖二：国立国会図書館デジタルコレクション
  https://dl.ndl.go.jp/info:ndljp/pid/3508165
- 第 5 篇圖一：Wikimedia Commons
- 第 5 篇圖二：Jeff Miller, Images of Mathematicians on Postage Stamps
- 第 5 篇圖三：Wikimedia Commons
- 第 6 篇圖三：由彭良禎老師提供
- 第 10 篇圖一：Wikimedia Commons
- 第 10 篇圖二：Wikimedia Commons
- 第 12 篇圖六：Wikimedia Commons
- 第 13 篇圖一：Wikimedia Commons
- 第 13 篇圖二：Wikimedia Commons
- 第 13 篇圖三：Wikimedia Commons
- 第 13 篇圖四：Wikimedia Commons
- 第 15 篇圖一：Wikimedia Commons

- 第 17 篇圖一：Wikimedia Commons
- 第 17 篇圖三：Wikimedia Commons
- 第 17 篇圖四：Jeff Miller, Images of Mathematicians on Postage Stamps
- 第 17 篇圖五：国立国会図書館デジタルコレクション
  https://dl.ndl.go.jp/info:ndljp/pid/3508165
- 第 17 篇圖六：国立国会図書館デジタルコレクション
  https://dl.ndl.go.jp/info:ndljp/pid/3508427?tocOpened=1
- 第 17 篇圖七：国立国会図書館デジタルコレクション
  https://dl.ndl.go.jp/info:ndljp/pid/3508165
- 第 18 篇圖一：世茂出版公司提供
- 第 19 篇圖一：Jeff Miller, Images of Mathematicians on Postage Stamps
- 第 19 篇圖二：Jeff Miller, Images of Mathematicians on Postage Stamps
- 第 19 篇圖三：Jeff Miller, Images of Mathematicians on Postage Stamps
- 第 19 篇圖四：Jeff Miller, Images of Mathematicians on Postage Stamps
- 第 19 篇圖五：Jeff Miller, Images of Mathematicians on Postage Stamps

網路資源 /

· CBMS (2001). *The Mathematical Educations of Teachers.* Accessed on 5/15/2020 at http://www.cbmsweb.org/MET_Document.

· CBMS (2012). *The Mathematical Educations of Teachers II.* Accessed on 5/15/2020 at https://www.cbmsweb.org/archive/MET2/met2.pdf.

· Joyce, David (2020). *Euclid's Elements* at https://mathcs.clarku.edu/~djoyce/java/elements/elements.html.

· 《HPM 通訊》：https://math.ntnu.edu.tw/~horng/letter/hpmletter.htm.

· 臺灣數學博物館：http://mathmuseum.tw.

索 引

摺摺稱奇：初登大雅之堂的摺紙數學　　洪萬生／主

第一篇　用具體的摺紙實作說明摺紙也是數學知識活動。
第二篇　將摺紙活動聚焦在尺規作圖及國中基測考題。
第三篇　介紹多邊形尺規作圖及其命題與推理的相關性。
第四篇　對比摺紙直觀的精確嚴密數學之必要。

微積分的歷史步道　　蔡聰明／

微積分如何誕生？微積分是什麼？微積分研究兩類問題：求
線與求面積，而這兩弧分別發展出微分學與積分學。
微積分最迷人的特色是涉及無窮步驟，落實於無窮小的演算
極限操作，所以極具深度、難度與美。

蘇菲的日記

Dora Musielak／著
洪萬生 洪贊天 黃俊瑋／
洪萬生／審訂

《蘇菲的日記》是一部由法國數學家蘇菲‧熱爾曼所啟發
說作品。內容是以日記的形式，描述在法國大革命期間，
女孩自修數學的成長故事。

畢達哥拉斯的復仇

Arturo Sangalli／著
蔡聰明／譯

由偵探小說的方式呈現，將畢氏學派思想融入書中，信徒深信著教主畢達哥拉斯已經轉世，誰會是教主今世的化身呢？誰又能擁有教主的智慧結晶呢？一場「轉世之說」的詭譎戰火即將開始…

數學、詩與美

Ron Aharoni／著
蔡聰明／譯

數學與詩有什麼關係呢？似乎是毫無關係。數學處理的是抽象的事物；詩處理的是感情的事情。然而，兩者具有某種本質上的共通點，那就是：美。本書嘗試要解開這兩個領域之間的類似之謎，探討數學論述與詩如何以相同的方式感動我們，並證明它們能夠激起相同的美感。

三民網路書店 會員

獨享好康大放送

書種最齊全
服務最迅速

超百萬種繁、簡體書、原文書5折起

通關密碼：A3401

憑通關密碼
登入就送100元e-coupon。
(使用方式請參閱三民網路書店之公告)

生日快樂
生日當月送購書禮金200元。
(使用方式請參閱三民網路書店之公告)

好康多多
購書享3%～6%紅利積點。
消費滿350元超商取書免運費。
電子報通知優惠及新書訊息。

三民網路書店 www.sanmin.com.tw

國家圖書館出版品預行編目資料

數學故事讀說寫：敘事‧閱讀‧寫作／洪萬生著;蔡
聰明總策劃.－－初版一刷.－－臺北市：三民，2022
　　面；　　公分.－－（鸚鵡螺數學叢書）

　　ISBN 978-957-14-7325-3　（平裝）
　　1. 數學 2. 文集

310.7　　　　　　　　　　　　　　　110017480

鸚鵡螺 數學叢書

數學故事讀說寫——敘事‧閱讀‧寫作

作　　者	洪萬生
總 策 劃	蔡聰明
責任編輯	朱永捷
美術編輯	陳祖馨

發 行 人	劉振強
出 版 者	三民書局股份有限公司
地　　址	臺北市復興北路 386 號 (復北門市)
	臺北市重慶南路一段 61 號 (重南門市)
電　　話	(02)25006600
網　　址	三民網路書店 https://www.sanmin.com.tw

出版日期	初版一刷 2022 年 2 月
書籍編號	S319130
I S B N	978-957-14-7325-3

著作權所有，侵害必究
※ 本書如有缺頁、破損或裝訂錯誤，請寄回敝局更換。

三民書局